全国高职高专教育土建类专业教学指导委员会规划推荐教材

职业教育工程造价专业实训规划教材

总主编：袁建新

建筑工程量计算实训

主　编　袁建新　侯　兰

副主编　李剑心　龙乃武

主　审　田恒久

中国建筑工业出版社

图书在版编目（CIP）数据

建筑工程量计算实训/袁建新，侯兰主编．—北京：中国建筑工业出版社，2016.2

全国高职高专教育土建类专业教学指导委员会规划推荐教材．职业教育工程造价专业实训规划教材

ISBN 978-7-112-19195-6

Ⅰ.①建… Ⅱ.①袁… ②侯… Ⅲ.①建筑工程-工程造价-高等职业教育-教材 Ⅳ.①TU723.3

中国版本图书馆 CIP 数据核字(2016)第 040015 号

《建筑工程量计算实训》是专门为工程造价专业教学设计的训练基本功的教材。建筑工程量计算实训是一项由简单到复杂、由单一到综合的系列训练项目。可以在建筑工程预算、装饰工程预算、工程量清单计价课程教学中进行，可以在一门课程结束后进行单项实训，也可以在全部专业课程结束后进行综合实训。为了更加适合高职学生的学习和训练，该教材按“螺旋进度教学法”的思路构建和编排了建筑工程量计算实训内容，并配有《三维算量 3DA》训练内容。

本教材适合高职工程造价专业教学和实训使用，也适合工程造价初学者训练建筑工程量计算基本功使用。

本书配套资源请进入http://book.cabplink.com/zydown.jsp页面，搜索图书名称找到对应资源点击下载。（注：配套资源需免费注册网站用户并登录后才能完成下载，资源包解压密码为本书征订号。）

* * *

责任编辑：张　晶　吴越恺
责任校对：陈晶晶　党　蕾

全国高职高专教育土建类专业教学指导委员会规划推荐教材
职业教育工程造价专业实训规划教材
总主编：袁建新

建筑工程量计算实训

主　编　袁建新　侯　兰
副主编　李剑心　龙乃武
主　审　田恒久

*

中国建筑工业出版社出版、发行（北京西郊百万庄）
各地新华书店、建筑书店经销
北京红光制版公司制版
北京市安泰印刷厂印刷

*

开本：787×1092 毫米　1/16　印张：17¼　插页：4　字数：431 千字
2016 年 7 月第一版　2016 年 7 月第一次印刷
定价：**35.00** 元（附网络下载）
ISBN 978-7-112-19195-6
(28422)

序

为了提高工程造价实训的效率和质量，我们组织了工程造价专业办学历史较长、专业课程教学和实训能力较强的几所建设类高职院校的资深教师，编写了工程造价专业系列实训教材。

本系列教材共5本，包括《建筑工程量计算实训》、《建筑水电安装工程量计算实训》、《钢筋翻样与算量实训》、《建筑安装工程造价计算实训》和《工程造价实训用图集》。这些内容是工程造价专业核心课程的技能训练内容。因此，该系列教材可作为工程造价专业进行核心技能训练的参考用书。

运用系统的理念和螺旋进度教学的思想，将工程造价专业核心技能的训练放在一个系统中构建和应用螺旋递进的方法编写工程造价专业系列实训教材，是我们建设职教人新的尝试。实训是从掌握一个一个方法开始的，工程造价实训先从较小的、简单的单层建筑物工程量计算（工程造价）开始，然后再继续计算较复杂建筑物的工程量（工程造价），一层一层地递进下去。这一思路符合学生的认知规律和学习规律。这就是“螺旋进度教学法”在工程造价实训过程中的应用与实践。

本系列教材还拓展了上述课程的软件应用介绍和实训。软件应用内容是从学习的角度来写的，一改原来软件操作手册的风格，为学生将来快速使用新软件打下了基础。

在学习中实践、在实践中学习，这是职业教育的本质特征。本系列教材设计的内容就是试图让学生边学习边完成作业。因而教材内容中给学生留了从简单到复杂、从少量到多量的独立完成的作业内容，由教师灵活地组织实践教学，学生课内外灵活完成作业。

愿经过我们与各兄弟院校共同完成好工程造价专业的实训，为社会培养更多掌握熟练技能的造价人才。

全国高职高专教育土建类专业教学指导委员会
工程管理类专业指导委员会

前　言

采用螺旋进度教学法的思路编写建筑工程量计算实训教材是一次新的尝试。建筑工程量计算的特点是：依据多（《建筑工程工程量清单计价规范》、《房屋建筑与装饰工程工程量计算规范》、建筑工程计价定额、建筑工程量计算规则、建筑面积计算规则），工程量项目多、计算量大，涉及知识面多、计算过程长。根据认知规律与教学规律将繁杂的计算内容采用分阶段、分步骤，从简单的工程逐渐到复杂的工程；采用教材写出计算方法与过程与授课教师先讲一部分，然后学生自己动手训练相结合的方法，来提高学生的建筑工程量计算技能水平。

教材中的进阶1，讲一个“传达室”单层砌体结构的建筑物工程量计算、布置一个“工作室”单层砌体结构的建筑物工程量计算实训项目；进阶2，讲一个“车库”单层框架结构的建筑物工程量计算、布置一个“学院大门”单层框架结构的建筑物工程量计算实训项目；进阶3，讲一个“别墅”多层框架结构的建筑物工程量计算、布置一个“游泳池”多层框架结构的建筑物工程量计算实训项目；进阶4，讲一个“5号教学楼”较大建筑面积的多层框架结构的建筑物工程量计算、布置一个“2号教学楼”较大面积的多层框架结构的建筑物工程量计算实训项目。开始的工程量计算进阶内容老师讲的多，学生做的少。后面的工程量计算进阶内容学生做的比例越来越多。学生边学边练不断提高技能水平做法，就是“螺旋进度教学法”的核心内容。

本教材采用了最新的工程量计算规范。希望使用学校采用当地最新的计价定额和工程量计算规则讲课和练习。

本教材由四川建筑职业技术学院袁建新、侯兰主编，四川建筑职业技术学院李剑心和深圳斯维尔科技有限公司龙乃武副主编，四川建筑职业技术学院秦利萍、贺攀明、蒋飞参加了编写。其中侯兰编写了第3章第3.4节、第4章第4.4节、第5章第5.4的金属结构、屋面、保温、防水、门窗和油漆涂料部分的工程量计算内容，李剑心编写了第3章第3.4节、第4章第4.4节、第5章第5.4的混凝土及模板的工程量计算内容，龙乃武编写了建筑工程量计算软件部分的内容，秦利萍、贺攀明编写了第3章第3.4节、第4章第4.4节、第5章第5.4节的砌筑、除模板外的单价措施项目工程量计算的内容，蒋飞编写了第3章第3.4节、第4章第4.4节、第5章第5.4节的土石方、楼地面、墙柱面、天棚面的工程量计算内容，软件应用部分由深圳斯维尔科技有限公司龙乃武编写，其余内容由袁建新编写。

全书由袁建新制定大纲、修改和统稿，山西建筑职业技术学院田恒久主审。

实训教材的编写是一次新的尝试，编写过程中难免有不足之处，敬请广大读者批评指正。

目　录

第1篇　手工计算建筑工程量

第2篇　软件计算建筑工程量

第1篇　手工计算建筑工程量

1　手工计算建筑工程量实训概述

1.1　建筑工程量计算实训性质

建筑工程量计算实训是与建筑工程预算、装饰工程预算、工程量清单计价等理论课程紧密配套的技能训练课程。

1.2　建筑工程量计算实训的特性

建筑工程量计算实训是一项由简单到复杂、由单一到综合的系列训练项目。可以在建筑工程预算、装饰工程预算、工程量清单计价课程教学中进行，可以在一门课程结束后进行单项实训，也可以在全部专业课程结束后进行综合实训。该教材是按“螺旋进度教学法”的思路构建和编排了建筑工程量计算实训内容。

1.3　建筑工程量计算用图

建筑工程量计算实训教材内的实例，除了书中的施工图外，还使用了“工程造价实训系列教材”配套的《工程造价实训用图集》教材。

1.4　建筑工程量计算依据

本教材工程量计算时，除了依据施工图外，还要依据《房屋建筑与装饰工程工程量计算规范》GB 50854—2013 和本地区的计价定额及工程量计算规则。

1.5　建筑工程量计算实训内容包含的范围

建筑工程量计算实训内容包括定额工程量计算和清单工程量计算，建筑装饰工程量计算内容也包含在内。

1.6　建筑工程量计算技能与知识点分析

工程造价员编制施工图预算、清单报价、工程结算中的建筑工程量计算技能分析见表1-1。

建筑工程量计算技能与知识点分析表

表 1-1

造价员岗位工作	主要工程量计算能力	主要工程量计算实训内容	主要计算方法
1. 建筑工程预算编制 2. 房屋建筑工程量清单编制	1. 土方工程量计算	平整场地工程量	S=底面积＋外墙外边周长×放出宽＋4×放出宽×放出宽
		挖沟槽工程量	$V=(a+2c+kh)\times h\times L$
		挖基坑工程量	$V=(a+2c+kh)\times(a+2c+kh)\times h+1/3\times K^2\times h^3$
	2. 砌筑工程量计算	砖基础工程量	砖基础体积＝［基础墙高×墙厚＋0.007875n×（n＋1）］×砖基础长
		砖墙体工程量	砖墙体积＝（墙长×墙高－门窗及大于 0.3m^2 空洞面积）×墙厚－圈、过、挑梁体积
		砌体柱工程量	
	3. 脚手架工程量计算	单排、双排脚手架工程量 里脚手架、简易脚手架工程量 满堂脚手架工程量	
	4. 混凝土基础工程量计算	独立基础工程量 带形基础工程量 满堂基础工程量	
	5. 混凝土柱、梁、板工程量计算	矩形、异形柱工程量 矩形、异形梁工程量 平板、密肋板工程量 楼梯板工程量	
	6. 金属结构工程量计算	钢支撑工程量 钢柱工程量 钢梁工程量	

续表

造价员岗位工作	主要工程量计算能力	主要工程量计算实训内容	主要计算方法
1. 建筑工程预算编制 2. 房屋建筑工程量清单编制	7. 屋面工程量计算	屋面防水工程量 屋面保温工程量 屋面面层、找平层工程量	
3. 装饰工程预算编制 4. 装饰工程量清单编制	楼地面装饰工程量计算	地面垫层工程量 砂浆面层工程量 块料面层工程量	
	墙柱面装饰工程量计算	墙柱面抹灰工程量 墙柱面块料工程量 墙柱面装饰板工程量 墙柱面油漆涂料工程量	
	天棚工程量计算	天棚龙骨工程量 天棚面层工程量 天棚抹灰、涂料工程量	
	门窗工程量计算	木门窗工程量 铝合金门窗工程量 特殊门工程量	
5. 工程结算	设计变更工程量计算 工程变更工程量计算	土方工程量 门窗工程量 装饰工程量	

1.7　螺旋进度教学法在建筑工程量计算技能训练中的应用

建筑工程量实训教材内容是按照“螺旋进度教学法”的思路编写的。

1. 螺旋进度教学法简介

螺旋进度教学法的主要做法是：将建筑工程量计算的技能训练内容划分为几个阶段（层面），通过各个阶段（层面）的反复实训，达到使学生掌握好工程量计算方法和技能的目的。这里所指的各阶段（层面）之间的内容是既包含前一阶段的内容又包含增加新内容的递进关系。

螺旋进度教学法的理念是：学习、学习、再学习。其基本思路是：每一阶段具体内容的学习都要建立在一个整体的概念基础之上。即在整体概念的把握中，从简单的阶段到复杂的阶段反复学习，前一阶段是后一阶段的基础，后一阶段是前一阶段的发展，如此下去反复循环，直到掌握好基本技能为止。由于该方法的学习进程像螺旋上升的弹簧一样，后一阶段在前一阶段的基础上不断增加学习内容和训练内容，进而不断提升学习质量，故称为“螺旋进度教学法”。

2. 螺旋进度教学法的教育学理论基础

教学原则是教育学理论的重要组成部分。在教学中通常采用的教学原则有：循序渐进原则、温故知新原则、分层递进原则、巩固提高原则等。

（1）循序渐进原则

按照认知规律，认识事物总是从简单到复杂，从点到面循序渐进地进行。朱熹说：“君子教人有序，先传以小者近者，而后教以远者大者”。任何一项实训也是这样，应该先介绍简单的方法和训练简单的内容，后训练复杂的项目，循序渐进，不断深入。

（2）温故知新原则

孔子说：“温故而知新，可以为师矣”。我们说，在重复实训的过程中，进一步归纳、总结，提炼出新的方法，而后再扩充、延伸实训新的方法，进而再通过实训提炼出新的方法和训练新的技能……，如此反复进行，不断循环，就能达到掌握新技能和巩固新方法的目的。

（3）分层递进原则

根据学生具体的学习状况，将总体实训目标，从简单到复杂，分解为若干个层面。由少到多，由简单到复杂，由单因素到多因素，由表及里，不断递进地进行实训。

3. 螺旋进度教学法的哲学思想基础

马克思主义认为，人类社会的生产活动，是一步又一步地由低级向高级发展，因此，人们的认识，不论对于自然界方面，还是对于社会方面，也都是一步又一步地由低级向高级发展，即由浅入深，由片面到全面。

实践、认识、再实践、再认识，这种形式，循环往复以至无穷，而实践和认识之每一循环的内容，都进到了高一级的程度。这就是辩证唯物论的全部认识论，这就是辩证唯物论的知行统一观。

认识论的哲学思想，指导我们在教学中应该按照认知规律进行实训，以认识论为指导思想构建实训方法。

4. 螺旋进度教学法的实践

运用螺旋进度教学法组织实训，有助于提高学生的学习兴趣，增强学习信心，有助于在掌握基本技能的同时进一步掌握好实训方法，使学生扎实地掌握建筑工程量计算的基本方法和基本技能。

螺旋进度教学法在建筑工程量计算实训中的应用做法是，实训开始以后，后一次实训在前一次实训基础上的螺旋进度法分为大螺旋进度和小螺旋进度两个层面进行。

大螺旋进度的做法分为三个阶段。在开始阶段，用较少的时间在建筑工程预算、装饰工程预算、工程量清单计价课程教学中完成简单的具有整体概念的工程量计算实训；第二阶段是在上述课程结束一门后，进行单位工程施工图预算及工程量清单计价编制的实训；第三阶段是专业课程全部结束后，进行单项工程施工图预算及工程量清单计价编制的实训。

小螺旋进度是在上述三个阶段的某一个阶段中进行阶段内的反复循环。如此循环下去，直到在允许的时间内掌握好建筑工程量计算的方法和技能。

《建筑工程量计算实训》就是在上述思路下来编排实训内容和组织实训的。

2 建筑工程量计算进阶 1

2.1 建筑工程量计算进阶 1 主要训练内容

进阶 1 主要是单层砌体结构建筑工程量计算，训练内容见表 2-1。

建筑工程量计算进阶 1 主要训练内容表 **表 2-1**

训练能力	训练进阶	主要训练内容	选用施工图
1. 分项工程项目列项 2. 清单工程量计算 3. 定额工程量计算	进阶 1	1. 土石方工程清单及定额工程量计算 2. 砌筑定额工程清单及定额工程量计算 3. 混凝土及钢筋混凝土工程清单及定额工程量计算 4. 门窗定额工程清单及定额工程量计算 5. 屋面及防水工程清单及定额工程量计算 6. 楼地面工程清单及定额工程量计算 7. 墙、柱面装饰与隔断、幕墙工程清单及定额工程量计算 8. 天棚工程清单及定额工程量计算 9. 油漆、涂料、裱糊工程清单及定额工程量计算 10. 措施项目清单及定额工程量计算	$100m^2$ 以内的单层建筑物施工图（传达室工程）

2.2 建筑工程量计算进阶 1——传达室工程施工图

建筑工程量计算进阶 1 选用传达室（单层）工程施工图，见图 2-1。

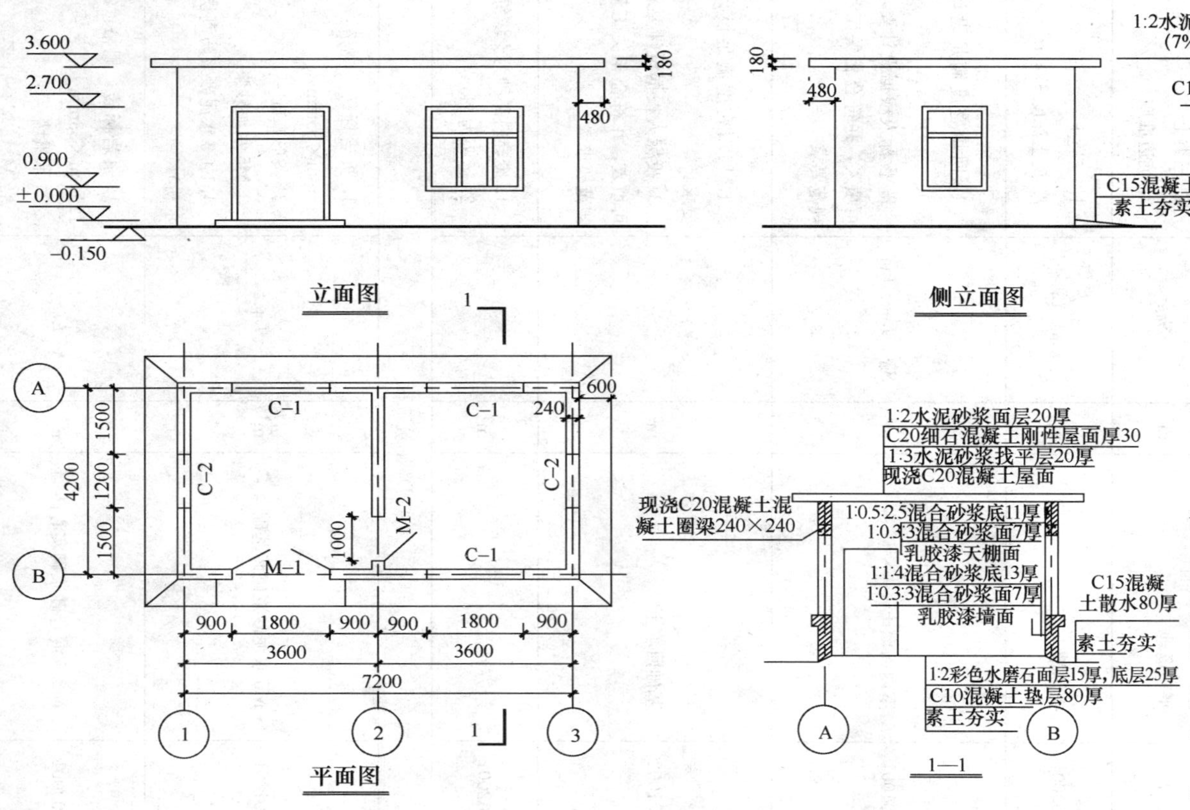

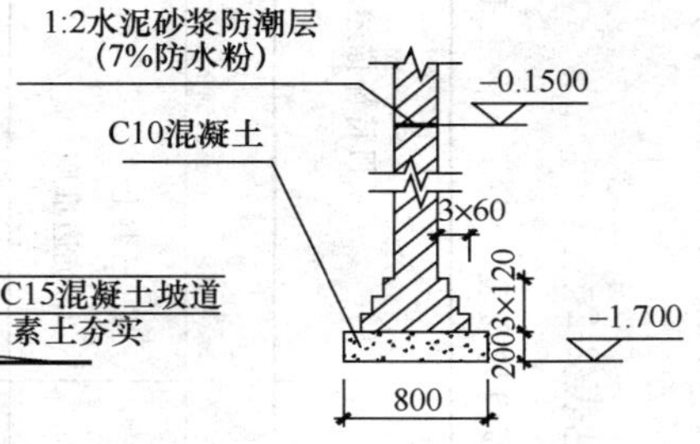

基础断面图1:50

名称	代号	数量	洞口尺寸	
			高	宽
半玻镶板门	M-1	1	2700	1800
镶板门	M-2	1	2400	1000
塑钢推拉窗	C-1	3	1800	1800
塑钢推拉窗	C-2	2	1800	1200

门窗统计表

设计说明:

1. 土壤类别：三类土;
2. M5水泥砂浆砌砖基础，M2.5混合砂浆砌砖墙;
3. C15混凝土散水80厚;
4. 大门余坡2400×600，平均厚度75mm;
5. 门窗框断面50×100居中布置，底油一遍浅色调和油二遍;
6. 彩釉砖踢脚线150高;
7. 预制混凝土过梁1500×240×180;
8. 封檐、檐口天棚、外墙面、门窗侧面均贴黄色墙面瓷砖，1:1:6混合砂浆打底20mm厚，1:2粘接层10mm厚，瓷砖5mm;
9. 内墙面、天棚面腻子二遍，底漆一遍，面漆二遍。

图 2-1 传达室（单层）工程施工图

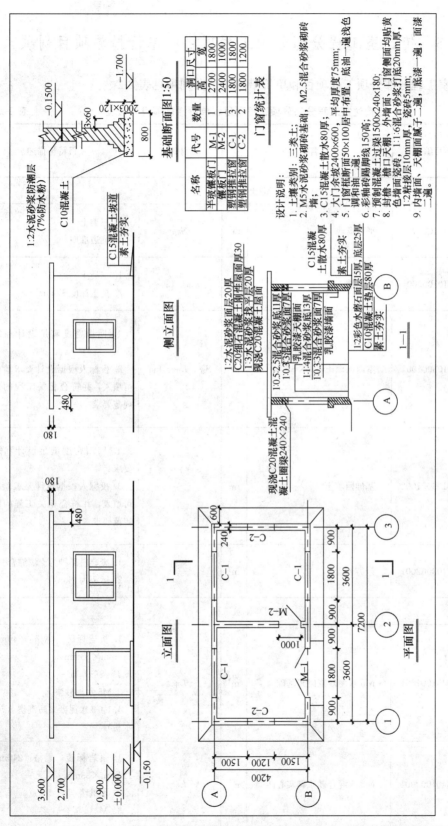

2.3　传达室工程分部分项工程项目和单价措施项目列项

传达室工程分部分项工程项目和单价措施项目费列项见表2-2。

传达室工程分部分项工程项目和单价措施项目列项表　　表2-2

序号	项目编码	项目名称	计量单位	利用基数	项目特征描述
A. 土石方工程					
1	010101001001	平整场地	m^2	$S_{底}$	1. 三类土 2. 坑边堆放
2	010101003001	挖沟槽土方	m^3	$L_{中}$、$L_{内}$	1. 三类土 2. 挖土深度1.55m
3	010103001001	室内回填土	m^3	$S_{底}$、$L_{中}$、$L_{内}$	1. 回填密度满足设计和规范要求 2. 投标人根据设计要求验收后可填入，并符合相关工程的质量规范要求
4	010103001002	基础回填土	m^3		1. 回填密度满足设计和规范要求 2. 投标人根据设计要求验收后可填入，并符合相关工程的质量规范要求
5	010103002001	余方弃置	m^3		1. 废弃料品种为土壤综合 2. 运距为2km
D. 砌筑工程					
6	010401001001	M5水泥砂浆砌砖基础	m^3	$L_{中}$	1. 页岩标砖，规格：240mm×115mm×53mm 2. 条形基础 3. M5水泥砂浆 4. 1∶2水泥砂浆防潮层（7%防水粉）
7	010401003001	M2.5混合砂浆砌实心砖墙	m^3	$L_{中}$	1. 页岩标砖，规格：240mm×115mm×53mm 2. 承重墙 3. M2.5混合砂浆

续表

序号	项目编码	项目名称	计量单位	利用基数	项目特征描述
E. 混凝土及钢筋混凝土工程					
8	010501001001	C10 现浇混凝土条基垫层	m^3	$L_{中}$	1. 现场拌制混凝土 2. C10 混凝土
9	010503004001	C20 现浇混凝土圈梁	m^3	$L_{中}$、$L_{内}$	1. 现场拌制混凝土 2. C20 混凝土
10	010510003001	C20 预制混凝土过梁	m^3		C20 混凝土
11	010505003001	C20 现浇混凝土平板	m^3		1. 现场拌制混凝土 2. C20 混凝土
12	010501001002	C10 现浇混凝土地面垫层	m^3		1. 现场拌制混凝土 2. C10 混凝土
13	010507001001	C15 现浇混凝土坡道	m^2		1. 现场拌制混凝土 2. C15 混凝土
14	010507001002	C15 现浇混凝土散水	m^2	$L_{外}$	1. 现场拌制混凝土 2. C15 混凝土
H. 门窗工程					
15	010801001001	半玻镶板门	m^2		成品半玻镶板门
16	010801001002	镶板门	m^2		成品镶板门
17	010801001002	塑钢推拉窗	m^2		成品塑钢推拉窗
J. 屋面及防水工程					
18	010902003001	C20 细石混凝土刚性层	m^2		1. 30mm 厚 2. C20 细石混凝土
L. 楼地面工程					
19	011101002001	现浇水磨石楼地面	m^2	$S_{底}$、$L_{中}$、$L_{内}$	1. 1：3 水泥砂浆底层：20mm 厚 2. 1：2 彩色水磨石面层：20mm 厚
20	011105003001	彩釉砖踢脚线	m^2		1. 150mm 高 2. 1：2 水泥砂浆粘接层

续表

序号	项目编码	项目名称	计量单位	利用基数	项目特征描述
21	011101001001	1∶2水泥砂浆屋面层	m^2		1. 混凝土刚性屋面 2. 1∶2水泥砂浆面层
22	011101006001	1∶3水泥砂浆屋面找平层	m^2		1. 混凝土屋面板 2. 1∶3水泥砂浆找平层
M. 墙、柱面装饰与隔断、幕墙工程					
23	011201001001	内墙面抹灰	m^2		1. 实心砖墙 2. 1∶0.5∶2.5混合砂浆底11mm厚 3. 1∶0.3∶3混合砂浆面7mm厚
24	011201004001	外墙立面砂浆找平层	m^2	$L_{外}$	1. 实心砖墙 2. 1∶1∶6混合砂浆立面找平层20mm厚
25	011204003001	外墙瓷砖贴面	m^2	$L_{外}$	1. 1∶2水泥砂浆粘接层5mm厚 2. 白色瓷砖115×50×5
26	011206002001	镶贴零星块料	m^2	$L_{外}$	1. 1∶2水泥砂浆粘接层5mm厚 2. 白色瓷砖115×50×5
N. 天棚工程					
27	011301001001	天棚抹灰	m^2	$S_{底}$、$L_{中}$、$L_{内}$	1. C20混凝土屋面板 2. 1∶0.5∶2.5混合砂浆底11mm厚 3. 1∶0.3∶3混合砂浆面7mm厚
P. 油漆、涂料、裱糊工程					
28	011406001001	墙面乳胶漆	m^2		1. 成品腻子膏两遍 2. 底漆一遍、面漆两遍 3. 墙面乳胶漆
29	011406001002	天棚乳胶漆	m^2		1. 成品腻子膏两遍 2. 底漆一遍、面漆两遍 3. 天棚乳胶漆

续表

序号	项目编码	项目名称	计量单位	利用基数	项目特征描述
		S. 措施项目			
30	011701001001	综合脚手架	m^2		
31	011702025001	混凝土基础垫层模板及支架	m^2		
32	011702008001	混凝土圈梁模板及支架	m^2		
33	011702016001	混凝土平板模板及支架	m^2		支撑高度：3.60m
34	011702025002	混凝土坡道模板及支架	m^2		

2.4 传达室工程基数计算

传达室工程基数计算表见表 2-3。

传达室工程基数计算表 **表 2-3**

基数名称	代号	图号	单位	数量	计算式
外墙中线长	$L_中$	建施 1	m	22.80	$L_中$＝（7.20＋4.20）×2＝22.80m
内墙净长	$L_内$	建施 1	m	3.96	$L_内$＝4.20－0.24＝3.96 内墙垫层长＝4.20－0.80＝3.40m
外墙外边长	$L_外$	建施 1	m	23.76	$L_外$＝22.80＋0.24×4＝23.76m
底层面积	$S_底$	建施 1	m^2	33.03	底面积＝（7.20＋0.24）×（4.20＋0.24）＝33.03m^2

2.5 分部分项及单价措施项目工程量计算表使用说明

本教材的工程量计算表是特别设计的。该表格表达的内容有：每个分项工程项目名称可以表现“清单项目编码”同时还要表现“计价定额编号”、每个分项工程项目要写出计算公式、可以表达清单工程量计算规则和定额工程量计算规则、写出了每项工程量计算的知识点和技能点、给出了工程量计算分析与示例。在后面的进阶的“分部分项工程及单价措施项目工程量计算表”内容中，如果上述内容有空缺的，需要老师指导学生完成填写任务。

2.6 传达室工程量计算

根据传达室施工图、《房屋建筑与装饰工程工程量计算规范》GB 50854—2013、《××省建筑与装饰工程计价定额》计算的分部分项及单价措施项目工程量见表 2-4。传达室分部分项工程量计算表中的计算式、清单编码、定额编号、计量单位、工程量、计算式和工程量计算规则空缺的内容，由同学计算后补充上去。

传达室分部分项工程项目及单价措施项目工程量计算表

表 2-4

序号	项目编码 定额编号	项目名称	计量单位	工程量	计算式（计算公式）	清单工程量计算规则 定额工程量计算规则	知识点	技能点
A. 土石方工程								
1	010101001001	平整场地（清单）	m^2	33.03	$S=S_{底}$	按设计图示尺寸以建筑物首层建筑面积计算	平整场地是指：建筑物场地挖、填方厚度在±30cm以内及找平	1.“三线一面” 2. 凸出外墙面的附墙柱不计算 3. 底层建筑面积取外墙外边线围成面积计算
	AA0001	平整场地（定额子目）	m^2	33.03	同清单工程量	按设计图示尺寸以建筑物首层面积计算		
	工程量计算分析及示例： $S_{平}=S_{底}=(7.2+0.24)\times(4.2+0.24)=33.03\ m^2$							
2	010101003001	挖地槽土方（清单）	m^3	75.78	$V=(L_{中}+内墙垫层长)\times S_{断}$	按设计图示尺寸以基础垫层底面积乘以挖土深度计算	挖沟槽：底宽≤7m且底长＞3倍底宽	1. 外墙基槽长取$L_{中}$ 2. 内墙基槽取内墙槽净长 3. 断面积根据省规定考虑放坡系数、工作面
	AA0004	挖地槽土方（定额子目）	m^3	75.78	同清单工程量			

续表

<table>
<tr><th rowspan="2">序号</th><th>项目编码</th><th rowspan="2">项目名称</th><th rowspan="2">计量
单位</th><th rowspan="2">工程量</th><th rowspan="2">计算式（计算公式）</th><th>清单工程量计算规则</th><th rowspan="2">知识点</th><th rowspan="2">技能点</th></tr>
<tr><th>定额编号</th><th>定额工程量计算规则</th></tr>
<tr><td>2</td><td colspan="8">工程量计算分析及示例：
设基础底标高为−1.700m，垫层采用非原槽浇筑，土壤类别为三类土。
根据××省 370 号文件规定挖基础土方项目中，工作面和放坡均要计算。
挖土深度 $H=1.7-0.15=1.55$m
考虑人工挖土方，由放坡系数表 A.1-3（见工程量计算规范）放坡系数 $K=0.33$，由表 A.1-4（见工程量计算规范）工作面取 300mm，基槽断面图如图 2-2 所示。
$S_{断}=(0.8+0.3\times2+0.33\times1.55)\times1.55=2.96m^2$
外墙基槽长取外墙中心线，内墙取基槽净长线。
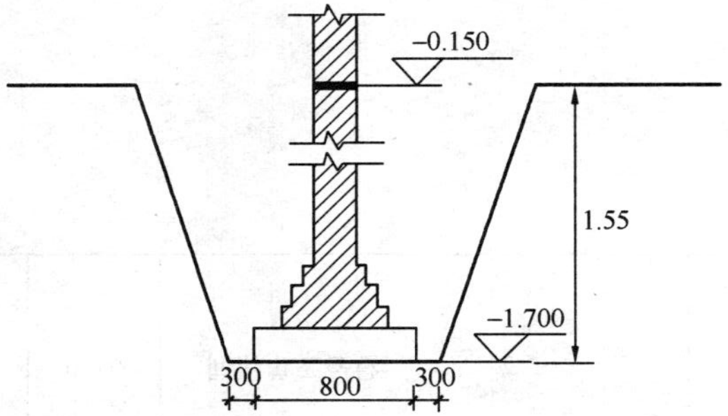

图 2-2
$L_{外}=(7.2+4.2)\times2=22.8$m
$L_{内}=4.2-(0.8+0.3\times2)=2.8$m
$L=L_{外}+L_{内}=22.8+2.8=25.6$m
挖基槽工程量：
$V=S_{断}\times L=2.96\times25.6=75.78m^3$</td></tr>
</table>

续表

<table>
<tr><th rowspan="2">序号</th><th>项目编码</th><th rowspan="2">项目名称</th><th rowspan="2">计量单位</th><th rowspan="2">工程量</th><th rowspan="2">计算式（计算公式）</th><th>清单工程量计算规则</th><th rowspan="2">知识点</th><th rowspan="2">技能点</th></tr>
<tr><th>定额编号</th><th>定额工程量计算规则</th></tr>
<tr><td rowspan="3">3</td><td>010103001001</td><td>室内回填土（清单）</td><td>m^3</td><td>0.80</td><td>$V=S_{净}\times h_{厚}$</td><td rowspan="2">按主墙间净面积乘以回填土厚度</td><td rowspan="2">室内回填土：地面垫层以下素土夯填</td><td rowspan="2">1. 回填土厚度扣除垫层、面层
2. 间壁墙、凸出墙面的附墙柱不扣除
3. 门洞开口部分不增加</td></tr>
<tr><td>AA0039</td><td>室内回填土（定额子目）</td><td>m^3</td><td>0.80</td><td>同清单工程量</td></tr>
<tr><td colspan="8">工程量计算分析及示例：
主墙间净面积（不增加门洞口面积）：
$S_{净}=(3.6-0.24)\times(4.2-0.24)\times2$
$=26.61\ m^2$
或：$S_{净}=S_{底}-(L_{外}+L_{内})\times$墙厚
$=33.03-(22.8+4.2-0.24)\times0.24$
$=26.61m^2$
填土厚度扣除地面面层、垫层厚度：
$h_{厚}$＝室内外高差－垫层厚－面层厚
$=0.15-0.04-0.08=0.03m$
室内回填土工程量：
$V=S_{净}\times h_{厚}=26.61\times0.03$
$=0.80m^3$</td></tr>
</table>

续表

序号	项目编码 定额编号	项目名称	计量单位	工程量	计算式（计算公式）	清单工程量计算规则 定额工程量计算规则	知识点	技能点
4	010103001002	基础回填土（清单）	m^3	60.39	$V=V_{挖}-V_{垫}-V_{砖基(室外地坪以下)}$	按挖方清单项目工程量减去自然地坪以下埋设的基础体积（包括基础垫层及其他构筑物）	基础回填土：基础工程后回填至室外地坪标高	砖基础工程量应扣除自然地坪以下部分
	AA0039	基础回填土（定额子目）	m^3	60.39	同清单工程量	同清单工程量计算规则		
	工程量计算分析及示例： 室外地坪以下埋入构筑物有垫层、部分砖基础。 $V=75.78-26.76\times(0.24\times1.35+0.007875\times3\times4)-4.19=60.39m^3$							
5	010103002001	余方弃置（清单）	m^3	14.59	$V=V_{挖}-V_{回}$	按挖方清单项目工程量减利用回填方体积（正数）计算	1. 回填后多余土方运走 2. 挖方不够买土回填	1. 正数为余方弃置 2. 负数为买土回填
	AA0013 AA0014	余方弃置（定额子目）	m^3	14.59	同清单工程量	同清单工程量计算规则		
	清程量计算分析及示例： $V=75.78-60.39-0.80=14.59m^3$							
D. 砌筑工程								

续表

序号	项目编码/定额编号	项目名称	计量单位	工程量	计算式（计算公式）	清单工程量计算规则/定额工程量计算规则	知识点	技能点
6	010401001001	M5 水泥砂浆砌砖基础（清单）	m^3	12.16	$V=(bH+\Delta s)\times(L_{中}+L_{内})-V_{构造柱}-V_{圈梁}+V_{垛}$	按设计图示尺寸以体积计算	1. 砖基础内应扣：地梁（圈梁）、构造柱等所占的体积 2. 不扣：基础大放脚T形接头处的重叠部分、嵌入基础内的钢筋、铁件、管道、基础砂浆防潮层和单个面积≤0.3m^2孔洞等所占体积 3. 靠墙暖气沟的挑檐不增加	1. 基础长度：外墙按中心线；内墙按净长线 2. 基础高度：砖基础底面至室内地坪标高 3. 基础墙厚度的确定 4. 砖基础的大放脚增加面积的计算 5. 砖基础的截面面积的计算 6. 构造柱体积计算 7. 地圈梁体积计算 8. 附墙垛基础宽出部分体积的计算
	AC0003	M5 水泥砂浆砌砖基础砖基础（定额子目）	m^3	12.16	同清单工程量	按设计图示尺寸以体积计算		
	AG0529	1∶2 水泥砂浆防潮层（定额子目）	m^2	6.42	$S=b\times(L_{中}+L_{内})$	墙基防水，外墙按中心线内墙按净长线乘以宽计算		

工程量计算分析及示例：

本砖基础为等高式三层放脚基础，砖基础中无构造柱、圈梁等构件，也没有砖垛，故只需要计算砖基础实体工程量即可。

（1）基础长$=L_{中}+L_{内}=(7.2+4.2)\times2+(4.2-0.24)=26.76m$

（2）基础高$=1.7-0.2=1.5m$

（3）基础断面面积$=0.24\times1.5+0.007875\times3\times4=0.4545m^2$

（4）砖基础工程量$=26.76\times0.4545=12.16m^3$

定额子项工程量计算分析及实例：

（1）M5 水泥砂浆砌砖基础工程量同清单工程量。

（2）1∶2 水泥砂浆防潮层 $S=b\times(L_{中}+L_{内})=26.76\times0.24=6.42m^2$

续表

序号	项目编码 定额编号	项目名称	计量单位	工程量	计算式（计算公式）	清单工程量计算规则 定额工程量计算规则	知识点	技能点
7	010401003001	M2.5 混合砂浆砌砖墙（清单）	m^3	16.48	$V=(L_{墙}\times H_{墙}-S_{洞口})\times b_{墙厚}-V_{梁、柱}+V_{垛}$	按设计图示尺寸以体积计算	1. 砖墙内应扣：门窗洞口、过人洞、空圈、单个孔洞面积>0.3m²所占的、嵌入墙身的钢筋混凝土柱、梁（包括圈梁、挑梁、过梁）和暖气槽、管槽、消火栓箱、壁龛等所占的体积 2. 不扣：梁头、板头、梁垫、檩头、垫木、木楞头、沿椽木、木砖、门窗走头、砖墙内的加固钢筋，木筋、铁件、钢管、单个空洞≤0.3m²等所占体积 3. 凸出墙面的腰线、挑檐、压顶、窗台线、虎头砖、门窗套等体积不增加	1. 砖墙长度：外墙按中心线；内墙按净长线 2. 砖墙高度：±0.000 到屋面板底 3. 砖墙厚度的确定 4. 门窗洞口面积的计算 5. 构造柱、框架柱体积计算 6. 圈梁、过梁体积计算 7. 砖墙外应增加突出墙面的砖垛体积
	AC0011（换）	M2.5 混合砂浆砌砖墙（定额子目）	m^3	16.48	同清单工程量	同清单工程量计算规则		

工程量计算分析及示例：

本工程为无梁板，墙高取到板底；墙厚为一砖墙，故墙厚取 240mm；墙体中有门窗、过梁、圈梁等构件，所以在计算砖墙体积时应该扣除门窗、过梁、圈梁所占的体积。

（1）砖墙长＝$L_{中}+L_{内}$＝（7.2＋4.2）×2＋（4.2－0.24）＝26.76m

（2）砖墙高＝3.6m

（3）门窗工程量＝$S_{M-1}+S_{M-2}+S_{C-1}\times3+S_{C-2}\times2$＝2.7×1.8＋2.1×1＋1.8×1.8×3＋1.8×1.2×2＝21m²

（4）过梁体积＝0.24×0.18×（1＋0.25×2）＝0.06m³

（5）圈梁体积＝0.24×0.24×［（7.2＋4.2）×2＋（4.2－0.24）］＝1.54m³

（6）砖墙工程量＝（26.76×3.6－21）×0.24－0.06－1.54＝16.48m³

E. 混凝土及钢筋混凝土工程

续表

序号	项目编码 定额编号	项目名称	计量单位	工程量	计算式（计算公式）	清单工程量计算规则 定额工程量计算规则	知识点	技能点
8	010501001001	C10 现浇混凝土基础垫层（清单）	m^3	4.19	$V_{垫层}=S_{垫层剖面}\times L_{垫层长}$	按设计图示尺寸以体积计算	按设计图示尺寸以体积计算	1. 条基垫层构造的确定 2. 条基垫层剖面的确定 3. 条基垫层长度的确定
	AD0016	C10 现浇混凝土基础垫层（定额子目）	m^3	4.19	同清单工程量	同清单工程量计算规则		

工程量计算分析及示例：

C10 现浇混凝土基础垫层工程量的计算：

分析：（1）根据基础断面图，计算出垫层的剖面面积：

$S_{垫层剖面}=0.8\times0.2=0.16m^2$

（2）根据基础断面图和平面图，计算出垫层的长度，外墙基础下的垫层长度等于外墙中心线，内墙基础下的垫层长度为基础垫层净长。

$L_{垫层长}=L_{中}+L_{内墙基垫层净长}$

$L_{中}=(7.2+4.2)\times2=22.80m$

$L_{内墙基垫层净长}=4.2-0.8=3.40m$

$L_{垫层长}=22.80+3.40=26.20m$

（3）计算基础垫层体积：

$V_{垫层}=S_{垫层剖面}\times L_{垫层长}=0.16\times26.20=4.19m^3$

续表

序号	项目编码 定额编号	项目名称	计量单位	工程量	计算式（计算公式）	清单工程量计算规则 定额工程量计算规则	知识点	技能点
9	010503004001	C20现浇混凝土圈梁（清单）	m^3	1.55	$V_{圈梁}=S_{圈梁剖面}\times L_{圈梁}$	按设计图示尺寸以体积计算	梁与柱连接时，梁长算至柱侧面	1. 圈梁剖面的确定 2. 圈梁长度的确定
	AD0131	C20现浇混凝土圈梁（定额子目）	m^3	1.55	同清单工程量	同清单工程量计算规则		

工程量计算分析及示例：

C20现浇混凝土圈梁工程量的计算：

分析：（1）根据1—1剖面图，计算出圈梁的剖面面积：

$S_{圈梁剖面}=0.24\times0.24=0.058m^2$

（2）根据1—1剖面图和平面图，计算出圈梁的长度，外墙上的圈梁长度等于外墙中心线，内墙上的圈梁长度为内墙净长。

$L_{圈梁}=L_{中}+L_{内}$

$L_{中}=(7.2+4.2)\times2=22.80m$

$L_{内}=4.2-0.24=3.96m$

$L_{圈梁}=22.80+3.96=26.76m$

（3）计算圈梁体积：

$V_{圈梁}=S_{圈梁剖面}\times L_{圈梁}=0.058\times26.76=1.55m^3$

续表

序号	项目编码 定额编号	项目名称	计量单位	工程量	计算式（计算公式）	清单工程量计算规则 定额工程量计算规则	知识点	技能点
10	010510003001	C20 预制混凝土过梁（清单）	m^3	0.06	$V_{过梁}=L_{梁长}\times B_{梁宽}\times H_{梁高}$	以立方米计量，按设计图示尺寸以体积计算	还可以用根计量，按设计图示尺寸以数量计算	1. 过梁长度的确定 2. 过梁体积的确定
	AD0541	C20 预制混凝土过梁制作安装（定额子目）	m^3	0.06	同清单工程量	同清单工程量计算规则		
	AD0919	C20 预制混凝土过梁制作运输（定额子目）	m^3	0.06	同清单工程量	同清单工程量计算规则		

工程量计算分析及示例：

C20 预制混凝土过梁工程量的计算：

分析：需要注意的是，本工程中大部分的门窗上部都是圈梁代过梁，只有内墙的门上部有过梁。另外，预制混凝土构件按现场制作编制项目，工作内容中包括模板工程，模板的措施费用不再单列，若采用成品预制混凝土构件时，成品价（包括模板、钢筋、混凝土等所有费用）计入综合单价中。

$V_{过梁}=1.5\times0.24\times0.18=0.06m^3$

定额工程量计算分析及示例：

该清单项目包含以下定额子项：

（1）C20 预制混凝土过梁制作安装：

$V_{过梁}=1.5\times0.24\times0.18=0.06m^3$

（2）C20 预制混凝土过梁制作运输：

$V_{过梁}=1.5\times0.24\times0.18=0.06m^3$

续表

序号	项目编码 定额编号	项目名称	计量单位	工程量	计算式（计算公式）	清单工程量计算规则 定额工程量计算规则	知识点	技能点
11	010505003001	C20 现浇混凝土平板（清单）	m^3	7.01	$V_{平板}=L_{板长}\times B_{板宽}\times H_{板厚}$	按设计图示尺寸以体积计算，不扣除单个面积≤0.3m^2的柱、垛以及孔洞所占体积	按设计图示尺寸以体积计算	平板构造的确定
	AD0273	C20 现浇混凝土平板（定额子目）	m^3	7.01	同清单工程量	同清单工程量计算规则		
	工程量计算分析及示例： C20 现浇混凝土平板工程量的计算： 分析：按设计图示尺寸以体积计算，不扣除单个面积≤0.3m^2的柱、垛以及孔洞所占体积。 $V_{平板}=(7.2+0.24+0.48)\times(4.2+0.24+0.48)\times0.18=7.01m^3$							
12	010501001002	C10 现浇混凝土地面垫层（清单）	m^3	2.13	$V_{地面垫层}=L_{垫层长}\times B_{垫层宽}\times H_{垫层厚}$	按设计图示尺寸以体积计算	按设计图示尺寸以体积计算	地面垫层构造的确定
	AD0425	C10 现浇混凝土地面垫层（定额子目）	m^3	2.13	同清单工程量	同清单工程量计算规则		
	工程量计算分析及示例： C10 现浇混凝土地面垫层工程量的计算： 分析：按设计图示尺寸以体积计算。 $V_{地面垫层}=(3.6-0.24)\times(4.2-0.24)\times0.08\times2=2.13m^3$ 定额工程量计算分析及示例： 该项目的定额工程量计算规则同清单工程量计算规则。							

续表

序号	项目编码 定额编号	项目名称	计量单位	工程量	计算式（计算公式）	清单工程量计算规则 定额工程量计算规则	知识点	技能点
13	010507001001	C15 现浇混凝土坡道（清单）	m^2	1.44	$S_{坡道}=L_{坡道长}\times B_{坡道宽}$	按设计图示尺寸以水平投影面积计算。不扣除单个≤0.3m^2的孔洞所占面积	按设计图示尺寸以水平投影面积计算	坡道水平投影面积的确定
	AD0341	C15 现浇混凝土坡道（定额子目）	m^3	0.11	$V_{坡道}=S_{水平投影}\times H_{厚}$	按设计图示尺寸以体积计算		

工程量计算分析及示例：

C15 现浇混凝土坡道工程量的计算：

分析：按设计图示尺寸以水平投影面积计算。

$S_{坡道}=2.4\times0.6=1.44m^2$

定额工程量计算分析及示例：

C15 现浇混凝土坡道工程量按体积计算。

$V_{坡道}=S_{水平投影}\times H_{厚}=1.44\times0.075=0.11m^3$

续表

序号	项目编码 / 定额编号	项目名称	计量单位	工程量	计算式（计算公式）	清单工程量计算规则 / 定额工程量计算规则	知识点	技能点
14	010507001002	C15 现浇混凝土散水（清单）	m^2	14.26	$S_{散水}=B_{散水宽}\times L_{散水}$	按设计图示尺寸以水平投影面积计算。不扣除单个≤0.3m^2的孔洞所占面积	按设计图示尺寸以水平投影面积计算	1. 散水长度的确定 2. 散水水平投影面积的确定
	AD0437（换）	C15 现浇混凝土散水（定额子目）	m^3	1.14	$V_{散水}=S_{散水}\times H_{散水}$	按设计图示尺寸以体积计算		
	AG0544	沥青砂浆变形缝（定额子目）	m	25.95	$L_{变形缝}=L_{长度}$	按设计图示尺寸以长度计算		

工程量计算分析及示例：

C15 现浇混凝土散水工程量的计算：

分析：(1) 确定散水的中心线长度：

$$L_{散水}=L_{外}+4\times B_{散水宽}-L_{坡道长}=(7.2+0.24+4.2+0.24)\times2+4\times0.6-2.4=23.76\text{m}$$

(2) 计算散水水平投影面积：

$$S_{散水}=B_{散水宽}\times L_{散水}=0.6\times23.76=14.26\text{m}^2$$

定额工程量计算分析及示例：

该清单项目包含以下两个定额子项：

(1) C15 现浇混凝土散水工程量：

根据定额计算规则，现浇 C15 混凝土散水工程量应当按照图示尺寸以体积计算。

$$V_{散水}=S_{散水}\times H_{散水}=14.26\times0.08=1.14\text{m}^3$$

(2) 沥青砂浆变形缝工程量：

$$L_{变形缝}=(7.2+0.24+4.2+0.24)\times2-2.4+4\times\sqrt{0.6^2+0.6^2}+0.6\times2=25.95\text{m}$$

续表

序号	项目编码 定额编号	项目名称	计量单位	工程量	计算式（计算公式）	清单工程量计算规则 定额工程量计算规则	知识点	技能点
	H. 门窗工程							
15	010801001001	半玻镶板门（清单）	樘	1	樘数	以樘计量，按设计图示数量计算		1. 门数量的确定 2. 门洞口面积的确定
	010801001001		m^2	4.86	$S=\sum$（门洞口高×门洞口宽×数量）	以平方米计量，按设计图示洞口尺寸以面积计算		
	BD0020	半玻镶板门（定额）	m^2	4.86	同清单工程量	以平方米计量，按设计图示洞口尺寸以面积计算		

工程量计算分析及示例：

分析：(1) 按“樘”计算工程量时，应区别门洞口尺寸与种类分别列项计算。

M-1：半玻镶板门按“樘”计算工程量为1樘。

(2) 按面积计算工程量时，应注意区别门的种类分别列项计算（种类不同门的单价不同）；同时，区别门框尺寸和门洞尺寸的区别，一般情况下门洞口尺寸大于门框尺寸，以方便门安装。

$S=\sum$（门洞口高×门洞口宽×数量）

$S_{半玻镶板门}=2.70\times1.80\times1=4.86m^2$

(3) 木质门应区分镶板木门、企口木板门、实木装饰门、胶合板门、夹板装饰门、木纱门、全玻门（带木质扇框）、木质半玻门（带木质扇框）等项目分别列项。

续表

序号	项目编码 定额编号	项目名称	计量单位	工程量	计算式（计算公式）	清单工程量计算规则 定额工程量计算规则	知识点	技能点
16	010801001002	镶板门（清单）	樘	1	樘数	以樘计量，按设计图示数量计算		1. 门数量的确定 2. 门洞口面积的确定
			m^2	2.10	$S=\sum$（门洞口高×门洞口宽×数量）	以平方米计量，按设计图示洞口尺寸以面积计算		
	BD0004	镶板门（定额）	m^2	2.10	同清单工程量	以平方米计量，按设计图示洞口尺寸以面积计算		

工程量计算分析及示例：

分析：(1) 按“樘”计算工程量时，应区别门洞口尺寸与种类分别列项计算。

M-1：镶板门按“樘”计算工程量为1樘。

(2) 按面积计算工程量时，应注意区别门的种类分别列项计算（种类不同门的单价不同）；同时，区别门框尺寸和门洞尺寸的区别，一般情况下门洞口尺寸大于门框尺寸，以方便门安装。

$S=\sum$（门洞口高×门洞口宽×数量）

$S_{半玻镶板门}=2.1\times1.00\times1$

$=2.10m^2$

续表

序号	项目编码 定额编号	项目名称	计量单位	工程量	计算式（计算公式）	清单工程量计算规则 定额工程量计算规则	知识点	技能点
17	010807001001	塑钢推拉窗（清单）	樘	3	樘数	以樘计量，按设计图示数量计算		1. 窗数量的确定 2. 窗洞口面积的确定
	010807001001		m^2	14.04	$S=\sum$（窗洞口高×窗洞口宽×数量）	以平方米计量，按设计图示洞口尺寸以面积计算		
	BD0162	塑钢推拉窗（定额）	m^2	14.04	同清单工程量	以平方米计量，按设计图示洞口尺寸以面积计算		

工程量计算分析及示例：

分析：(1) 按“樘”计算工程量时，应区别窗洞口尺寸与种类分别列项计算。

C-1：塑钢推拉窗按“樘”计算工程量为3樘。

(2) 按面积计算工程量时，应注意区别窗的种类分别列项计算（种类不同窗的单价不同）；同时，区别窗框尺寸和窗洞尺寸的区别，一般情况下窗洞口尺寸大于窗框尺寸，以方便窗安装。

$S=\sum$（窗洞口高×窗洞口宽×数量）

C-1　　　C-2

$S_{塑钢推拉窗}=1.80\times1.80\times3+1.80\times1.20\times2$

$=14.04m^2$

J. 屋面及防水工程

续表

序号	项目编码 定额编号	项目名称	计量单位	工程量	计算式（计算公式）	清单工程量计算规则 定额工程量计算规则	知识点	技能点
18	010902003001	C20 细石混凝土刚性屋面层（清单）	m^2	45.36	$S_{平屋面}$＝屋面净长×屋面净宽 $S_{斜}$＝屋面净长×屋面斜高＝$S_{净}$×屋面斜率	按设计图示尺寸以面积计算	不扣除房上烟囱、风帽底座、风道等所占面积	1. 平屋面：屋面水平投影净面积的计算 2. 斜屋面：屋面斜高或屋面斜率的确定
	AG0434 减 2×AG0436	C20 细石混凝土刚性屋面层（定额）	m^2	45.36	同清单工程量			
	工程量计算分析及示例： 分析：屋面为平屋面，图示屋面无女儿墙，屋面板每边挑出外墙外边 480mm 宽，故屋面刚性层工程量应同屋面板的面积。 $S_{平屋面}$＝屋面净长×屋面净宽 ＝（7.20＋0.24＋0.48×2）×（4.20＋0.24＋0.48×2） ＝45.36m^2							
	L. 楼地面装饰工程							
19	011101002001	现浇彩色水磨石楼地面（清单）	m^2	26.61	S＝$S_{净}$＝$S_{底}$－（$L_{外}$＋$L_{内}$）×墙厚	按设计图示尺寸以面积计算	1. 扣除凸出地面构筑物、设备基础、室内铁道、地沟等所占面积 2. 不扣除间壁墙及单个面积≤0.3m^2柱、垛、附墙烟囱及孔洞所占面积 3. 门洞、空圈、暖气包槽、壁龛的开口部分不增加面积	1. 主墙间净面积 2. 不增加门洞口面积
	BA0050-BA0052	现浇彩色水磨石楼地面（定额子目）	m^2	26.61	同清单工程量			
	清单工程量计算分析及示例： $S_{净}$＝（3.6－0.24）×（4.2－0.24）×2＝26.61m^2 或：$S_{净}$＝$S_{底}$－（$L_{外}$＋$L_{内}$）×墙厚 ＝33.03－（22.8＋4.2－0.24）×0.24 ＝26.61m^2							

续表

序号	项目编码 定额编号	项目名称	计量单位	工程量	计算式（计算公式）	清单工程量计算规则 定额工程量计算规则	知识点	技能点
20	011101001001	1∶2水泥砂浆屋面面层（清单）	m^2	45.36	S=净长×净宽	按设计图示尺寸以面积计算		
	BA0024-BA0026	1∶2水泥砂浆屋面面层（定额子目）	m^2	45.36	同清单工程量	同清单工程量计算规则		
	工程量计算分析及示例： 屋面为平屋面，图示屋面无女儿墙，屋面板每边挑出外墙外边480mm宽，故屋面面层工程量应同屋面板的面积。 S＝净长×净宽 ＝（7.20＋0.24＋0.48×2）×（4.20＋0.24＋0.48×2） ＝45.36m^2							
21	011101006001	1∶3水泥砂浆找平层（清单）	m^2	45.36	S=净长×净宽	按设计图示尺寸以面积计算	屋面找平层按《房屋建筑与装饰工程工程量计算规范》GB 50854—2013附录L楼地面装饰工程“平面砂浆找平层”项目编码立项	
	BA0006	1∶3水泥砂浆找平层（定额子目）	m^2	45.36	同清单工程量	按设计图示尺寸以面积计算	屋面面层按楼地面面层项目编码列项	
	工程量计算分析及示例： 屋面为平屋面，图示屋面无女儿墙，屋面板每边挑出外墙外边480mm宽，故屋面找平层工程量应同屋面板的面积。 S＝净长×净宽 ＝（7.20＋0.24＋0.48×2）×（4.20＋0.24＋0.48×2） ＝45.36m^2							

续表

序号	项目编码 定额编号	项目名称	计量单位	工程量	计算式（计算公式）	清单工程量计算规则 定额工程量计算规则	知识点	技能点
22	011105003001	彩釉砖踢脚线（清单）	m	25.9	$L=L_{室内净长}$－门洞口长度＋门洞侧面宽度	以米计量，按延长米计算	按图示室内净长计算	门洞口要扣除，侧壁也增加
		彩釉砖踢脚线（清单）	m^2	3.89	$S=L\times h$	以平方米计量，按设计图示尺寸以面积计算	按设计图示长度乘以面积计算	
	BA0145	彩釉砖踢脚线（定额子目）	m^2	3.89	同清单工程量	以平方米计量，按设计图示尺寸以面积计算		
	工程量计算分析及示例： 以米计量：$L=$（3.6－0.24＋4.2－0.24）×2×2－1.8＋（0.24－0.1）－1×2＋（0.24－0.1）×2＝25.9m 以平方米计量：$S=L\times h=3.89m^2$							

续表

序号	项目编码/定额编号	项目名称	计量单位	工程量	计算式（计算公式）	清单工程量计算规则/定额工程量计算规则	知识点	技能点
M. 墙、柱面装饰与隔断、幕墙工程								
23	011201001001	1∶0.3∶3混合砂浆抹内墙面（清单）	m^2	81.71	$S=L_{净长}\times H_{净高}-$内墙面门窗洞口所占面积	按设计图示尺寸以面积计算	1. 扣除墙裙、门窗洞口及单个＞0.3m^2的孔洞面积 2. 不扣除踢脚线、挂镜线和墙与构件交接处的面积，门窗洞口和孔洞的侧壁及顶面不增加面积 3. 附墙柱、梁、垛、烟囱侧壁并入相应的墙面面积内	1. 内墙抹灰面按主墙间净长乘以高度计算 2. 净长：设计图示尺寸（不考虑抹灰厚度） 3. 净高：不扣除踢脚线高度
	BB0007	1∶0.3∶3混合砂浆抹内墙面（定额子目）	m^2	81.71	同清单工程量	同清单工程量计算规则		
	工程量计算分析及示例： $L_{净长}=(3.6-0.24+4.2-0.24)\times2\times2=29.28$m $H_{净高}=3.6$m 内墙面门窗洞口所占面积： C-1：$1.8\times1.8\times3=9.72\ m^2$ C-2：$1.8\times1.2\times2=4.32\ m^2$ M-2：$2.4\times1\times2=4.8\ m^2$ （M-2在内墙上面积，扣除时应扣除两次） M-1：$2.7\times1.8=4.86\ m^2$ $S_{门窗}=9.72+4.32+4.8+4.86=23.7m^2$ 内墙面抹灰： $S=29.28\times3.6-23.7=81.71\ m^2$							

续表

序号	项目编码/定额编号	项目名称	计量单位	工程量	计算式（计算公式）	清单工程量计算规则/定额工程量计算规则	知识点	技能点
24	011201004001	1：3 水泥砂浆外墙立面砂浆找平层(清单)	m^2	70.2	$S=L_{外}\times H_{外}+L_{外(女儿墙)}\times H_{外(女儿墙)}$－门窗洞口所占面积	按设计图示尺寸以面积计算	1. 扣除墙裙、门窗洞口及单个＞$0.3m^2$ 的孔洞面积 2. 不扣除踢脚线、挂镜线和墙与构件交接处的面积，门窗洞口和孔洞的侧壁及顶面不增加面积 3. 附墙柱、梁、垛、烟囱侧壁并入相应的墙面面积内	1. 外墙抹灰面按外墙垂直投影面积计算 2. 净长：设计图示尺寸(不考虑抹灰厚度) 3. 高度：取至室外地坪 4. 挑檐挑出上女儿墙面积并入外墙
	BB0041	1：3 水泥砂浆外墙立面砂浆找平层(定额子目)	m^2	70.2	同清单工程量			

工程量计算分析及示例：

$L_{外}=(7.2+0.247+4.2+0.24)\times 2=23.77m$

$H_{净高}=3.6+0.15=3.75m$

外墙面门窗洞口所占面积：

C-1：$1.8\times 1.8\times 3=9.72\ m^2$

C-2：$1.8\times 1.2\times 2=4.32\ m^2$

M-1：$2.7\times 1.8=4.86\ m^2$

$S_{门窗}=9.72+4.32+4.86=18.9m^2$

外墙立面砂浆找平层：$S=23.77\times 3.75-18.9=70.2m^2$

续表

序号	项目编码 定额编号	项目名称	计量单位	工程量	计算式（计算公式）	清单工程量计算规则 定额工程量计算规则	知识点	技能点
25	011204003001	外墙面贴瓷砖（清单）	m^2	76.67	$S=L_{表}\times H_{表}$－门窗洞口所占面积＋门窗洞口侧面 $L_{表}=L_{外}$＋(找平层厚＋结合层后＋面砖厚)×8 $H_{表}=H_{外}$－(找平层厚＋结合层后＋面砖厚)	按镶贴表面积计算	1. 扣除墙裙、门窗洞口及单个＞0.3m^2的孔洞面积 2. 不扣除踢脚线、挂镜线和墙与构件交接处的面积 3. 门窗洞口和孔洞的侧壁及顶面、附墙柱、梁、垛、烟囱侧壁并入相应的墙面面积内	1. 按瓷砖表面积计算 2. 长度：考虑立面砂浆找平层、结合层、面砖厚度，柱两侧面积并入抹灰工程量 3. 高度：取至室外地坪
	BB0173	外墙面贴瓷砖（定额子目）	m^2	76.67	同清单工程量	同清单工程量计算规则		

工程量计算分析及示例：

找平层厚＋结合层厚＋面砖厚＝0.02＋0.01＋0.005＝0.035m

$L_{表}$＝23.76＋0.035×8＝24.04m

H＝3.6＋0.15＝3.75m

(1)外墙面门窗洞口所占面积：

C-1：(1.8－0.035×2)×(1.8－0.035×2)×3＝8.98 m^2

C-2：(1.8－0.035×2)×(1.2－0.035×2)×2＝3.91 m^2

M-1：(2.7－0.035)×(1.8－0.035×2)＝4.61 m^2

S＝8.98＋3.91＋4.61＝17.50m^2

(2)门窗洞口侧面增加面积：

镶贴宽度＝(0.24－0.1)/2＋0.035＝0.105m

C-1：(1.8－0.035×2)×4×3×0.105＝2.18 m^2

C-2：(1.8－0.035×2＋1.2－0.035×2)×2×2×0.105＝1.20 m^2

M-1：[(2.7－0.035)＋(1.8－0.035×2)×2]×0.105＝0.64 m^2

S＝2.18＋1.20＋0.64＝4.02m^2

(3)外墙面贴瓷砖汇总：

S＝24.04×3.75－17.50＋4.02＝76.67m^2

续表

<table>
<tr><th rowspan="2">序号</th><th>项目编码</th><th rowspan="2">项目名称</th><th rowspan="2">计量单位</th><th rowspan="2">工程量</th><th rowspan="2">计算式（计算公式）</th><th>清单工程量计算规则</th><th rowspan="2">知识点</th><th rowspan="2">技能点</th></tr>
<tr><th>定额编号</th><th>定额工程量计算规则</th></tr>
<tr><td rowspan="3">26</td><td>0112061002001</td><td>檐口、封檐贴瓷砖(清单)</td><td>m^2</td><td>18.46</td><td>S=块料檐口宽度×块料檐口长度+封檐高度×封檐长度</td><td>按镶贴表面积计算</td><td rowspan="2">门窗洞口侧面工程量并入外墙面</td><td rowspan="2">1. 按瓷砖表面积计算
2. 长度：考虑立面砂浆找平层、结合层、面砖厚度
3. 宽度：考虑外墙面砖厚度部分</td></tr>
<tr><td>BB0232</td><td>檐口、封檐贴瓷砖(定额子目)</td><td>m^2</td><td>18.46</td><td>同清单工程量</td><td>同清单工程量计算规则</td></tr>
<tr><td colspan="8">工程量计算分析及示例：
檐口天棚做法与外墙面相同：找平层厚+结合层厚+面砖厚=0.02+0.01+0.005=0.035m
块料檐口宽度=0.48m
块料檐口长度=(7.2+0.24+0.035×2+0.48+4.2+0.24+0.035×2+0.48)×2=25.96m
封檐高度=0.18+0.035=0.215m
封檐长度=(7.2+0.24+0.035×2+0.48×2+4.2+0.24+0.035×2+0.48×2)×2=27.88m
檐口、封檐镶贴零星块料汇总：
$S=0.48\times25.96+0.215\times27.88=18.46m^2$</td></tr>
<tr><td colspan="9">N. 天棚工程</td></tr>
<tr><td rowspan="3">27</td><td>011301001001</td><td>1∶0.3∶3混合砂浆抹天棚面(清单)</td><td>m^2</td><td>26.61</td><td>$S=S_{净}$</td><td>按设计图示尺寸以水平投影面积计算</td><td rowspan="2">不扣除间壁墙、垛、柱、附墙烟囱、检查口和管道所占的面积</td><td rowspan="2"></td></tr>
<tr><td>BC0005</td><td>1∶0.3∶3混合砂浆抹天棚面(定额)</td><td>m^2</td><td>26.61</td><td>同清单工程量</td><td>同清单工程量计算规则</td></tr>
<tr><td colspan="8">工程量计算分析及示例：
$S=S_{净}=26.61m^2$</td></tr>
</table>

续表

序号	项目编码 定额编号	项目名称	计量单位	工程量	计算式（计算公式）	清单工程量计算规则 定额工程量计算规则	知识点	技能点
					P. 油漆、涂料、裱糊工程			
28	011406001001	抹灰面乳胶漆（清单）	m^2	78.89	$S_{墙面}=长\times高-S_{门窗洞口}+S_{门窗洞口侧壁}+S_{附墙柱、垛侧壁}$	1. 门窗洞口侧边的乳胶漆应并入墙面乳胶漆工程量；踢脚线所占面积应扣除 2. 门窗侧面计算应扣除门框所占面积，同时，门窗内外装饰不同时应分析外墙的门窗框安装位置	门窗框如为居中安装时门窗侧面的增加面积应该为扣除门框后的一半，如为靠墙体内侧安装时内墙乳胶漆则不增加门窗侧边	1. 油漆涂刷高度的确定 2. 门窗洞口侧壁油漆涂刷宽度的确定
	BE0319 BE0320	腻子两遍（定额子项）	m^2	78.89	计算方法同清单工程量计算 $S_{墙面}=长\times高-S_{门窗洞口}+S_{门窗洞口侧壁}+S_{附墙柱、垛侧壁}$	按设计图示尺寸以展开面积计算		
	BE0325	抹灰面乳胶漆（定额子项）	m^2	78.89	同清单工程量计算	按设计图示尺寸以展开面积计算		
29	工程量计算分析及示例： 分析：(1) 墙面抹灰面乳胶漆：门窗洞口侧边的乳胶漆应并入墙面乳胶漆工程量；踢脚线所占面积应扣除。 ① S墙面面积$=(7.20-0.48+4.20-0.24)\times2\times(\overset{高}{3.60}-0.15)=73.63m^2$ ② 应扣除的门窗面积： M-2 在内墙上面积，扣除时应扣除两次。 $S=1.80\times1.80\times3+1.80\times1.20\times2+2.70\times1.80+2.40\times1.0\times2=23.70m^2$ ③ 应增加的门窗侧面： $S=(0.24-0.10)\times1/2\times(1.80\times4)\times3+(0.24-0.10)\times1/2\times(1.80+1.20)\times2\times2=2.35m^2$ ④ 墙面乳胶漆汇总： $S=73.63+2.35-23.70=52.28m^2$ (2) 天棚抹灰面乳胶漆：梁侧乳胶漆并入天棚乳胶漆内；主梁与次梁相交的面积应扣除。 $S=(3.60-0.24)\times(4.20-0.24)+(3.60-0.24)\times(4.20-0.24)=26.61m^2$ 抹灰面乳胶漆汇总 $S=52.28+26.61=78.89m^2$							

续表

序号	项目编码 定额编号	项目名称	计量单位	工程量	计算式（计算公式）	清单工程量计算规则 定额工程量计算规则	知识点	技能点
					S. 措施项目			
30	011701001001	综合脚手架（清单）	m^2	33.03	$S=S_{底}=33.03m^2$	按建筑面积计算	1. 按建筑面积计算 2. 按照《建筑工程建筑面积计算规范》GB/T 50353—2013计算建筑面积	1. 计算建筑面积的范围及建筑面积的计算 2. 不计算建筑面积的范围
	TB0140	综合脚手架（定额）	m^2	33.03	同清单工程量	同清单工程量计算规则		
	工程量计算及示例： $S=(7.20+0.24)\times(4.2+0.24)=33.03m^2$							
31	011702025001	混凝土基础垫层模板及支架（清单）	m^2	10.16	$S_{基础垫层模板}=H_{基础垫层}\times L_{基础垫层侧模板}-S_{构件相交}$	按模板与现浇混凝土构件的接触面积计算	按模板与现浇混凝土构件的接触面积计算	1. 模板长度的确定 2. 扣除构件相交面积的确定
	TB0004	混凝土基础垫层模板及支架（定额子目）	m^2	10.16	同清单工程量	同清单工程量计算规则		
	工程量计算分析及示例： 混凝土基础垫层模板及支架工程量的计算： 分析：（1）确定侧模板的长度，外墙基础垫层侧模板按外墙中心线长度乘以2，内墙基础垫层侧模板按内墙基础垫层净长乘以2计算。 $L_{基础垫层侧模板}=(7.2+4.2)\times2\times2+(4.2-0.8)\times2=52.40m$ （2）基础垫层模板工程量为基础垫层高度乘以侧模板长度，并扣除内墙基础垫层与外墙基础垫层相交处的面积。 $S_{基础垫层模板}=H_{基础垫层}\times L_{基础垫层侧模板}-S_{构件相交}=0.2\times52.40-0.8\times0.2\times2=10.16m^2$							

续表

序号	项目编码 定额编号	项目名称	计量单位	工程量	计算式（计算公式）	清单工程量计算规则 定额工程量计算规则	知识点	技能点
32	011702008001	混凝土圈梁模板及支架(清单)	m^2	15.03	$S_{圈梁模板}=H_{圈梁}\times L_{圈梁侧模板}-S_{构件相交}+S_{圈梁底模板}$	1. 按模板与现浇混凝土构件的接触面积计算 2. 柱、梁、墙、板相互连接的重叠部分，均不计算模板面积	按模板与现浇混凝土构件的接触面积计算	1. 模板长度的确定 2. 增加底模板的确定 3. 扣除构件相交面积的确定
	TB0016	混凝土圈梁模板及支架(定额子目)	m^2	15.03	同清单工程量	同清单工程量计算规则		

工程量计算分析及示例：

混凝土圈梁模板及支架工程量的计算：

分析：(1) 确定侧模板的长度，外墙圈梁侧模板按外墙中心线长度乘以2，内墙圈梁侧模板按内墙净长乘以2计算。

$L_{圈梁侧模板}=(7.2+4.2)\times2\times2+(4.2-0.24)\times2=53.52m$

(2) 该工程外墙门窗上部为圈梁代过梁，所以，外墙门窗上部圈梁的底模板要计算，面积为门窗洞口尺寸乘以墙厚。

$S_{圈梁底模板}=(1.8+1.8\times3+1.2\times2)\times0.24=2.304m^2$

(3) 圈梁模板工程量为圈梁高度乘以模板长度，并扣除内墙圈梁与外墙圈梁相交处的面积，再加上底模板面积。

$S_{圈梁模板}=H_{圈梁}\times L_{圈梁侧模板}-S_{构件相交}+S_{圈梁底模板}$

$=0.24\times53.52-0.24\times0.24\times2+2.304$

$=15.03m^2$

续表

序号	项目编码 定额编号	项目名称	计量单位	工程量	计算式（计算公式）	清单工程量计算规则 定额工程量计算规则	知识点	技能点
33	011702016001	混凝土平板模板及支架(清单)	m^2	37.17	$S_{平板模板}=S_{平板底模板}+S_{平板侧模板}$	1. 按模板与现浇混凝土构件的接触面积计算 2. 柱、梁、墙、板相互连接的重叠部分，均不计算模板面积	按模板与现浇混凝土构件的接触面积计算	1. 底模板的确定 2. 侧模板的确定 3. 扣除构件相交面积的确定
	TB0029	混凝土平板模板及支架(定额子目)	m^2	37.17	同清单工程量	同清单工程量计算规则		
	工程量计算分析及示例： 混凝土平板模板及支架工程量的计算： 分析：(1) 平板底模板要扣除平板与墙相交处的面积： $S_{平板底模板}=(7.2+0.24+0.48)\times(4.2+0.24+0.48)-[(7.2+4.2)\times2+4.2-0.24]\times0.24=32.544m^2$ (2) 平板侧模板面积： $S_{平板侧模板}=(7.2+0.24+0.48+4.2+0.24+0.48)\times2\times0.18=4.622m^2$ (3) 平板模板工程量为平板底模板与侧模板之和： $S_{平板模板}=S_{平板底模板}+S_{平板侧模板}$ $=32.544+4.622=37.17m^2$							
34	011702025002	混凝土坡道模板及支架(清单)	m^2	0.06	$S_{坡道模板}=S_{侧模}$	按模板与现浇混凝土构件的接触面积计算	按模板与现浇混凝土构件的接触面积计算	接触面的确定
	TB0042	混凝土坡道模板及支架(定额子目)	m^2	0.09	同清单工程量	同清单工程量计算规则		
	工程量计算分析及示例： 混凝土坡道模板及支架工程量的计算： 分析：该工程中，坡道与模板接触面只有两侧，平均厚度为 75mm，所以，该坡道侧模板形状为三角形。 $S_{坡道模板}=S_{侧模}=0.6\times0.15/2\times2=0.09m^2$							

2.7 “××工作室”工程课堂与课外实训项目

2.7.1 选用实训施工图

选用“××工作室”工程施工图为进阶1的习题与课外实训项目用图，见图2-3。

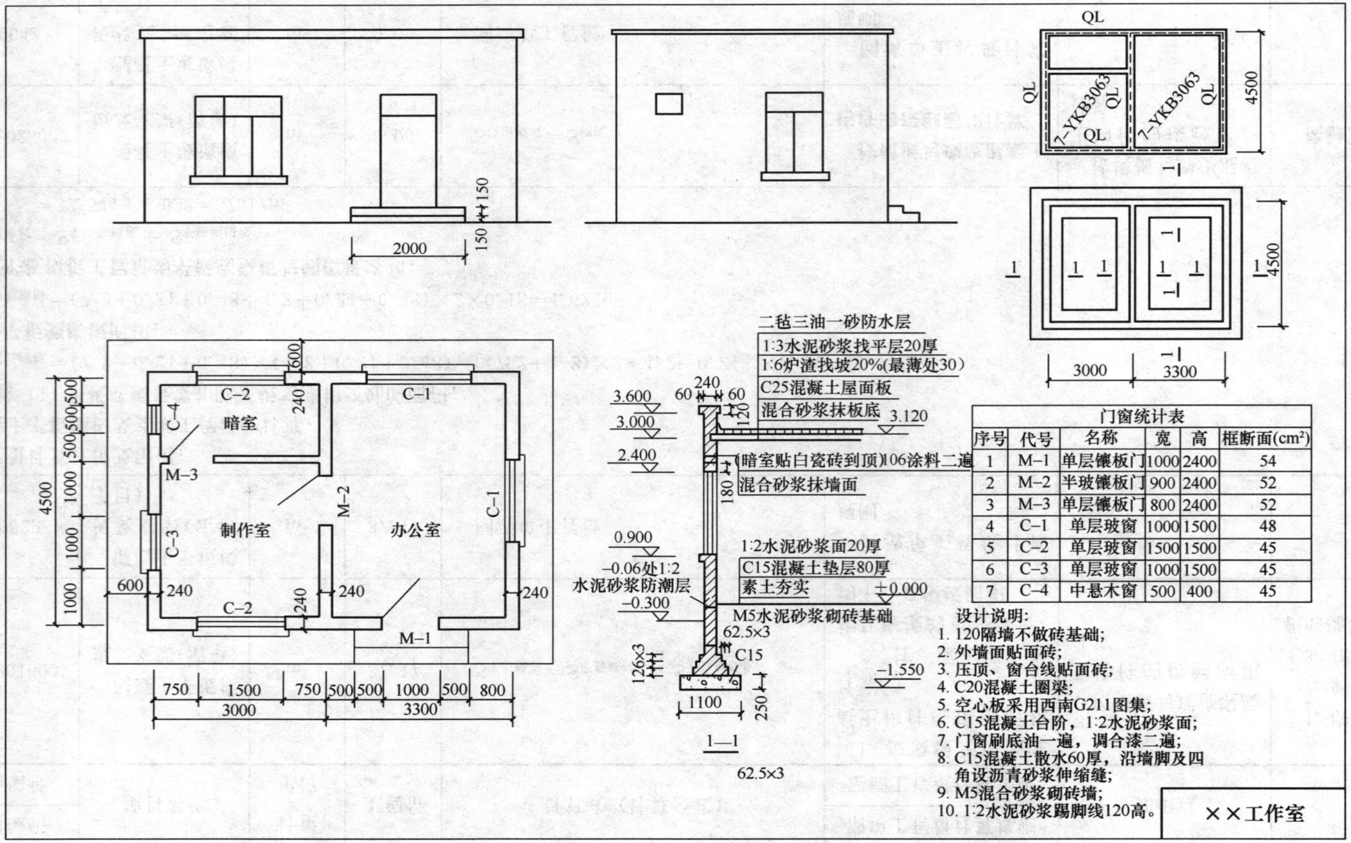

门窗统计表

序号	代号	名称	宽	高	框断面(cm^2)
1	M-1	单层镶板门	1000	2400	54
2	M-2	半玻镶板门	900	2400	52
3	M-3	单层镶板门	800	2400	52
4	C-1	单层玻窗	1000	1500	48
5	C-2	单层玻窗	1500	1500	45
6	C-3	单层玻窗	1000	1500	45
7	C-4	中悬木窗	500	400	45

设计说明：
1. 120隔墙不做砖基础；
2. 外墙面贴面砖；
3. 压顶、窗台线贴面砖；
4. C20混凝土圈梁；
5. 空心板采用西南G211图集；
6. C15混凝土台阶，1:2水泥砂浆面；
7. 门窗刷底油一遍，调合漆二遍；
8. C15混凝土散水60厚，沿墙脚及四角设沥青砂浆伸缩缝；
9. M5混合砂浆砌砖墙；
10. 1:2水泥砂浆踢脚线120高。

图2-3　××工作室施工图

2.7.2 实训内容及要求

要求同学根据“××工作室”施工图和地区计价定额规定的工程量计算规则，独立完成以下实训内容：

1. 根据所在地建筑与装饰工程计价定额列出“××工作室”施工图的全部分项工程项目；

2. 根据房屋建筑与装饰工程工程量计算规范列出“××工作室施工图”的全部分部分项工程清单项目与单价措施项目；

3. 计算“××工作室”施工图中土方工程的定额工程量及清单工程量；

4. 计算“××工作室”施工图中的砖基础的定额工程量及清单工程量；

5. 计算“××工作室”施工图中全部门窗工程的定额工程量及清单工程量；

6. 计算“××工作室”施工图中的砖墙定额工程量及清单工程量；

7. 计算“××工作室”施工图中屋面工程的定额工程量及清单工程量；

8. 计算“××工作室”施工图中地面工程的定额工程量及清单工程量。

计算定额工程量及清单工程量的表格由任课教师确定。

3 建筑工程量计算进阶 2

3.1 建筑工程量计算进阶 2 主要训练内容

进阶 2 是车库单层框架结构建筑工程量计算，主要训练内容见表 3-1。

建筑工程量计算进阶 2 主要训练内容表 **表 3-1**

训练能力	训练进阶	主要训练内容	选用施工图
1. 分项工程项目列项 2. 清单工程量计算 3. 定额工程量计算	进阶 2	1. 施工图预算分项工程项目 2. 土石方工程清单及定额工程量 3. 砌筑工程清单及定额工程量 4. 混凝土及钢筋混凝土工程清单及定额工程量 5. 门窗工程清单及定额工程量 6. 屋面及防水工程清单及定额工程量 7. 保温、隔热、防腐工程清单及定额工程量 8. 楼地面装饰工程清单及定额工程量 9. 墙、柱面装饰与隔断、幕墙工程清单及定额工程量 10. 天棚工程清单及定额工程量 11. 油漆、涂料、裱糊工程清单及定额工程量 12. 措施项目清单及定额工程量	$500m^2$ 以内的单层框架结构建筑物施工图（车库施工图）

3.2 建筑工程量计算进阶 2——车库工程施工图和标准图

建筑工程量计算进阶 2 选用车库（单层）工程施工图（见车库工程建筑施工图、结构施工图及部分标准图）。

结构设计说明

1. 设计依据国家现行规范规程及建设单位提出的要求。
2. 本工程标高以m为单位，其余尺寸以mm为单位。
3. 本工程为一层框架结构,使用年限为50年。
4. 该建筑抗震设防烈度为7度，场地类别Ⅲ类，
   设计基本地震加速度0.10g。
5. 本工程结构安全等级为二级，耐火等级为二级。
6. 建筑结构抗震重要性类别为丙类。
7. 地基基础设计等级为丙级。
8. 本工程砌体施工等级为B级。
9. 本工程采用粉质黏土作为持力层,地基承载力特征值为:
   f_{ak}=150kPa 。
10. 防潮层用1:2水泥砂浆掺5%水泥重量的防水剂，厚20mm.
11. 混凝土的保护层厚度:
    板：20mm；柱：30mm；梁：30mm；基础：40mm
12. 钢筋：HPB300级钢筋(Φ);HRB400(Φ);冷扎带肋钢筋
    CRB550($Φ^R$);钢筋强度标准值应具有不小于95%的保证率。
13. *L*>4m的板，要求支撑时起拱*L*/400(*L*为板跨);
    L>4m的梁，要求支模时跨中起拱*L*/400（*L*表示梁跨）。
14. 未经技术鉴定或设计许可，不得更改结构的用途和使用环境。
15. 砌体:

砌体标高范围	砖强度等级	砂浆强度等级
-0.050以下至 5.450	MU10	M5
备注:1.具体墙厚见建筑施工图;砌体材料容重≤19kN/m³; 2.防潮层以下为水泥砂浆 防潮层以上为混合砂浆		

采用的通用图集目录

序号	图集编号	图集名称
1	03G101-1	混凝土结构施工图平面整体表
2	西南03G301	钢筋混凝土过梁
选用标准图的构件及节点时应同时按照标准图说明施工		

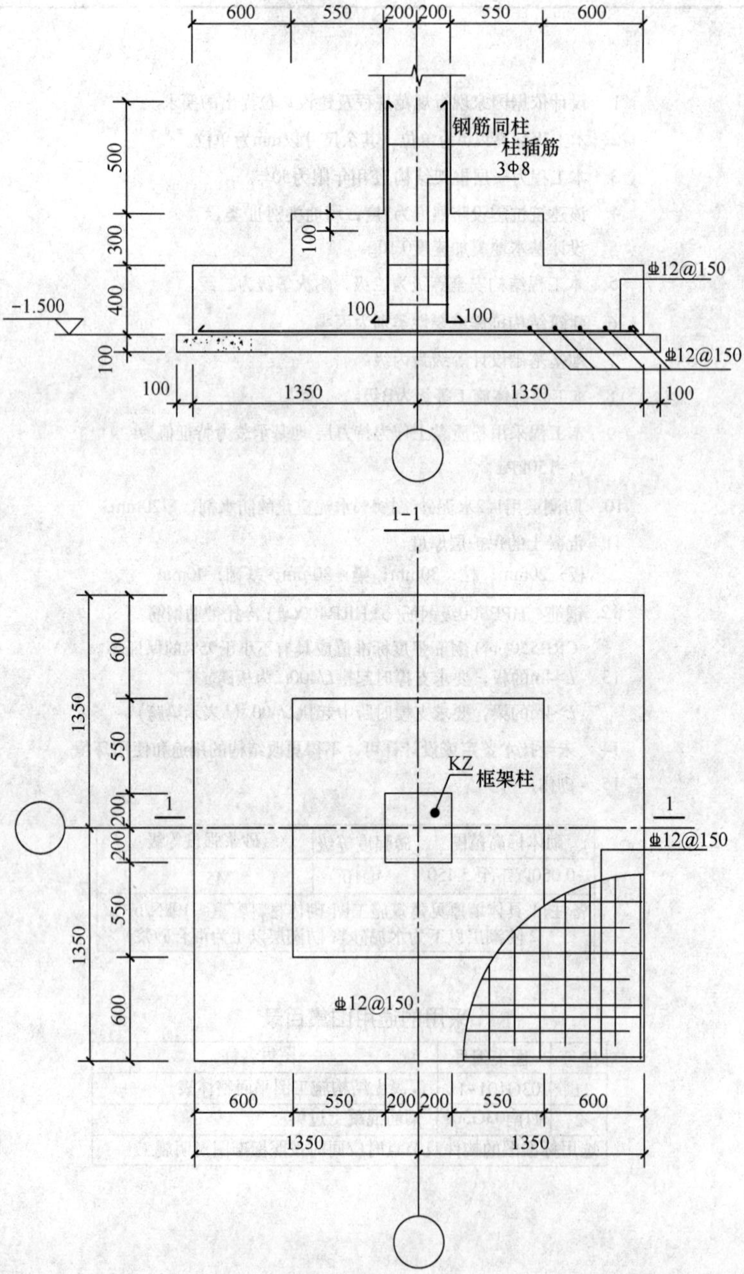
600
550
200
200
550
600
500
300
100
400
100
钢筋同柱
柱插筋
3Φ8
Φ12@150
−1.500
100
100
Φ12@150
100
1350
1350
100
1-1
1350
550
200
200
550
1350
600
600
1
1
Φ12@150
KZ
框架柱
Φ12@150
600
550
200
200
550
600
1350
1350
J—1

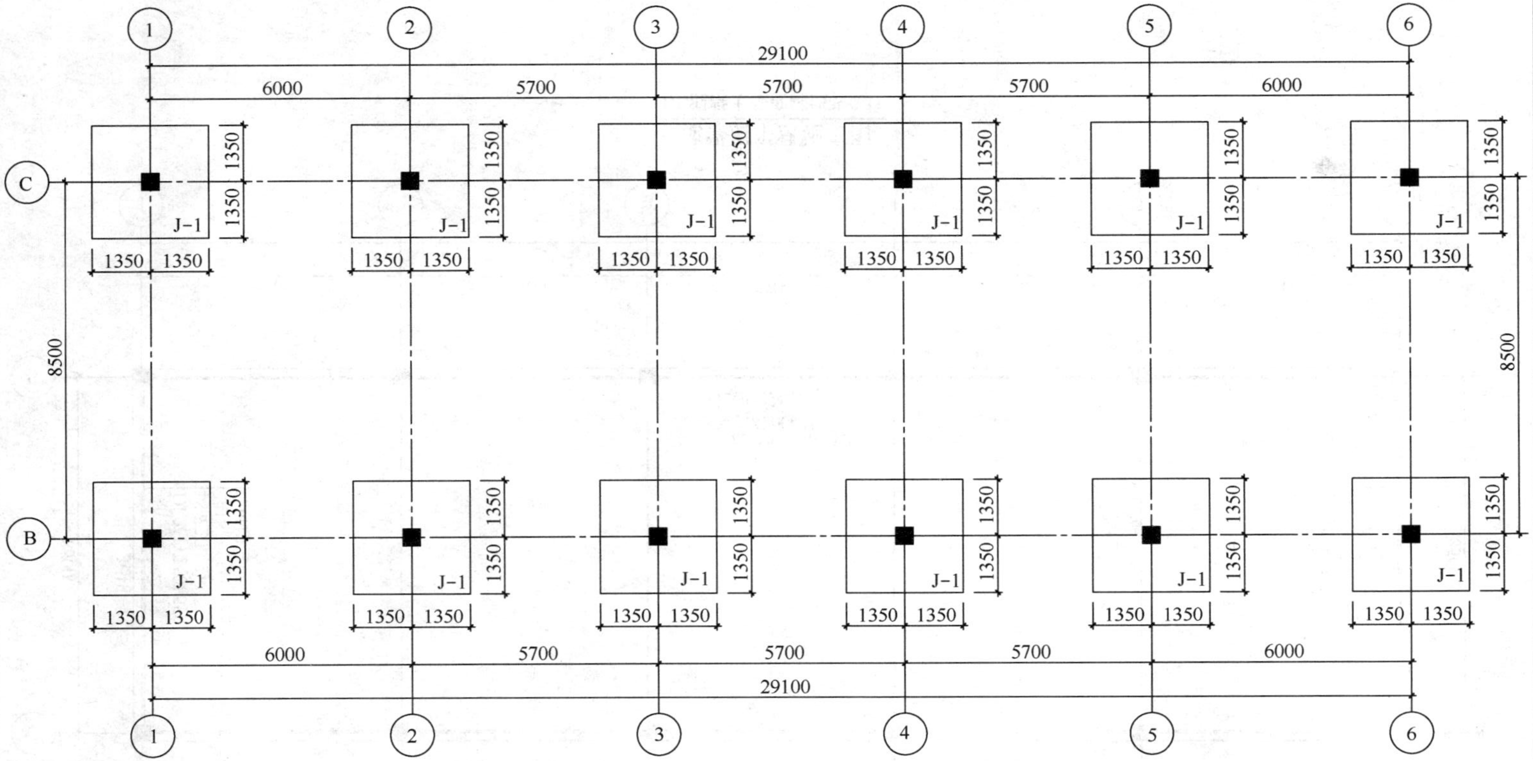

基础平面布置图

基础混凝土强度等级为C25

附注：

1.预留柱的纵筋直径和底层柱的配筋相同。

2.基础预埋柱插筋与柱主筋采用机械或搭接连接,接头位置和方式严格按标准图《03G101-1》-36页施工。

3.基础预埋墙插筋与墙主筋接头位置和方式严格按标准图《03G101-1》-48页施工。

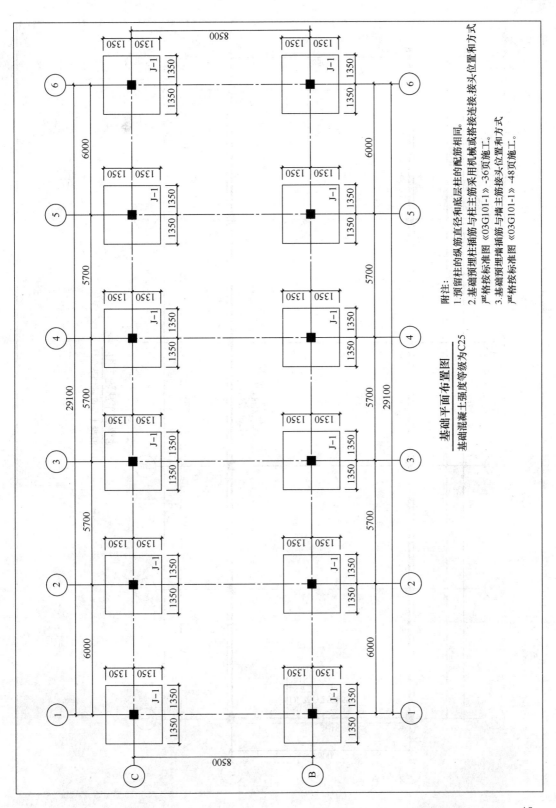

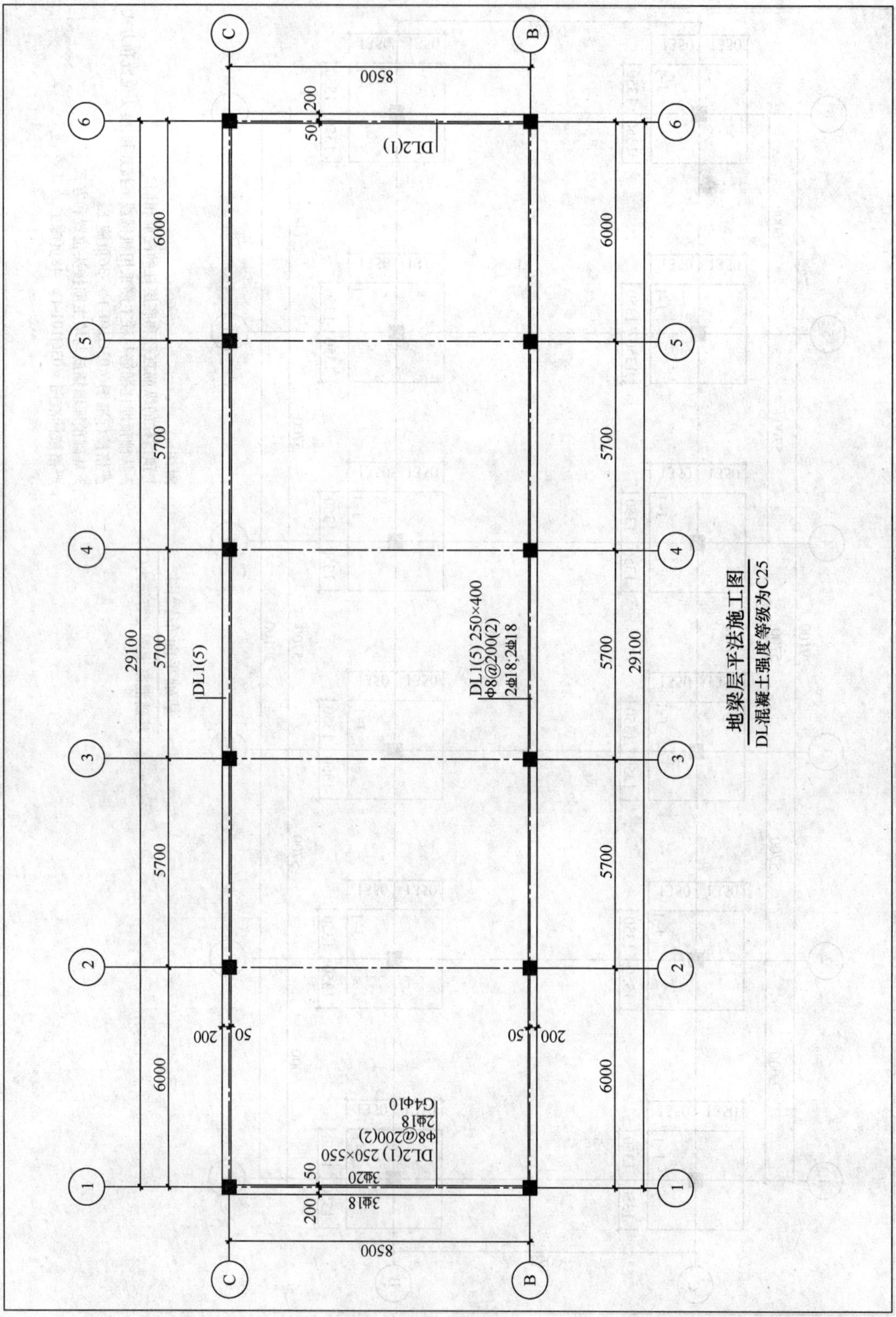

地梁层平法施工图
DL混凝土强度等级为C25
DL1(5) 250×400
Φ8@200(2)
2⌀18;2⌀18
DL1(5)
DL2(1) 250×550
Φ8@200(2)
2⌀18
G4Φ10
3⌀20
3⌀18
DL2(1)
8500
29100
6000
5700
200
50

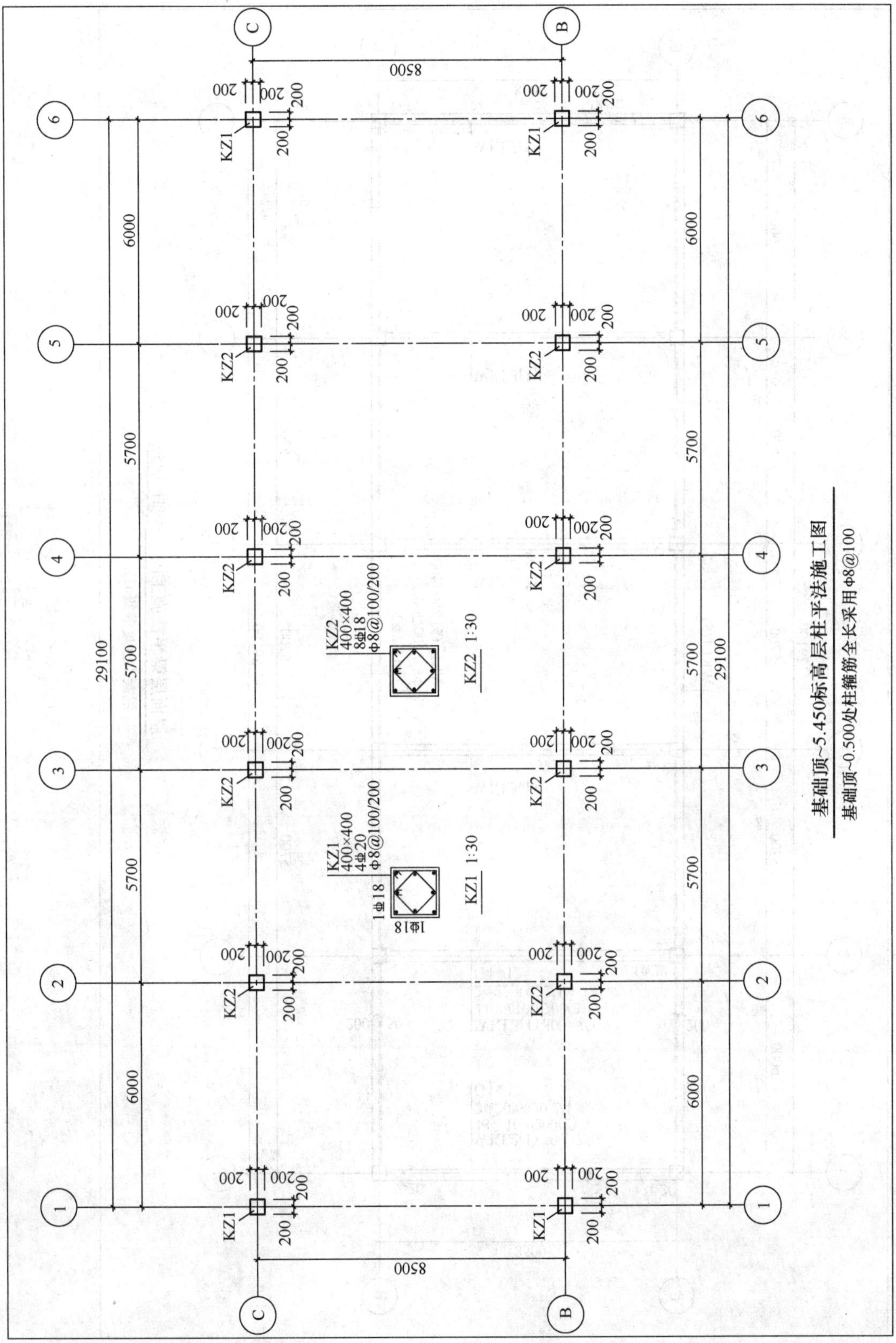

基础顶~5.450标高层柱平法施工图
基础顶~0.500处柱箍筋全长采用Φ8@100
KZ1 1:30
KZ1
400×400
4Φ20
Φ8@100/200
1Φ18
KZ2 1:30
KZ2
400×400
8Φ18
Φ8@100/200
KZ1
KZ2
8500
6000
5700
29100
200
1
2
3
4
5
6
B
C

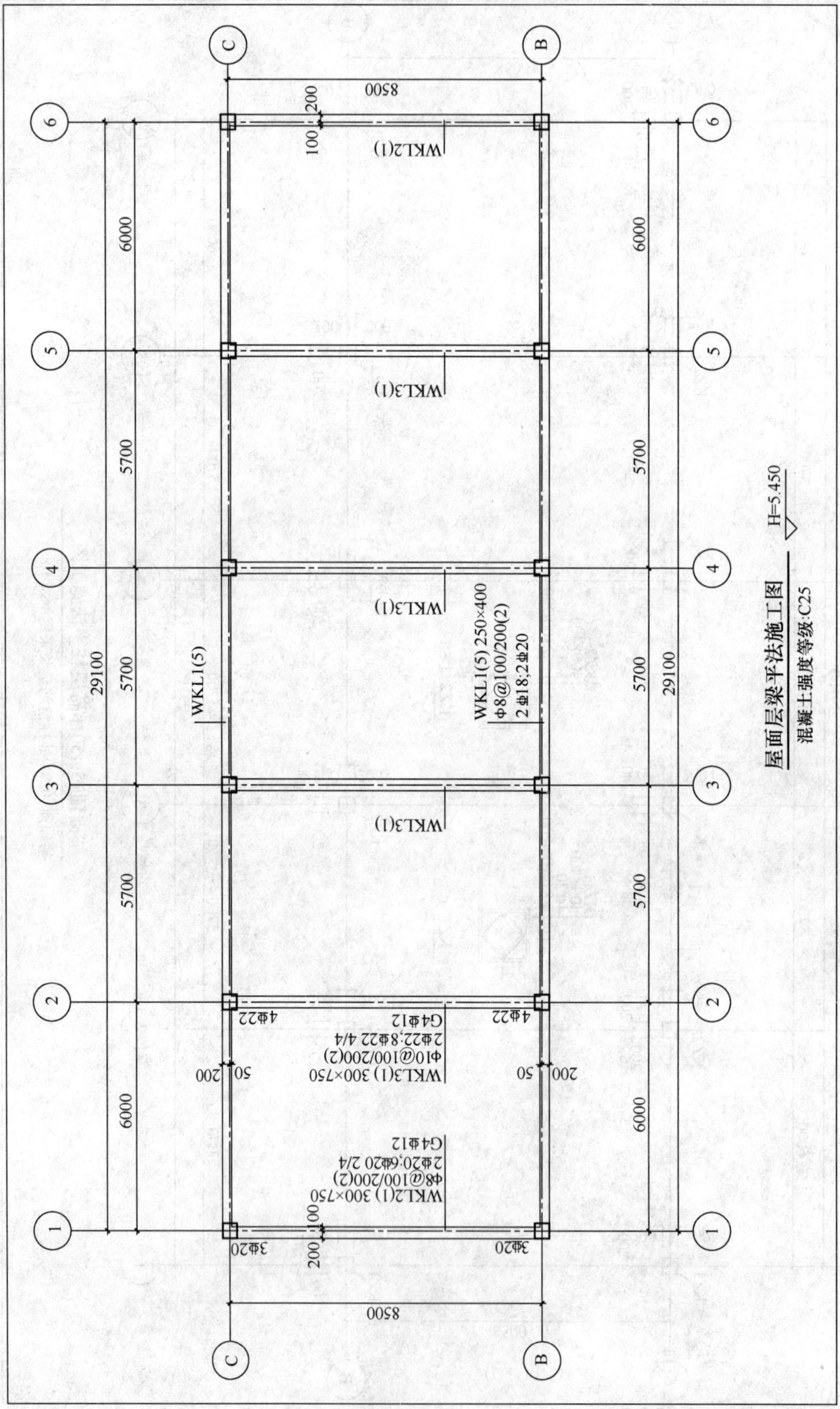
屋面层梁平法施工图
混凝土强度等级:C25
H=5.450

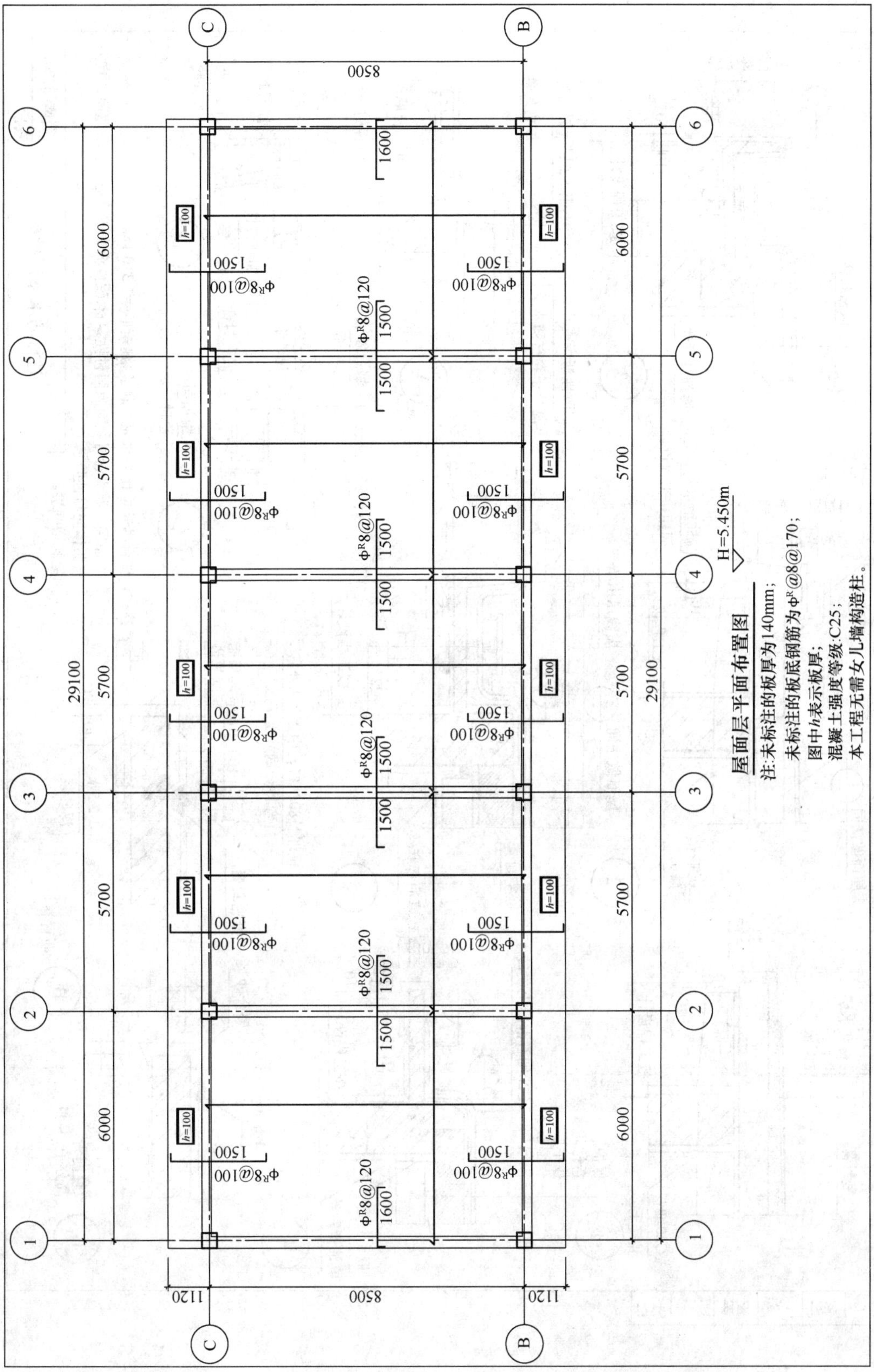
屋面层平面布置图
H=5.450m
注:未标注的板厚为140mm;
未标注的板底钢筋为Φ^R8@170;
图中h表示板厚;
混凝土强度等级:C25;
本工程无需女儿墙构造柱。

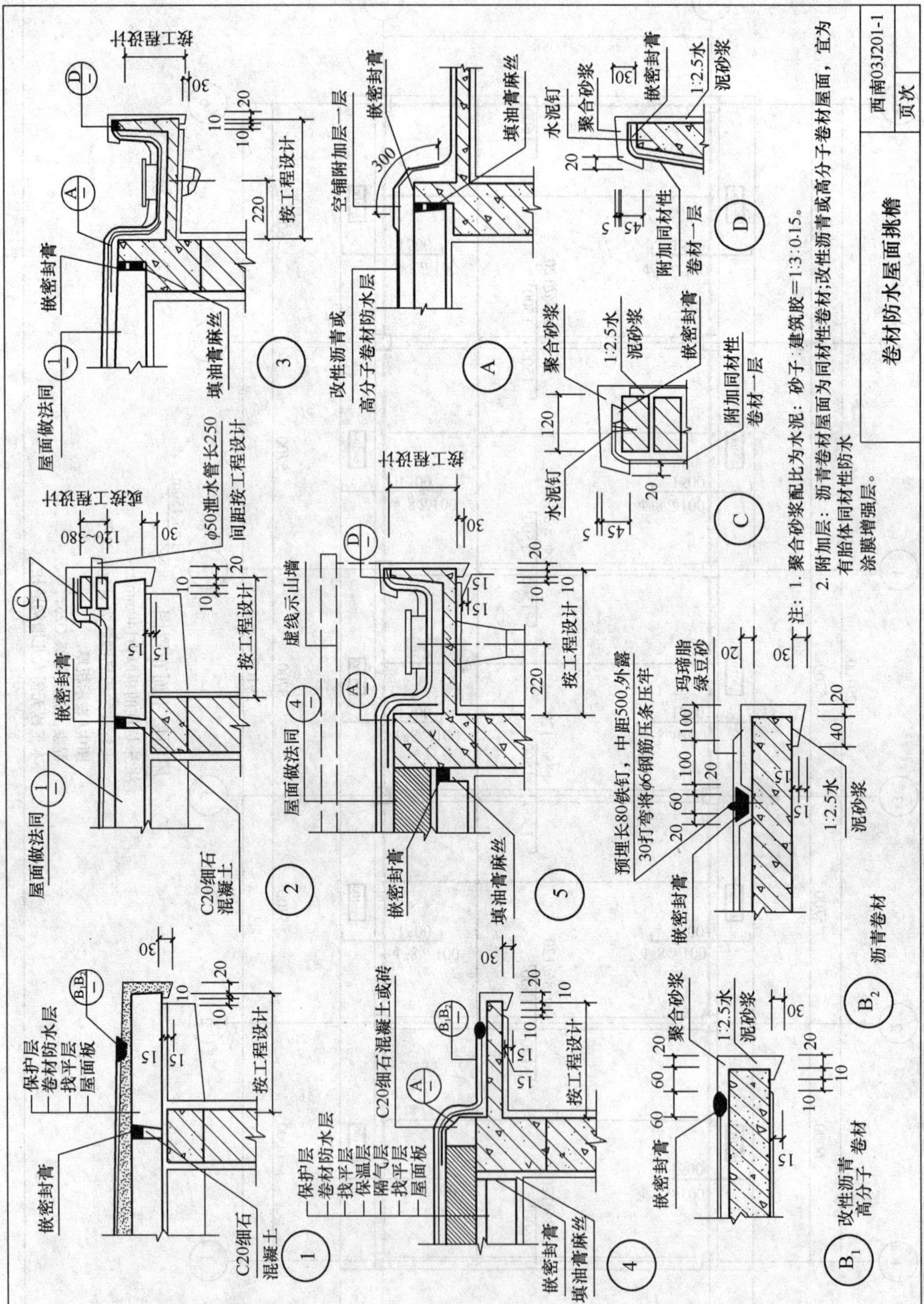
注：1. 聚合砂浆配比为水泥：砂子：建筑胶=1:3:0.15。
2. 附加层：沥青卷材屋面为同材性卷材;改性沥青或高分子卷材屋面，宜为有胎体同材性防水涂膜增强层。
卷材防水屋面挑檐
西南03J201-1
页次
设计
制图
校对
嵌密封膏
填油膏麻丝
C20细石混凝土
屋面做法同
按工程设计
聚合砂浆
1:2.5水泥砂浆
水泥钉
附加同材性卷材一层
改性沥青或高分子卷材防水层
空铺附加层一层
虚线示山墙
C20细石混凝土或砖
ϕ50泄水管长250 间距按工程设计
预埋长80铁钉，中距500,外露30打弯将ϕ6钢筋压条压牢
玛瑞脂绿豆砂
保护层
卷材防水层
找平层
保温层
隔气层
屋面板
改性沥青高分子卷材
沥青卷材

图 3-1　选用标准图-1

编号	名称	燃烧性能等级	总厚度	做法	说明
N01	大白浆平缝墙面	A		1.清水砖墙原浆刮平缝 2.喷大白浆或色浆	说明: 颜色由设计定
N02	大白浆凹缝墙面	A		1.清水砖墙1:1.水泥砂浆勾凹缝 2.喷大白浆或色浆	说明: 颜色由设计定
N03	纸筋石灰浆喷涂料墙面	A, B_1	18	1. 基层处理 2. 8厚1:2.5石灰砂浆，加麻刀1.5% 3. 7厚1:2.5石灰砂浆，加麻刀1.5% 4. 2厚纸筋石灰浆，加纸筋6% 5. 喷涂料	说明: 1.涂料品种，颜色由设计定 2.(注1)
N04	混合砂浆喷涂料墙面	A, B_1	22	1. 基层处理 2. 9厚1:1:6水泥石灰砂浆打底扫毛 3. 7厚1:1:6水泥石灰砂浆垫层 4. 5厚1:0.3:2.5水泥石灰砂浆罩面压光 5. 喷涂料	说明: 1.涂料品种，颜色由设计定 2.(注1)
N05	混合砂浆刷乳胶漆墙面	B_1，B_2	22	1. 基层处理 2. 9厚1:1:6水泥石灰砂浆打底扫毛 3. 7厚1:1:6水泥石灰砂浆垫层 4. 5厚1:0.3:2.5水泥石灰砂浆罩面压光 5. 刷乳胶漆	说明: 1.乳胶漆品种，颜色由设计定 2.乳胶漆湿涂覆比 $<1.5kg/m^2$时，为B_1级
N06	混合砂浆贴壁纸墙面	B_1, B_2	22	1. 基层处理 2. 9厚1:1:6水泥石灰砂浆打底扫毛 3. 7厚1:1:6水泥石灰砂浆垫层 4. 5厚1:0.3:2.5水泥石灰砂浆罩面压光 5. 满刮腻子一道，磨平 6. 补刮腻子，磨平 7. 贴壁纸	说明: 1.壁纸品种，颜色由设计定 2.(注2)
N07	水泥砂浆喷涂料墙面	B_1	19	1. 基层处理 2. 7厚1:3水泥砂浆打底扫毛 3. 6厚1:3水泥砂浆垫层 4. 5厚1:2.5水泥砂浆罩面压光 5. 喷涂料	说明: 1.涂料品种，颜色由设计定 2.(注1)

注1:涂料为无机涂料时，燃烧性能等级为A级;有机涂料湿涂覆比$<1.5kg/m^2$时,为B_1级。

注2:壁纸重量$<300kg/m^2$时,其燃烧性能等级为B_1级。

设计	制图	校对	内墙饰面做法	西南04J515	页次

图 3-2　选用标准图-2

6厚，预制基层9厚）
5. 2厚纸筋石灰浆（加纸筋6%）
6. 喷涂料

P01	刮腻子喷涂料顶棚	燃烧性能等级	A，B_1
		总厚度	

1. 现浇钢筋混凝土板底腻子刮平
2. 喷涂料

说明：
1. 涂料品种颜色由设计定
2. 适用于一般库房，锅炉房等
3. (注1)

P02	抹缝喷涂料顶棚	燃烧性能等级	A，B_1
		总厚度	

1. 预制钢筋混凝土板底抹缝，1:0.3:3水泥石灰砂浆打底，纸筋灰（加纸筋6%）罩面一次成活
2. 喷涂料

说明：
1.涂料品种，颜色由设计定
2. 适用于一般库房，锅炉房等
3. (注1)

P03	纸筋灰喷涂料顶棚	燃烧性能等级	A，B_1
		总厚度	13,16

1. 基层清理
2. 刷水泥浆一道（加建筑胶适量）
3. 4厚1:0.5:2.5水泥石灰砂浆
4. 6,9厚1:1:4水泥石灰砂浆（现浇基层）

说明：
1. 涂料品种颜色由设计定
2. (注1)

P04	混合砂浆喷涂料顶棚	燃烧性能等级	A，B_1
		总厚度	15,20

1. 基层处理
2. 刷水泥浆一道（加建筑胶适量）
3. 10,15厚1:1:4水泥石灰砂浆（现浇基层10厚，预制基层15厚）
4. 4厚1:0.3:3水泥石灰砂浆
5. 喷涂料

说明：
1. 涂料品种颜色由设计定
2. (注1)

P05	水泥砂浆喷涂料顶棚	燃烧性能等级	A，B_1
		总厚度	14,19

1. 基层清理
2. 刷水泥浆一道（加建筑胶适量）
3. 10,15厚1:1:4水泥石灰砂浆（现浇基层10厚，预制基层15厚）
4. 3厚1:2. 5水泥砂浆
5. 喷涂料

说明：
1. 涂料品种颜色由设计定
2. 适用于相对湿度较大的房间，如水泵房，洗衣房等
3. (注1)

注1：涂料为无机涂料时，燃烧性能等级为A级;有机涂料湿涂覆比＜1.5kg/m²时为B_1级。

校对　制图　设计

顶棚饰面做法	西南04J515
	页次

图 3-3　选用标准图-3

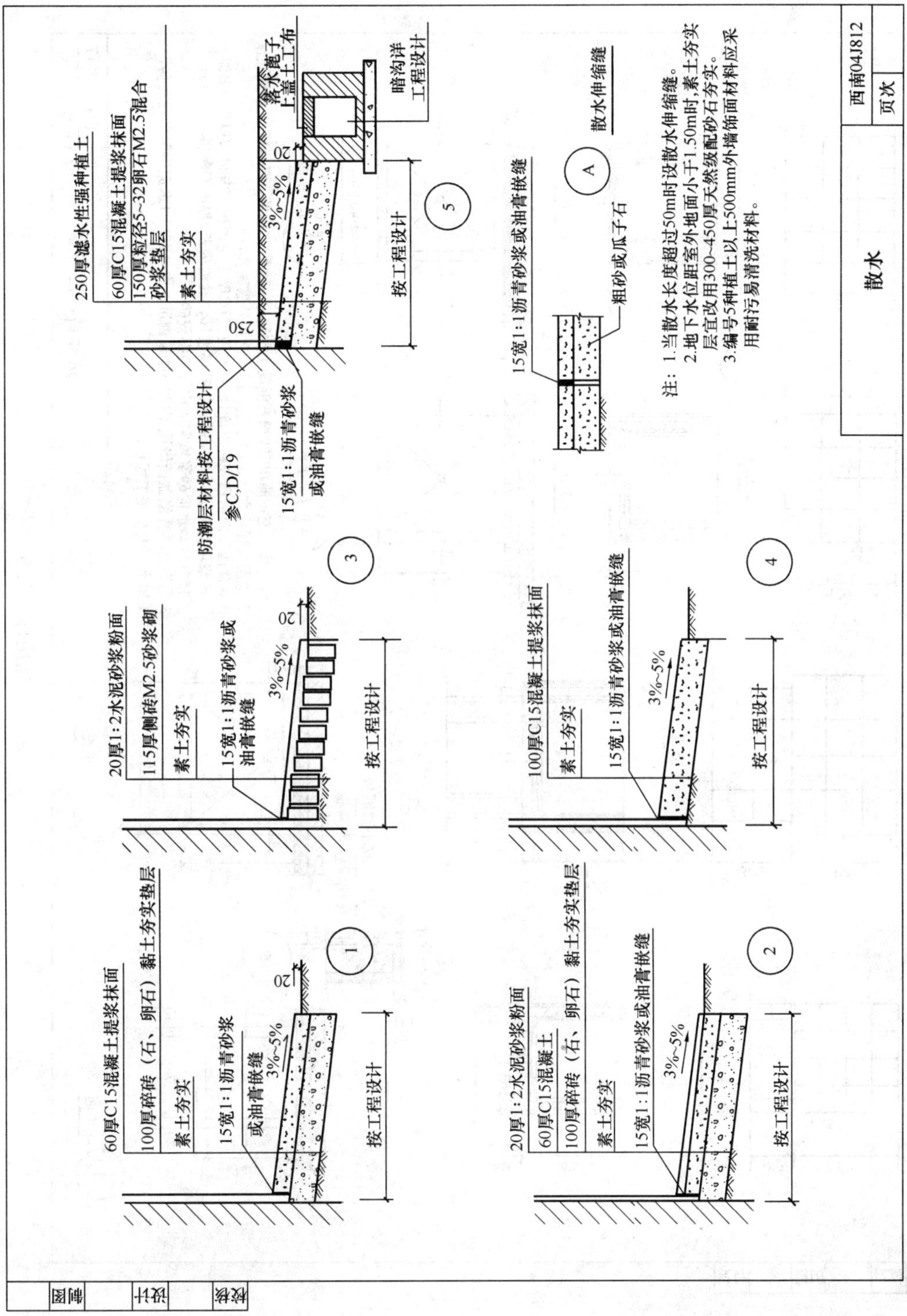

60厚C15混凝土提浆抹面
100厚碎砖（石、卵石）黏土夯实垫层
素土夯实
15宽1:1沥青砂浆或油膏嵌缝
3%~5%
20
按工程设计
1
20厚1:2水泥砂浆粉面
115厚侧砖M2.5砂浆砌
素土夯实
15宽1:1沥青砂浆或油膏嵌缝
3%~5%
20
按工程设计
3
250厚滤水性强种植土
60厚C15混凝土提浆抹面
150厚粒径5~32卵石M2.5混合砂浆垫层
素土夯实
250
3%~5%
20
落水篦子
上盖土工布
暗沟详工程设计
按工程设计
5
防潮层材料按工程设计
参C,D/19
15宽1:1沥青砂浆或油膏嵌缝
20厚1:2水泥砂浆粉面
60厚C15混凝土
100厚碎砖（石、卵石）黏土夯实垫层
素土夯实
15宽1:1沥青砂浆或油膏嵌缝
3%~5%
按工程设计
2
100厚C15混凝土提浆抹面
素土夯实
15宽1:1沥青砂浆或油膏嵌缝
3%~5%
按工程设计
4
15宽1:1沥青砂浆或油膏嵌缝
粗砂或瓜子石
A
散水伸缩缝
注：1.当散水长度超过50m时设散水伸缩缝。
2.地下水位距室外地面小于1.50m时,素土夯实层宜改用300~450厚天然级配砂石夯实。
3.编号5种植土以上500mm外墙饰面材料应采用耐污易清洗材料。
散水
西南04J812
页次
制图
设计
校核

图 3-4 选用标准图-4

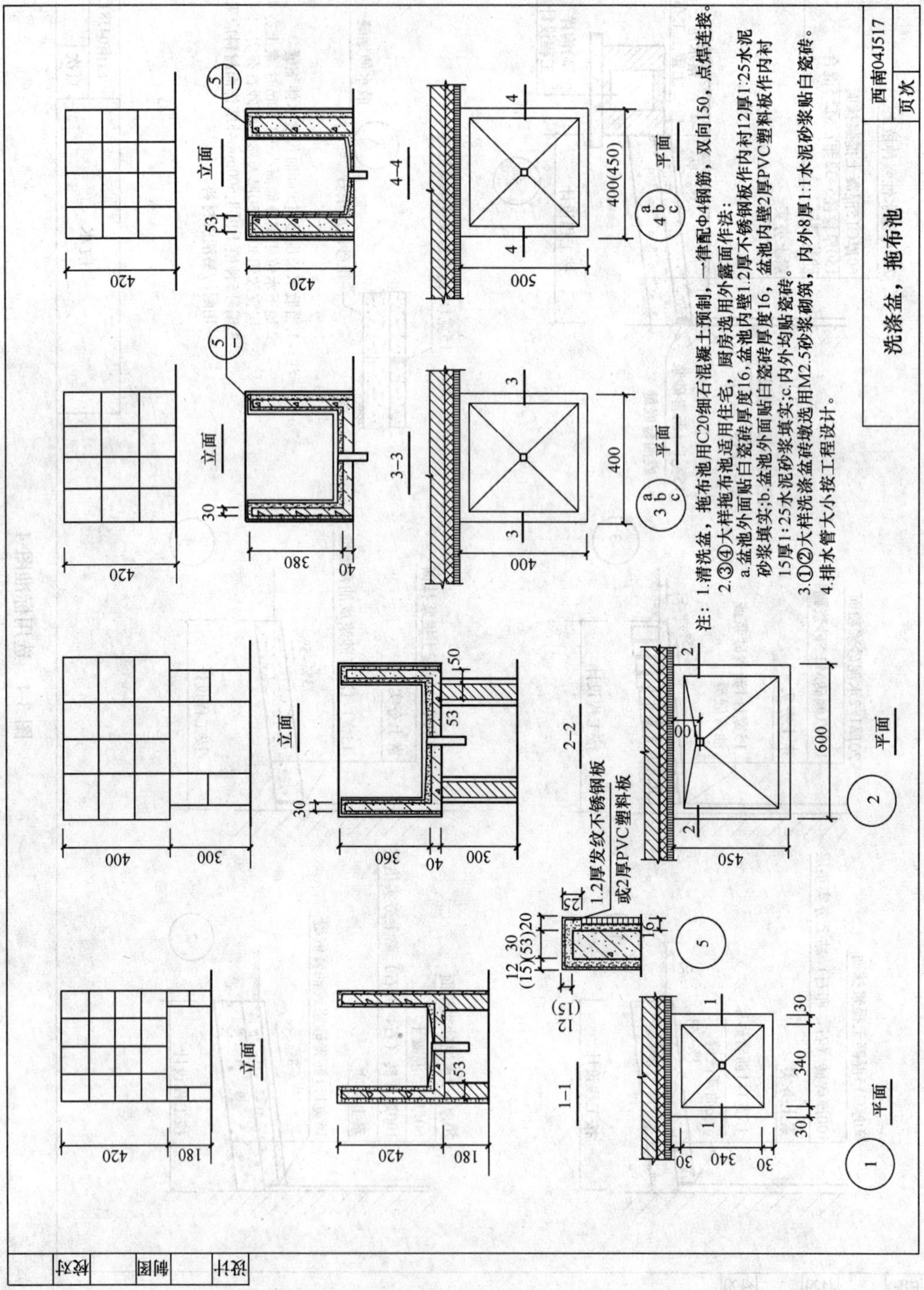
注：1.清洗盆，拖布池用C20细石混凝土预制，一律配Φ4钢筋，双向150，点焊连接。
2.③④大样拖布池适用住宅，厨房选用外露面作法：
a.盆池外面贴白瓷砖厚度16，盆池内壁1.2厚不锈钢板作内衬12厚1:25水泥砂浆填实;b.盆池外面贴白瓷砖厚度16，盆池内壁2厚PVC塑料板作内衬15厚1:25水泥砂浆填实;c.内外均贴瓷砖。
3.①②大样洗涤盆砖墩选用M2.5砂浆砌筑，内外8厚1:1水泥砂浆贴白瓷砖。
4.排水管大小按工程设计。
洗涤盆，拖布池
西南04J517
页次
设计
制图
校对
立面
平面
1-1
2-2
3-3
4-4
1.2厚发纹不锈钢板
或2厚PVC塑料板

图 3-5　选用标准图-5

校对	制图	设计

卷材防水屋面

名称代号	构造简图	材料及做法	备注
卷材防水屋面 2201 a b		1.撒铺绿豆砂一层 2.沥青类卷材(a.三毡四油,b.二毡三油) 3.刷冷底子油一道 4. 25厚1:3水泥砂浆找平层 5.结构层	一道防水 二毡三油只用于Ⅳ防水等级 三毡四油可用于Ⅲ级 0.85kN/m²
卷材防水屋面 2202		1. 20厚1:2.5水泥砂浆保护层，分格缝间距≤1.0m 2. 改性沥青或高分子卷材一道，同材性胶粘剂二道(卷材种类按工程设计) 3. 刷底胶剂一道(材性同上) 4. 25厚1:3水泥砂浆找平层 5. 结构层	一道防水 用于Ⅲ防水等级 0.95kN/m²
卷材防水屋面 (非上人) (a.保温) (b.不保温 取消5.6.7) 2203 a b		1. 20厚1:2.5水泥砂浆保护层，分格缝间距≤1.0m 2. 高分子卷材一道，同材性胶粘剂二道(材料按工程设计) 3. 改性沥青卷材一道，胶粘剂二道(材料按工程设计) 4. 刷底胶剂一道(材性同上) 5. 25厚1:3水泥砂浆找平层 6. 水泥膨胀珍珠岩或水泥膨胀蛭石预制块用1:3水泥砂浆铺贴(材料及厚度按工程设计) 7.隔气层1.2.3.4.5(按工程设计) 8. 1:3水泥砂浆找平层(厚度预制板20，现浇板15) 9.结构层	二道防水 保温 2.23kN/m² 不保温 0.90kN/m²
卷材防水屋面 (非上人 保温) 2204		1. 2.3.4同2203 5. 20厚沥青砂浆找平层 6. 沥青膨胀珍珠岩或沥青膨胀蛭石现浇或预制块，预制块用乳化沥青铺贴(材料及厚度按工程设计) 7. 隔气层1.2.3.4.5(按工程设计) 8. 1:3水泥砂浆找平层(厚度:预制板20,现浇板15) 9. 结构层	二道防水 1.71kN/m²
卷材防水屋面 (上人) (a.保温) (b.不保温 取消6.7.8) 2205 a b		1. 35厚590×590钢筋混凝土预制板或铺地面砖 2. 10厚1:25水泥砂浆结合层 3. 20厚1:3水泥砂浆保护层 4. 5.6.7.8.9.10.11同2203(2.3.4.5.6.7.8.9)	二道防水 保温 3.01kN/m² 不保温 1.68kN/m²

注：1.屋面宜由结构放坡、亦可用材料找坡，并按工程设计；
2.保温层干燥有困难时，须设排气孔；
3.卷材或涂膜等厚度按设计规定；
4.备注栏方框内数值为结构层以上材料总重量(其中，水泥膨胀珍珠岩或水泥膨胀蛭石按80厚计算)

卷材防水屋面类型表(一)	西南03J201-1
	页次

图 3-6　选用标准图-6

3.3 车库工程分部分项工程项目和单价措施项目列项

车库工程清单项目列项见表3-2。要求同学自己根据车库工程施工图和《房屋建筑与装饰工程工程量计算规范》GB 50854—2013 填写表中的项目编码和计量单位。

车库工程分部分项工程项目和单价措施项目列项表 **表3-2**

序号	项目编码	项目名称	计量单位	项目特征描述
		A. 土石方工程		
1		平整场地		
2		挖沟槽土方		
3		挖基坑土方		
4		室内回填土		
5		基础回填土		
6		余方弃置		
		E. 混凝土及钢筋混凝土工程		
7		现浇C10混凝土基础垫层		
8		现浇C25混凝土独立基础		
9		现浇C25混凝土基础梁		
10		现浇C25混凝土矩形柱		
11		现浇C25混凝土有梁板		
12		现浇C25混凝土屋面挑檐板		
13		现浇C10混凝土楼地面垫层		
14		现浇C20混凝土坡道		
15		现浇C15混凝土散水		
16		预制C20混凝土过梁		
17		预制C20混凝土拖布池		
		H. 门窗工程		
18		金属卷闸门		
19		铝合金推拉窗		
		D. 砌筑工程		
20		M5水泥砂浆砌砖基础		
21		M5混合砂浆砌实心砖墙（含女儿墙）		
		J. 屋面及防水工程		
22		弹性体（SBS）改性沥青卷材防水层		
23		PVC吐水管		
		K. 保温、隔热、防腐工程		
24		保温隔热屋面 现浇水泥蛭石		

续表

序号	项目编码	项目名称	计量单位	项目特征描述
		L. 楼地面装饰工程		
25		1∶2水泥砂浆地面面层20厚（地面）		
26		1∶2.5水泥砂浆防水卷材保护层20厚（屋面）		
27		1∶3水泥砂浆找平层25厚（屋面）		
28		1∶2水泥砂浆坡道面层20厚		
		M. 墙、柱面装饰与隔断、幕墙工程		
29		混合砂浆抹内墙面		
30		外墙立面1∶3水泥砂浆找平层		
31		内墙立面1∶3水泥砂浆找平层		
32		内墙面砖贴面（墙裙）		
33		外墙面砖贴面		
34		1∶2水泥砂浆抹面（中砂）（女儿墙内侧）		
35		拖布池瓷砖贴面		
		N. 天棚工程		
36		天棚抹混合砂浆		
		P. 油漆、涂料、裱糊工程		
37		内墙面刷仿瓷涂料二遍		
38		天棚刷仿瓷涂料二遍		
		S. 单价措施项目		
39		综合脚手架		
40		混凝土基础垫层模板及支架		
41		混凝土基础模板及支架		
42		混凝土基础梁模板及支架		
43		混凝土矩形柱模板及支架		
44		混凝土有梁板模板及支架		
45		混凝土屋面挑檐板模板及支架		
46		混凝土散水模板及支架		
47		混凝土坡道模板及支架		
48		垂直运输机械		

3.4 车库工程工程量计算

车库工程量计算的示例及要求同学在表中空白处完成的作业内容见表3-3。请同学自己根据车库工程施工图和《房屋建筑与装饰工程工程量计算规范》GB 50854—2013，按照表中的示例要求，完成表3-3中空白处的工程量计算分析、计算式、清单编码、定额编号、计量单位、工程量、计算式和工程量计算规则空缺的内容的任务。

车库工程分部分项工程项目与单价措施项目工程量计算表（空白处要求学生填写完成） 表3-3

序号	项目编码 定额编号	项目名称	计量单位	工程量	计算式（计算公式）	清单工程量计算规则 定额工程量计算规则	知识点	技能点
A. 土石方工程								
1	010101001001	平整场地（清单）	m^2		$S=S_{底}$	按设计图示尺寸以建筑物首层建筑面积计算	平整场地是指：建筑物场地挖、填方厚度在±30cm以内及找平	1. 凸出外墙面的附墙柱不计算 2. 底层建筑面积取外墙外边线围成面积计算
		平整场地（定额）	m^2					
2	010101004001	挖基坑土方（清单）	m^3		不放坡：$V=S_{底}\times H$	按设计图示尺寸以基础垫层底面积乘以挖土深度计算	挖地坑：坑底面积≤150m^2	1. 根据土壤类别、挖土深度、施工方法地坑考虑四面放坡及其系数 2. 根据垫层支模考虑四面工作面
		挖基坑土方（定额）	m^3					
	清单工程量计算分析及示例： 设垫层采用非原槽浇筑工作面取300mm，不放坡。 $V=(2.7+0.1\times2+0.3\times2)\times(2.7+0.1\times2+0.3\times2)\times1.45\times12=213.15m^3$							
3	010101004001	挖沟槽土方（清单）	m^3		不放坡、工作面=300mm $V=L\times S_{断}$	按设计图示尺寸以基础垫层底面积乘以挖土深度计算	挖沟槽：底宽≤7m且底长>3倍底宽	1. 基槽长取至基坑边 2. 断面积根据省、自治区、直辖市行业主管部门规定考虑放坡系数、工作面
		挖沟槽土方（定额）	m^3					

续表

序号	项目编码 定额编号	项目名称	计量单位	工程量	计算式(计算公式)	清单工程量计算规则 定额工程量计算规则	知识点	技能点
3	清单工程量计算分析及示例： ©轴：不放坡、工作面=300mm $S_{断}=(0.25+0.3\times2)\times0.45=0.3825m^2$ $L=29.1-(2.7+0.1\times2+0.3\times2)\times5=11.6m$ $V=0.3825\times11.6=4.44m^3$							
4	010103001001	室内回填土(清单)	m^3		$V=S_{净}\times h_{厚}$	按主墙间面积乘以回填土厚度	室内回填土：地面垫层以下素土夯填	1. 回填土厚度扣除垫层、面层 2. 间壁墙、凸出墙面的附墙柱不扣除 3. 门洞开口部分不增加
		室内回填土(定额)						
5	010103001002	基础回填土(清单)	m^3		$V=V_{挖}-V_{垫}-V_{砖基(室外地坪以下)}$	按挖方清单项目工程量减去自然地坪以下埋设的基础体积(包括基础垫层及其他构筑物)	基础回填土：基础工程后回填至室外地坪标高	1. 室外地坪以下埋入构筑物有垫层、独基、地梁、砖胎模及部分砖基础 2. 砖基础工程量应扣除自然地坪以下部分
		基础回填土(定额)						
6	010103002001	余方弃置(清单)	m^3		$V=V_{挖}-V_{回}$	按挖方清单项目工程量减利用回填方体积(正数)计算	1. 回填后多余土方运走 2. 挖方不够买土回填	1. 正数为余方弃置 2. 负数为买土回填
		余方弃置(定额)						

续表

<table>
<tr><th rowspan="2">序号</th><th>项目编码</th><th rowspan="2">项目名称</th><th rowspan="2">计量单位</th><th rowspan="2">工程量</th><th rowspan="2">计算式(计算公式)</th><th>清单工程量计算规则</th><th rowspan="2">知识点</th><th rowspan="2">技能点</th></tr>
<tr><th>定额编号</th><th>定额工程量计算规则</th></tr>
<tr><td colspan="9">D. 砌筑工程</td></tr>
<tr><td rowspan="3">7</td><td>010401001001</td><td>M5 水泥砂浆砌砖基础(清单)</td><td>m³</td><td></td><td>$V=b_{墙厚}\times H\times L$</td><td rowspan="2">按设计图示尺寸以体积计算</td><td rowspan="2">1. 基础长度：墙长取至框架柱侧面
2. 基础高度：地梁顶面至室内地坪标高
3. 基础墙厚度的确定
4. 砖基础内应扣：地梁(圈梁)、构造柱等所占的体积
不扣：基础大放脚T形接头处的重叠部分、嵌入基础内的钢筋、铁件、管道、基础砂浆防潮层和单个面积≤0.3m²孔洞等所占体积
5. 砖基础外应增加附墙垛基础宽出部分，靠墙暖气沟的挑檐不增加</td><td rowspan="2">1. 砖基础厚度的确定
2. 砖基础高度的确定
3. 砖基础长度的计算</td></tr>
<tr><td></td><td>M5 水泥砂浆砌砖基础(定额)</td><td>m³</td><td></td><td></td></tr>
<tr><td colspan="8">清单工程量计算分析及示例：
本工程是框架结构，砖墙从−0.200层地梁上开始砌筑，故从−0.200～±0.000为砖墙基础，±0.000以上为砖墙，墙长取至框架柱侧面。
(1)Ⓑ轴和Ⓒ轴的基础长＝(29.1−0.4×5)×2＝27.1×2＝54.2m
(2)Ⓑ轴和Ⓒ轴的基础高＝0.2m
(3)Ⓑ轴和Ⓒ轴的砖基础工程量＝54.2×0.2×0.24＝2.60m³</td></tr>
</table>

续表

序号	项目编码/定额编号	项目名称	计量单位	工程量	计算式(计算公式)	清单工程量计算规则/定额工程量计算规则	知识点	技能点
8	010401003001	M5混合砂浆砌实心砖墙(含女儿墙)(清单)	m^3		$V=(L_{墙}\times H_{墙}-S_{洞口})\times b_{墙厚}-V_{梁、柱}$ $V_{女儿墙}=b_{墙厚}\times H\times L$	按设计图示尺寸以体积计算	1. 砖墙长度：墙长取至框架柱侧面 2. 砖墙高度：±0.000到屋面框架梁底 3. 砖墙厚度：一砖厚砖墙取240mm；1/2砖墙取115mm 4. 砖墙内应扣除和不扣除的内容参照进阶一知识点 5. 砖墙外应增加和不增加的内容参照进阶一知识点 6. 女儿墙工程量也套用实心砖墙项目 7. 女儿墙墙长：女儿墙中心长 8. 女儿墙墙高：从屋面板上表面至女儿墙顶面(如有混凝土压顶时算至压顶下表面)	1. 砖墙高度的确定 2. 砖墙长度的确定 3. 墙体厚度的确定 4. 门窗洞口的面积计算 5. 过梁体积计算 6. 女儿墙墙长计算 7. 女儿墙墙高的确定 8. 女儿墙墙厚的确定
		M5混合砂浆砌实心砖墙(含女儿墙)(定额)	m^3					

清单工程量计算分析及示例：以女儿墙为例计算M5混合砂浆砌女儿墙的工程量。

本工程为框架结构，屋面为有梁板，墙高取到梁底；墙长取至框架柱侧面；外墙墙厚为一砖墙，故墙厚取240mm；墙体中有门窗、过梁，所以在计算砖墙体积时应该扣除门窗、过梁所占的体积。女儿墙墙高取至女儿墙顶面，墙长按女儿墙中心线长计算，墙厚为1/2砖墙，故墙厚取115mm。

(1)女儿墙墙长$=L_{中}=(29.5-0.12+10.5+0.12)\times 2=80m$

(2)女儿墙墙高=0.3m

(3)女儿墙墙厚=0.115m

(4)女儿墙工程量$=80m\times 0.115\times 0.3=2.76m^3$

续表

序号	项目编码 定额编号	项目名称	计量单位	工程量	计算式(计算公式)	清单工程量计算规则 定额工程量计算规则	知识点	技能点
E. 混凝土及钢筋混凝土工程								
9	010501001001	现浇 C10 混凝土独立基础垫层(清单)	m^3	10.09	$V_{独基垫层}=L_{垫层长}\times B_{垫层宽}\times H_{垫层厚}$	按设计图示尺寸以体积计算	按设计图示尺寸以体积计算	独立基础垫层构造的确定
		现浇 C10 混凝土独立基础垫层(定额)						
10	010501003001	现浇 C25 混凝土独立基础(清单)	m^3	43.09	$V_{独基}=\Sigma(L_{每阶垫层长}\times B_{每阶垫层宽}\times H_{每阶垫层厚})$	按设计图示尺寸以体积计算	按设计图示尺寸以体积计算	1. 独立基础构造的确定 2. 独立基础阶数的确定
		现浇 C25 混凝土独立基础(定额)						

（序号9）清单工程量计算分析及示例：现浇 C10 混凝土独立基础垫层工程量的计算。

分析：混凝土独立基础垫层是按照设计图示尺寸以体积计算。

J-1 共 12 个：$V_{独基垫层}=L_{垫层长}\times B_{垫层宽}\times H_{垫层厚}$

$=(2.7+0.1\times 2)^2\times 0.1\times 12=10.09m^3$

（序号10）清单工程量计算分析及示例：现浇 C25 混凝土独立基础工程量的计算。

分析：混凝土独立基础是按照设计图示尺寸以体积计算，独基与其上面的柱的分界线是基础平台上表面，以下为基础，以上为柱。

J-2 共 5 个：$V_{独基}=\Sigma(L_{每阶垫层长}\times B_{每阶垫层宽}\times H_{每阶垫层厚})$

$=(2.7^2\times 0.4+1.5^2\times 0.3)\times 12=43.09m^3$

续表

序号	项目编码 / 定额编号	项目名称	计量单位	工程量	计算式(计算公式)	清单工程量计算规则 / 定额工程量计算规则	知识点	技能点
11	010503001001	现浇 C25 混凝土基础梁(清单)	m^3	2.71	$V_{地梁}=S_{剖面}\times L_{梁长}$	按设计图示尺寸以体积计算。伸入墙内的梁头、梁垫并入梁体积内	1. 按设计图示尺寸以体积计算 2. 梁与柱连接时，梁长算至柱侧面 3. 主梁与次梁连接时，次梁算至主梁侧面	1. 基础梁构造的确定 2. 剖面尺寸的确定 3. 基础梁长的确定
		现浇 C25 混凝土基础梁(定额)						
	清单工程量计算分析及示例：现浇 C25 混凝土基础梁工程量的计算(以 DL1 为例)。 分析：按设计图示尺寸计算。 (1) DL1 的剖面面积： $S_{剖面}=0.25\times0.4=0.1m^2$ (2) DL1 的长度，梁与柱连接时，梁长算至柱侧面，所以这里要扣除中间的框架柱。 $L_{梁长}=29.10-0.4\times5=27.10m$ (3) DL1 的工程量为剖面面积乘以长度： $V_{地梁}=S_{剖面}\times L_{梁长}=0.1\times27.10=2.71m^3$							
12	010502001001	现浇 C25 混凝土矩形框架柱(清单)	m^3		$V_{框架梁}=S_{截面面积}\times H_{柱高}\times N_{根数}$	按设计图示尺寸以体积计算	1. 按设计图示尺寸以体积计算 2. 框架柱的柱高应自柱基上表面至柱顶高度计算	1. 框架柱构造的确定 2. 柱截面尺寸的确定 3. 柱高的确定
		现浇 C25 混凝土矩形框架柱(定额)						
	清单工程量计算分析及示例：现浇 C25 混凝土矩形框架柱工程量的计算。 计算 KZ1 的工程量。 (1) KZ1 的截面面积： $S_{截面面积}=0.4^2=0.16m^2$ (2) KZ1 的高度： 这里首先要判断 KZ1 为什么类型的柱子，采取不同的计算规则。KZ1 为框架柱，柱高应自柱基上表面至柱顶高度。 $H_{柱高}=(1.5-0.7)+5.45=6.25m$ (3) KZ1 的工程量为截面面积乘以高度，再乘以根数。 $V_{KZ1}=S_{截面面积}\times H_{柱高}\times N_{根数}=0.16\times6.25\times4=4.00m^3$							

续表

序号	项目编码 定额编号	项目名称	计量单位	工程量	计算式(计算公式)	清单工程量计算规则 定额工程量计算规则	知识点	技能点
	010505001001	现浇C25混凝土有梁板(清单)	m^3	46.21	$V_{有梁板}=V_B+V_{WKL}$	1. 按设计图示尺寸以体积计算，不扣除单个面积≤0.3m^2的柱垛以及孔洞所占体积 2. 有梁板(包括主、次梁与板)按梁、板体积之和计算	1. 按设计图示尺寸以体积计算 2. 不扣除单个面积≤0.3m^2的柱垛以及孔洞所占体积 3. 有梁板按梁、板体积之和计算	1. 有梁板构造的确定 2. 板尺寸的确定 3. 梁尺寸的确定 4. 扣减的确定
		现浇C25混凝土有梁板(定额)						

13

清单工程量计算分析及示例：现浇C25混凝土有梁板工程量的计算：

分析：(1) 计算板的工程量，按设计图示尺寸以体积计算，不扣除单个面积≤0.3m^2的柱所占的体积。该工程中，柱的截面面积为0.16m^2<0.3m^2，不应扣除。现浇挑檐与屋面板连接时，以外墙外边线为分界线，外边线以内为屋面板。

$V_B=L_{板长}\times B_{板宽}\times H_{板厚}=(29.10+0.4)\times(8.5+0.4)\times0.14=36.757m^3$

(2) 计算梁的工程量，按设计图示尺寸以体积计算，梁与柱连接时，梁长算至柱侧面。同时，梁高的标注尺寸是指梁底到梁顶的高度，该工程的梁顶和板顶在同一平面，前面算板时，已经算过同板厚的梁并入板内计算了，所以这里的梁高应当扣除板厚，避免重复计算。

$V_{WKL1}=0.25\times(0.4-0.14)\times(29.10-0.4\times5)\times2=3.523m^3$

$V_{WKL2}=0.30\times(0.75-0.14)\times(8.5-0.4)\times2=2.965m^3$

$V_{WKL3}=0.30\times(0.75-0.14)\times(8.5-0.4)\times4=2.965m^3$

$V_{WKL}=V_{KL1}+V_{WKL2}+V_{WKL3}=3.523+2.965+2.965=9.453m^3$

(3) 计算有梁板的工程量，有梁板按梁、板体积之和计算：

$V_{有梁板}=V_B+V_{WKL}=36.757+9.453=46.21m^3$

续表

序号	项目编码 定额编号	项目名称	计量单位	工程量	计算式(计算公式)	清单工程量计算规则 定额工程量计算规则	知识点	技能点
14	010505007001	现浇 C25 混凝土屋面挑檐板(清单)	m^3	5.43	$V_{挑檐}=L_{板长}\times B_{板宽}\times H_{板厚}$	按设计图示尺寸以体积计算	按设计图示尺寸以体积计算	1. 挑檐板与屋面板分界线的确定 2. 挑檐板构造的确定 3. 挑檐板尺寸的确定
		现浇 C25 混凝土屋面挑檐板(定额)						
	清单工程量计算分析及示例：现浇 C25 混凝土屋面挑檐板工程量的计算。 分析：按设计图示尺寸以体积计算，现浇挑檐与屋面板连接时，以外墙外边线为分界线，外边线以外为挑檐。 $V_{挑檐}=L_{板长}\times B_{板宽}\times H_{板厚}$ $=(29.10+0.4)\times(1.12-0.2)\times0.1\times2$ 块 $=5.43m^3$							
15	0105010003001	预制 C20 混凝土过梁(清单)	m^3					
		预制 C20 混凝土过梁(定额)						
16		预制 C20 混凝土拖布池(清单)	m^3					
		预制 C20 混凝土拖布池(定额)						

续表

序号	项目编码/定额编号	项目名称	计量单位	工程量	计算式(计算公式)	清单工程量计算规则/定额工程量计算规则	知识点	技能点
17		现浇 C10 混凝土地面垫层(清单)	m^3					
		现浇 C10 混凝土地面垫层(定额)						
18	010507001001	现浇 C20 混凝土坡道(清单)	m^2					
		现浇 C20 混凝土坡道(定额)						
19	010507001002	现浇 C15 混凝土散水(清单)	m^2					
		现浇 C15 混凝土散水(定额)						

续表

<table>
<tr><th rowspan="2">序号</th><th>项目编码</th><th rowspan="2">项目名称</th><th rowspan="2">计量单位</th><th rowspan="2">工程量</th><th rowspan="2">计算式(计算公式)</th><th>清单工程量计算规则</th><th rowspan="2">知识点</th><th rowspan="2">技能点</th></tr>
<tr><th>定额编号</th><th>定额工程量计算规则</th></tr>
<tr><td colspan="9">H. 门窗工程</td></tr>
<tr><td rowspan="4">20</td><td rowspan="2">010803001001</td><td rowspan="2">金属卷闸门（清单）</td><td>樘</td><td>2</td><td>樘数</td><td rowspan="3">1. 以樘计量，按设计图示数量计算
2. 以平方米计量，按设计图示洞口尺寸以面积计算</td><td rowspan="3"></td><td rowspan="3">1. 门数量的确定
2. 门洞口面积的确定</td></tr>
<tr><td>m^2</td><td>57.12</td><td>$S=\Sigma$(门洞口高×门洞口宽×数量)</td></tr>
<tr><td></td><td>金属卷闸门（定额）</td><td></td><td></td><td></td></tr>
<tr><td colspan="8">清单工程量计算分析及示例：
分析：(1) 按“樘”计算工程量时，应区别门洞口尺寸与种类分别列项计算：
LM5651：金属卷闸门按“樘”计算工程量为 2 樘。
(2) 按面积计算工程量时，应注意区别门的种类分别列项计算(种类不同门的单价不同)；同时，区别门框尺寸和门洞尺寸的区别，一般情况下门洞口尺寸大于门框尺寸，以方便门安装。
$S=\Sigma$(门洞口高×门洞口宽×数量)
$S_{半玻镶板门}=5.60\times5.10\times2$
$=57.12m^2$</td></tr>
<tr><td rowspan="4">21</td><td rowspan="2">010807001001</td><td rowspan="2">铝合金推拉窗（清单）</td><td>樘</td><td>2</td><td>樘数</td><td rowspan="3">1. 以樘计量，按设计图示数量计算
2. 以平方米计量，按设计图示洞口尺寸以面积计算</td><td rowspan="3"></td><td rowspan="3">1. 窗数量的确定
2. 窗洞口面积的确定</td></tr>
<tr><td>m^2</td><td></td><td>$S=\Sigma$(窗洞口高×窗洞口宽×数量)</td></tr>
<tr><td></td><td>铝合金推拉窗（定额）</td><td></td><td></td><td></td></tr>
<tr><td colspan="8"></td></tr>
</table>

续表

序号	项目编码 定额编号	项目名称	计量单位	工程量	计算式(计算公式)	清单工程量计算规则 定额工程量计算规则	知识点	技能点
					J. 屋面及防水工程			
22	010902001001	弹性体(SBS)改性沥青卷材防水层(清单)	m^2	325.91	$S_{平屋面}$＝屋面净长×屋面净宽＋$S_{泛水}$ $S_{斜}$＝屋面净长×屋面斜高＝$S_{净}$×屋面斜率	按设计图示尺寸以面积计算，斜屋顶(不包括平屋面找坡)按斜面积计算	1. 女儿墙、伸缩缝和天窗等处的弯起部分并入屋面工程量内 2. 防水搭接及附加层用量不另行计算，在综合单价中考虑	1. 平屋面： (1) 屋面水平投影净面积的计算 (2) 泛水高的确定 2. 斜屋面：屋面斜高或屋面斜率的确定
		弹性体(SBS)改性沥青卷材防水层(定额)						
	清单工程量计算分析及示例： 分析：屋面为平屋面，根据图集要求，在屋顶设有300mm高女儿墙，且泛水卷起高300mm，工程量计算时，泛水并入屋面防水工程量内。 S＝净长×净宽＋$S_{泛水}$ ＝10.5×(29.5－0.12×2)＋(10.5＋29.5－0.12×2＋$\overset{压顶上表面}{0.12}$)×2×0.30 ＝325.91m^2							
23	010902006001	屋面 PVC 吐水管(清单)						
		屋面 PVC 吐水管(定额)						

续表

序号	项目编码 定额编号	项目名称	计量单位	工程量	计算式(计算公式)	清单工程量计算规则 定额工程量计算规则	知识点	技能点
K. 保温、隔热、防腐工程								
24	011001001001	保温隔热屋面现浇水泥蛭石(清单)	m^2	307.23	$S=L_{斜高}\times$屋面长$-S$大于$0.3m^2$空洞 $S=$净长$\times$净宽$-S_{大于0.3m^2空洞}$	按设计图示尺寸以面积计算	扣除面积$>0.3m^2$空洞及占位面积	1. 平屋面：屋面水平投影净面积的计算 2. 斜屋面：屋面斜高或屋面斜率的确定
		保温隔热屋面现浇水泥蛭石(定额)						
	屋面保温面积应按设计图示净面积计算，计算时应注意女儿墙与轴线的关系。 $S=10.5\times(29.5-0.12\times2)$ $=307.23m^2$							
L. 楼地面装饰工程								
25	011101002001	1∶2 水泥砂浆地面面层 20 厚(地面)(清单)	m^2		$S=S_{净}=$	按设计图示尺寸以面积计算	1. 扣除凸出地面构筑物、设备基础、室内铁道、地沟等所占面积 2. 不扣除间壁墙及单个面积$\leqslant0.3m^2$柱、垛、附墙烟囱及孔洞所占面积 3. 门洞、空圈、暖气包槽、壁龛的开口部分不增加面积	按设计图示尺寸以面积计算
		1∶2 水泥砂浆地面面层 20 厚(地面)(定额)	m^2					

续表

序号	项目编码/定额编号	项目名称	计量单位	工程量	计算式(计算公式)	清单工程量计算规则/定额工程量计算规则	知识点	技能点
26	011101006001	1∶2.5水泥砂浆防水卷材保护层20厚(清单)	m^2			按设计图示尺寸以面积计算		
		1∶2.5水泥砂浆防水卷材保护层20厚(定额)						
27	011101006002	1∶3水泥砂浆找平层25厚(屋面)(清单)	m^2			按设计图示尺寸以面积计算		
		1∶3水泥砂浆找平层25厚(屋面)(定额)						
28	011101006003	1∶2水泥砂浆坡道面层20厚(清单)	m^2					
		1∶2水泥砂浆坡道面层20厚(定额)						

续表

序号	项目编码 定额编号	项目名称	计量单位	工程量	计算式(计算公式)	清单工程量计算规则 定额工程量计算规则	知识点	技能点
29	011201001001	混合砂浆抹内墙面(清单)	m^2		$S=L_{净长}\times H_{净高}$－内墙面门窗洞口所占面积	按设计图示尺寸以面积计算	1. 扣除墙裙、门窗洞口及单个面积＞$0.3m^2$的孔洞面积 2. 不扣除踢脚线、挂镜线和墙与构件交接处的面积，门窗洞口和孔洞的侧壁及顶面不增加面积 3. 附墙柱、梁、垛、烟囱侧壁并入相应的墙面面积内	1. 内墙抹灰面按主墙间净长乘以高度计算 2. 净长：设计图示尺寸(不考虑抹灰厚度) 3. 净高：扣除墙裙高度
		混合砂浆抹内墙面(定额)	m^2					
30	011201004001	外墙立面 1∶3 水泥砂浆找平层(清单)	m^2		$S=L_{外}\times H_{外}$－门窗洞口所占面积	按设计图示尺寸以面积计算	1. 扣除墙裙、门窗洞口及单个面积＞$0.3m^2$的孔洞面积 2. 不扣除踢脚线、挂镜线和墙与构件交接处的面积，门窗洞口和孔洞的侧壁及顶面不增加面积 3. 附墙柱、梁、垛、烟囱侧壁并入相应的墙面面积内	1. 外墙抹灰面按外墙垂直投影面积计算 2. 净长：设计图示尺寸(不考虑抹灰厚度) 3. 高度：取至室外地坪 4. 挑檐跳出上女儿墙面积并入外墙
		外墙立面 1∶3 水泥砂浆找平层(定额子目)						

续表

序号	项目编码 定额编号	项目名称	计量单位	工程量	计算式(计算公式)	清单工程量计算规则 定额工程量计算规则	知识点	技能点
31	011201004002	内墙立面1∶3水泥砂浆找平层(清单)	m^2		$S=L_{内墙净长}\times H_{墙裙}$－门窗洞口所占面积	按设计图示尺寸以面积计算	1. 扣除墙裙、门窗洞口及单个面积＞0.3m^2的孔洞面积 2. 不扣除踢脚线、挂镜线和墙与构件交接处的面积，门窗洞口和孔洞的侧壁及顶面不增加面积 3. 附墙柱、梁、垛、烟囱侧壁并入相应的墙面面积内	1. 内墙抹灰面按主墙间净长乘以高度计算 2. 净长：设计图示尺寸(不考虑抹灰厚度) 3. 净高：墙裙高度
		内墙立面1∶3水泥砂浆找平层(定额子目)						
	清单工程量计算分析及示例： $L_{净长}=(29.5-0.24\times2+8.9-0.24\times2)\times2+(0.4-0.24)\times7\times2=77.12m$ $H_{墙裙}=1.8m$ $S=77.12\times1.8=138.82\ m^2$							
32	011204003001	外墙面砖贴面(清单)	m^2		$S=L_{表}\times H_{表}$－门窗洞口所占面积＋门窗洞口侧面＝	按镶贴表面积计算	1. 扣除墙裙、门窗洞口及单个面积＞0.3m^2的孔洞面积 2. 不扣除踢脚线、挂镜线和墙与构件交接处的面积 3. 门窗洞口和孔洞的侧壁及顶面、附墙柱、梁、垛、烟囱侧壁并入相应的墙面面积内	1. 按瓷砖表面积计算 2. 长度：考虑立面砂浆找平层、结合层、面砖厚度，柱两侧面积并入抹灰工程量 3. 高度：取至室外地坪
		外墙面砖贴面(定额子目)						

续表

序号	项目编码 定额编号	项目名称	计量单位	工程量	计算式(计算公式)	清单工程量计算规则 定额工程量计算规则	知识点	技能点
33	011204003002	内墙裙面砖贴面(清单)	m^2		$S=L\times H-$门洞口所占面积+门洞口侧面 $L=L_{内墙裙长表面}$ $H=H_{墙裙}$	按镶贴表面积计算	1. 扣除墙裙、门窗洞口及单个面积＞0.3m^2的孔洞面积 2. 不扣除踢脚线、挂镜线和墙与构件交接处的面积 3. 门窗洞口和孔洞的侧壁及顶面、附墙柱、梁、垛、烟囱侧壁并入相应的墙面面积内	1. 按瓷砖表面积计算 2. 长度：考虑立面砂浆找平层、结合层、面砖厚度 3. 柱两侧面积并入抹灰工程量 4. 高度：墙裙高度
		内墙裙面砖贴面(定额子目)						
	清单工程量计算分析及示例： 设卷闸门框靠内平： $L_{表(墙裙)}=(29.5-0.24\times2+8.9-0.24\times2)\times2+(0.4-0.24)\times14-(0.02+0.015+0.005)\times4\times2-5.6\times2=65.6m$ $H_{墙裙}=1.8m$ $S=65.6\times1.8=118.08m^2$							
34	011201001001	1：2水泥砂浆抹面(女儿墙内侧)(清单)	m^2					
		1：2水泥砂浆抹面(女儿墙内侧)(定额子目)						

续表

序号	项目编码/定额编号	项目名称	计量单位	工程量	计算式(计算公式)	清单工程量计算规则/定额工程量计算规则	知识点	技能点
35	011206002001	拖布池瓷砖贴面(清单)	m^2			按镶贴表面积计算		
		拖布池瓷砖贴面(定额子目)						
N. 天棚抹灰								
36	011301001001	混合砂浆抹天棚(清单)	m^2	283.88	$S=S_{净}+S_{梁两侧面积}$	按设计图示尺寸以水平投影面积计算	1. 不扣除间壁墙、垛、柱、附墙烟囱、检查口和管道所占的面积 2. 天棚的梁两侧抹灰面积并入天棚面积内	1. 墙上梁侧面抹灰并入墙体抹灰 2. 梁两侧抹灰面积并入天棚面积内 3. 柱所占面积不扣除
		混合砂浆抹天棚(定额子目)	m^2	283.88	同清单工程量			

清单工程量计算分析及示例：

$S_{净}=(29.5-0.24\times2)\times(8.9-0.24\times2)=244.35m^2$

$S_{梁两侧面积}=(0.75-0.14)\times(8.9-0.4\times2)\times2\times4=39.53m^2$

$S=S_{净}+梁两侧面积=244.35+39.53=283.88m^2$

续表

序号	项目编码/定额编号	项目名称	计量单位	工程量	计算式(计算公式)	清单工程量计算规则/定额工程量计算规则	知识点	技能点
					P. 油漆、涂料、裱糊工程			
37	011407001001	内墙面刷仿瓷涂料二遍(清单)	m^2	184.36	$S_{墙面}$=长×高$-S_{门窗洞口}+S_{门窗洞头侧壁}+S_{附墙柱、垛侧壁}$	按设计图示尺寸以面积计算 1. 门窗洞口侧边的乳胶漆应并入墙面乳胶漆工程量；踢脚线所占面积应扣除 2. 门窗侧面计算应扣除门框所占面积，同时，门窗内外装饰不同时应分析外墙的门窗框安装位置	门窗框如为居中安装时门窗侧面的增加面积应该为扣除门框后的一半，如为靠墙体内侧安装时内墙乳胶漆则不增加门窗侧边	1. 油漆涂刷高度的确定 2. 门窗洞口侧壁油漆涂刷宽度的确定
		内墙面刷仿瓷涂料二遍(定额子目)						

清单工程量计算分析及示例：

分析：门窗洞口侧边的仿瓷涂料应并入墙面乳胶漆工程量；突出墙面的柱、垛侧边工程量应增加；梁与墙相交的结构面应扣除；仿瓷涂料应扣除墙裙。

① $S_{墙面乳胶漆}$

$S=(29.50-0.24\times2+8.5+0.20\times2-0.24\times2)\times2\times(5.50-1.80)$

$=277.06m^2$

② 柱侧边应增加面积

$S=(0.40-0.24)\times2\times4\times(5.50-1.80)$

$=4.74m^2$

③ 应扣除门窗洞口面积

$S=2.10\times2.40\times8+5.60\times5.10\times2$

$=97.44m^2$

$S_{墙柱面仿瓷涂料汇总}=277.06+4.74-97.44=184.36m^2$

续表

序号	项目编码 / 定额编号	项目名称	计量单位	工程量	计算式(计算公式)	清单工程量计算规则 / 定额工程量计算规则	知识点	技能点
38		天棚喷刷仿瓷涂料二遍(清单)	m^2	308.46	$S_{天棚}=S_{净}+S_{梁侧}+S_{挑檐底}+S_{楼梯底板}$	按设计图示尺寸以面积计算	1. 梁侧抹灰并入天棚抹灰内 2. 挑檐底乳胶漆并入天棚乳胶漆	
		天棚刷涂料刷仿瓷涂料二遍(定额子目)						

清单工程量计算分析及示例：

梁侧仿瓷涂料并入天棚工程量内；挑檐板底仿瓷并入天棚工程量内，主梁与次梁相交的面积应扣除，柱所占面积也应扣除。

(1) 天棚面仿瓷涂料面积计算：

$S=(29.5-0.24\times2)\times(8.50+0.20\times2-0.24\times2)$

$=244.35m^2$

(2) 应增加梁侧的面积，梁侧抹灰高应扣除板厚：

$S=(0.30-0.14)\times(8.50+0.20\times2-0.40\times2)\times2\times4$

$=10.37m^2$

(3) 挑檐板底并入天棚工程量：

$S=(1.12-0.20)\times29.50\times2$

$=54.28m^2$

(4) 应扣除柱所占面积：

$S=4\times(0.40-0.30)\times(0.40-0.25)+(0.40-0.25)\times0.4\times8$

$=0.54m^2$

$S_{天棚仿瓷涂料面积}=244.35+10.37+54.28-0.54$

$=308.46m^2$

S.1 脚手架工程

序号	项目编码 / 定额编号	项目名称	计量单位	工程量	计算式(计算公式)	清单工程量计算规则 / 定额工程量计算规则	知识点	技能点
39	011701001001	综合脚手架(清单)	m^2		$S=S_{建筑面积}$	按建筑面积计算	按照《建筑工程建筑面积计算规范》GB/T 50353—2013计算建筑面积	1. 计算建筑面积的范围及建筑面积的确定 2. 不计算面积的范围
		综合脚手架(定额)	m^2					

续表

序号	项目编码 定额编号	项目名称	计量单位	工程量	计算式(计算公式)	清单工程量计算规则 定额工程量计算规则	知识点	技能点
S.2 混凝土模板及支架(撑)								
40	011702025001	现浇混凝土独立基础垫层模板及支架(清单)	m^2	13.92	$S_{基础垫层模板}=L_{基础垫层周长}\times H_{模板高}$	按模板与现浇构件的接触面积计算	按模板与现浇构件的接触面积计算	模板与现浇构件接触面的确定
		现浇混凝土独立基础垫层模板及支架(定额)						
	现浇混凝土独立基础垫层模板及支架工程量的计算： 分析：独立基础垫层与模板的接触面只有四周，底面和顶面不需要做模板。 $S_{基础垫层模板}=L_{基础垫层周长}\times H_{模板高}$ $=(2.7+0.1\times2)\times4\times0.1\times12$ 个$=13.92m^2$							
41	011702001001	现浇混凝土独立基础模板及支架(清单)	m^2	73.44	$S_{独基模板}=L_{独基每阶周长}\times H_{独基每阶模板高}$	按模板与现浇构件的接触面积计算	按模板与现浇构件的接触面积计算	模板与现浇构件接触面的确定
		现浇混凝土独立基础模板及支架(定额)						
	现浇混凝土独立基础模板及支架工程量的计算： 分析：该工程采用的是二阶独立基础，其与模板的接触面只有每阶基础的四周。 $S_{独基模板}=L_{独基每阶周长}\times H_{独基每阶模板高}$ $=(2.7\times4\times0.4+1.5\times4\times0.3)\times12$ 个$=73.44m^2$							

续表

序号	项目编码 定额编号	项目名称	计量单位	工程量	计算式(计算公式)	清单工程量计算规则 定额工程量计算规则	知识点	技能点
42	011702005001	现浇混凝土地梁模板及支架(清单)	m^2		$S_{地梁模板}=S_{地梁侧模}+S_{地梁底模}$	1. 按模板与现浇混凝土构件的接触面积计算 2. 柱、梁、墙、板相互连接重叠部分，均不计算模板面积	1. 按模板与现浇构件的接触面积计算 2. 现浇框架分别按梁、板、柱有关规定计算 3. 柱、梁、墙、板相互连接重叠部分，均不计算模板面积	1. 构件划分的确定 2. 模板与现浇构件接触面的确定 3. 连接面重叠面积扣减的确定
		现浇混凝土地梁模板及支架(定额)						
	现浇混凝土地梁模板及支架工程量的计算(以 DL1 为例)： 分析：(1) 地梁模板的主要接触面为两侧面，梁与柱的模板分界与混凝土构件的分界是一样的。 $S_{地梁侧模}=(29.10-0.4\times5)\times0.4\times2=21.68m^2$ (2) 底面是否有模板，要根据施工方案确定。如果挖地槽时，地槽底标高与地梁底标高一致，则不需要做底模板，如果地槽底标高比地梁底标高低，则需要安装底模板。而地梁的两端头，因为和柱相连，不需要模板。此处按地槽底标高与地梁底标高一致考虑。 $S_{地梁底模}=0.00m^2$ (3) 现浇混凝土地梁的模板安拆工程量就等于侧模与底模之和： $S_{地梁模板}=S_{地梁侧模}+S_{地梁底模}=21.68+0=21.68m^2$							
43	011702002001	现浇混凝土矩形框架柱模板及支架(清单)	m^2		$S_{柱模}=S_{柱侧模}-S_{构件连接面}$	1. 按模板与现浇混凝土构件的接触面积计算 2. 现浇框架分别按梁、板、柱有关规定计算 3. 柱、梁、墙、板相互连接重叠部分，均不计算模板面积	1. 按模板与现浇构件的接触面积计算 2. 现浇框架分别按梁、板、柱有关规定计算 3. 柱、梁、墙、板相互连接重叠部分，均不计算模板面积	1. 构件划分的确定 2. 模板与现浇构件接触面的确定 3. 连接面重叠面积扣减的确定
		现浇混凝土矩形框架柱模板及支架(定额)						
	现浇混凝土矩形框架柱模板及支架工程量的计算(以Ⓒ轴和①轴相交点的 KZ1 为例)： 分析：(1) 框架柱与模板的接触面主要是侧面，底面和顶面不需要模板。侧模为柱截面周长乘以柱高，这里的柱高是柱基上表面至柱顶高度。 $S_{柱侧模}=L_{柱截面周长}\times H_{柱高}=0.4\times4\times(1.5-0.7+5.45)=10.00m^2$ (2) 要扣除柱与地梁、有梁板、挑檐板等构件连接面： $S_{柱模}=S_{柱侧模}-S_{构件连接面}$ $=10.00-0.25\times0.4-0.25\times0.55-0.14\times0.4\times2-0.25\times(0.4-0.14)-0.3\times(0.75-0.14)-0.4\times0.1=9.36m^2$							

续表

序号	项目编码 定额编号	项目名称	计量单位	工程量	计算式(计算公式)	清单工程量计算规则 定额工程量计算规则	知识点	技能点
44	011702014001	现浇混凝土有梁板模板及支架(清单)	m^2	317.89	$S_{有梁板模板}=S_{底模}+S_{侧模}$	1. 按模板与现浇混凝土构件的接触面积计算 2. 现浇钢筋混凝土墙、板单个面积≤$0.3m^2$的孔洞不予扣除，洞侧壁模板亦不增加；单孔面积>$0.3m^2$时应予以扣除，洞侧壁模板面积并入墙、板工程量内计算 3. 现浇框架分别按梁、板、柱有关规定计算 4. 柱、梁、墙、板相互连接重叠部分，均不计算模板面积	1. 按模板与现浇构件的接触面积计算 2. 现浇框架分别按梁、板、柱有关规定计算 3. 柱、梁、墙、板相互连接重叠部分，均不计算模板面积	1. 构件划分的确定 2. 模板与现浇构件接触面的确定 3. 连接面重叠面积扣减的确定
		现浇混凝土有梁板模板及支架(定额)						

现浇混凝土有梁板模板及支架工程量的计算：

分析：(1) 有梁板底模，为梁、板底模之和，不扣除单孔面积≤$0.3m^2$的孔洞，但是要扣除与柱交接面积：

$S_{底模}=(29.10+0.4)\times(8.50+0.4)-0.4^2\times12$ 个$=260.63m^2$

(2) 有梁板的板侧模和边梁的外侧模一起计算，高度就是梁高，该工程的有梁板外部分区域还有挑檐板，模板高度为梁高扣除挑檐板厚度，其余梁侧模的高度为梁高扣除板厚。侧模长度算至柱梁交接边

$S_{边梁侧模}=(0.4\times2-0.14-0.1)\times(29.10-0.4\times5)\times2$ 根$+(0.75\times2-0.14)\times(8.5-0.4)\times2$ 根$=52.384\ m^2$

$S_{中梁侧模}=(0.75-0.14)\times2\times4$ 根$=4.88\ m^2$

$S_{侧模}=S_{边梁侧模}+S_{中梁侧模}$

$=52.384+4.88=57.264m^2$

(3) 有梁板模板安拆的工程量就等于梁、板模板之和：

$S_{有梁板模板}=S_{底模}+S_{侧模}$

$=260.63+57.264=317.89m^2$

续表

序号	项目编码 定额编号	项目名称	计量单位	工程量	计算式(计算公式)	清单工程量计算规则 定额工程量计算规则	知识点	技能点
45	011702023001	现浇混凝土屋面挑檐板模板及支架(清单)	m^2	54.28	$S_{挑檐模板}=S_{水平投影}$	按图示外挑部分尺寸的水平投影面积计算，挑出墙外的悬臂梁及板边不另计算	1. 按图示外挑部分尺寸的水平投影面积计算 2. 挑出墙外的悬臂梁及板边不另计算	1. 挑檐板与屋面板分界线的确定 2. 外挑部分水平投影面积的确定
		现浇混凝土屋面挑檐板模板及支架(定额)						
	现浇混凝土屋面挑檐板模板及支架工程量的计算： 分析：挑檐板的工程量应按外挑部分尺寸的水平投影面积计算，挑出墙外的悬臂梁及板边不另计算。 $S_{挑檐模板}=S_{水平投影}$ $=(29.1+0.4)\times(1.12-0.2)\times2=54.28m^2$							
46	011702029001	现浇混凝土散水模板及支架(清单)	m^2			按模板与散水的接触面积计算		
		现浇混凝土散水模板及支架(定额)						

续表

序号	项目编码/定额编号	项目名称	计量单位	工程量	计算式(计算公式)	清单工程量计算规则/定额工程量计算规则	知识点	技能点
47	011702029002	现浇混凝土坡道模板及支架(清单)	m^2			按模板与坡道的接触面积计算		
		现浇混凝土坡道模板及支架(定额)						
S.3 垂直运输								
48	011703001001	垂直运输(清单)	m^2 天	262.55	$S=S_{底}=262.55m^2$	1. 按建筑面积计算 2. 按施工工期日历天数计算		
		垂直运输(定额)						
	清单工程量计算分析及示例： 本工程垂直运输机械为自有机械，故按建筑面积计算，如为租赁机械可按施工工期日历天数计算。 $S=S_{底}=262.55m^2$							

3.5 “某学院北门建筑工程”课堂与课外实训项目

3.5.1 施工图选用

该实训项目选用本系列实训教材之一的《工程造价实训用图集》中的“某学院北门建筑工程”施工图。

3.5.2 实训内容及要求

1. 按计价定额和“某学院北门建筑工程”施工图列出全部分部分项工程定额项目；
2. 按房屋建筑与装饰工程工程量计算规范和该工程施工图列出全部分部分项工程清单项目；
3. 计算土石方工程定额项目的分部分项工程量；
4. 计算土石方工程分部分项工程项目清单工程量；
5. 计算砌筑定额项目的分部分项工程量；
6. 计算砌筑工程分部分项工程项目清单工程量；
7. 计算混凝土及钢筋混凝土工程定额项目的分部分项工程量；
8. 计算混凝土及钢筋混凝土工程分部分项工程项目清单工程量；
9. 计算门窗工程定额项目的分部分项工程量；
10. 计算门窗工程分部分项工程项目清单工程量；
11. 计算屋面及防水工程定额项目的分部分项工程量；
12. 计算屋面及防水工程分部分项工程项目清单工程量；
13. 计算保温、隔热、防腐工程定额项目的分部分项工程量；
14. 计算保温、隔热、防腐工程分部分项工程项目清单工程量；
15. 计算楼地面装饰工程定额项目的分部分项工程量；
16. 计算楼地面装饰工程分部分项工程项目清单工程量；
17. 计算墙、柱面装饰与隔断、幕墙工程定额项目的分部分项工程量；
18. 计算墙、柱面装饰与隔断、幕墙工程分部分项工程项目清单工程量；
19. 计算天棚工程定额项目的分部分项工程量；
20. 计算天棚工程分部分项工程项目清单工程量；
21. 计算油漆、涂料、裱糊工程定额项目的分部分项工程量；
22. 计算油漆、涂料、裱糊工程分部分项工程项目清单工程量；
23. 计算措施项目定额工程量；
24. 计算单价措施项目清单工程量。

说明：工程量计算表格由授课教师选定后交给学生。

4 建筑工程量计算进阶 3

4.1 建筑工程量计算进阶 3 主要训练内容

进阶 3 是多层别墅框架结构建筑工程量计算，主要训练内容见表 4-1。

建筑工程量计算进阶 3 主要训练内容表 **表 4-1**

训练能力	训练进阶	主要训练内容	选用施工图
1. 分项工程项目列项 2. 清单工程量的计算 3. 定额工程量的计算	进阶 3	1. 土石方工程清单及定额工程量计算 2. 砌筑工程清单及定额工程量计算 3. 混凝土及钢筋混凝土工程清单及定额工程量计算 4. 门窗工程清单及定额工程量计算 5. 屋面及防水工程清单及定额工程量计算 6. 楼地面工程清单及定额工程量计算 7. 墙、柱面装饰与隔断、幕墙工程清单及定额工程量计算 8. 天棚工程清单及定额工程量计算 9. 油漆、涂料、裱糊工程清单及定额工程量计算 10. 其他装饰工程清单及定额工程量计算 11. 措施工程清单及定额工程量计算	$1000m^2$ 以内的多层框架结构建筑物施工图

4.2 建筑工程量计算进阶 3——小别墅工程施工图和标准图

进阶 3 选用××小区多层框架结构小别墅施工图和配套的某地区标准图见本节的建施 1～建施 12；结施 1～结施 25。部分大样图见图 4-1～图 4-13。

小别墅工程设计总说明

一. 设计依据

1.××市建设局××年批准的建筑方案。　　2.××市发展计划委员会批准的计委立项批文。

3.国家现行《民用建筑设计通则》GB 50352–2005、《住宅设计规范》GB 50096–2011、《建筑设计防火规范》GB 50016–2014、《夏热冬冷地区居住建筑节能设计标准》JGJ 134–2010、《××省夏热冬冷地区居住建筑节能设计标准》、DB 51/5027《住宅建筑规范》GB 50368–2005。

二. 工程概况

1.本工程为××市××小区小别墅。

2.本工程为框架结构住宅，总建筑面积:625.73m²。

3.本工程建筑总高14.65m。

4.本建筑物相对标高 ±0.000 与所对应的绝对标高由规划部门确定。

5.本工程耐火等级为二级，主体结构设计合理使用年限为50年。

6.本工程位于××市××路与××路交汇处，具体位置见总平面位置图，抗震设防烈度为6度，设计基本地震加速度为0.05g，Ⅱ类场地，设计特征周期为0.30s。

三. 设计范围

本设计仅包括室内建筑、结构、给水排水、电气专业的设计。内装需进行二次设计的，由业主另行委托。

四. 设计要求

1.施工图中除应按照设计文件进行外，还必须严格遵照国家颁发的各项现行施工和验收规范，确保施工质量。

2.图中露台、坡屋面标高均指结构板面标高。

3.施工中若有更改设计处，必须通过设计单位同意后方可进行修改，不得任意更改设计。

4.施工中若发现图纸中有矛盾处或其他未尽事宜，应及时召集设计、建设、施工、监理单位现场协商解决。

五. 砌体工程

1.本工程均采用空心页岩砖砌体，强度等级详结施。

2.在土建施工中各专业工种应及时配合敷设管道，减少事后打洞。

六. 楼地面

1.地面施工须符合《建筑地面工程施工质量验收规范》GB 50209–2010要求。

2.地面有积水的厨房、卫生间沿周边墙体作120高C20细石混凝土止水线。
楼地面防水，反边高：卫生间1200mm；卫生间前室、厨房：300mm。

3.阳台排水坡向地漏，排水坡度为1%，并接入雨水管。

4.厨卫排水坡向地漏，排水坡度为1%，地漏以及蹲便器周围50mm范围内坡度为2%。

七. 屋面工程

1.屋面施工须符合《屋面工程质量验收规范》GB 50207–2012要求。

2.本工程屋面防水等级上人屋面为Ⅱ级，防水材料为SBC聚乙烯丙纶复合卷材(每道≥1.2mm)，不上人屋面为Ⅲ级，防水材料为SBC聚乙烯丙纶复合卷材(每道≥1.2mm)。水落管、水落斗安装应牢固，排水通畅不漏。

八. 门窗工程

1.1.2mm断热桥彩铝门窗，玻璃规格详节能设计，玻璃的外观质量和性能及玻璃安装材料均应符合《建筑玻璃应用技术规程》JGJ 113–2009及《建筑装饰装修工程质量验收规范》GB 50210–2001中各项要求和规定。

2.位置：窗户居墙中设，外墙门位置均与开启方向墙面平，内墙门仅按图中门窗位置预留洞口施工（预留门窗预埋件）。

3.所有门窗洞口间隙应以沥青麻丝添塞密实，门窗樘下应留出20～30mm的缝隙，以沥青麻丝填实，外侧留5～8mm深槽口，填嵌密封材料，切实防止雨水倒灌。

4.单块玻璃面积大于1.5m²且小于3m²的窗使用安全玻璃（结合门窗表选型）。

建施1/12

九.抹灰工程

1.抹灰应先清理基层表面，用钢丝刷清除表面浮土和松散部分，填补缝隙孔洞并浇水润湿。

2.窗台、雨篷、女儿墙压顶等突出墙面部分其顶面做1%斜坡，其余坡向室外，下面做滴水线，详西南04J516–P8–J 宽窄应整齐一致。

十.油漆工程

本工程金属面油性调和漆详西南04J312-P43-3289,木制面油性调和漆详西南04J312–P41–3278。

十一.空调工程

客厅、卧室均设计空调洞。平面图中洞1为D85空调洞，洞中距楼地面50mm,洞2为D85空调洞,洞中均距楼地面2200mm、洞3为D160浴霸排气口,洞中均距楼地面2500mm;均靠所在墙边设置。空调洞内外墙设置护套。

十二.其他

1.所有材料施工及备案均按国家有关标准办理，外墙装饰材料及色彩需经规划部门和设计单位看样后定货。

2.所有楼面、吊顶等的二装饰面材料和构造不得降低本工程的耐火等级，遵照《建筑内部装修设计防火规范》GB 50222–95中相关条文执行，并不得任意添加设计规定以外的超载物。

3.本套设计图中所有栏杆立杆净距均要求不大于110mm，否则应采取其他技术措施。

4.户内楼梯栏杆要有防止儿童攀爬的措施，立杆净距≤110mm，斜段净高≥900mm，水平段净高≥1050mm，且距地100mm内不得留空。

5.水泥瓦用18号铅丝与Φ6钢筋绑扎。

门窗统计表

设计编号	名称	洞口尺寸(宽×高)	数量	图集代号	备注 K为外门窗的传热系数［W/(m·k)］
FDM1521	防盗门	1500×2100	1	厂家提供	K≤3.0
DJ2624	防盗对讲门	2680×2400	1	厂家提供	K≤3.0
M0821	门　洞	800×2100	6		
M0921	门　洞	900×2100	10		
M1824	平开铝合金门	1800×2400	1	厂家提供	K≤4.7
M2124	平开铝合金门	2100×2400	6	厂家提供	K≤4.7
M2724	平开铝合金门	2700×2400	1	厂家提供	K≤4.7
M3021	铝合金卷帘门	3000×2100	1	厂家提供	

注：1.单块玻璃面积大于1.5m²且小于3m²的窗及所有推拉门使用5mm厚钢化玻璃。
2.门窗安装应满足其强度、热工、声学及安全性等技术要求。

建施2/12

室内装修表

名称	做法	部位
地面1	黑色花岗石地面详西南04J312-3147a/12	楼梯间
地面2	1.素土夯实 2.80厚C10混凝土找坡，表面赶光；3.25厚1∶2.5水泥砂浆找平拉毛	其余房间等
楼面1	1.钢筋混凝土楼面；2.水泥浆结合层一道；3.1∶2.5水泥砂浆找坡,最薄处15厚；4.SBC120聚乙烯丙纶复合防水卷材一道（1.2mm厚）；5.25厚1∶2.5水泥砂浆找平	厨房 坐便卫生间 阳台
楼面2	1.钢筋混凝土楼面；2.刷水泥浆一道；3.15厚1∶2.5水泥砂浆找平拉毛；4.SBC120聚乙烯丙纶复合防水卷材一道（1.2mm厚）；5.1∶4水泥炉渣垫层兼找坡；6.25厚1∶2.5水泥砂浆找平	蹲便卫生间
楼面3	1.钢筋混凝土楼面；2.水泥浆结合层一道；3.25厚1∶2.5水泥砂浆找平拉毛	其余房间等
楼面4	黑色花岗石楼面详西南04J312-3149/12	楼梯间
内墙面1	水泥混合砂浆抹灰刮仿瓷底料两遍，面料一遍，做法参西南04J515–N05/4	楼梯间
内墙面2	水泥砂浆抹灰刮仿瓷底料两遍，做法参西南04J515–N08/5	阳台
内墙面3	1.基层处理；2.7厚1∶3水泥砂浆打底；3.6厚1∶3水泥砂浆垫层。做法参西南04J515–N08/5	厨房 卫生间
内墙面4	水泥混合砂浆抹灰刮仿瓷底料两遍，做法参西南04J515–N05/4	其余房间等
顶棚1	1.基层处理；2.刷水泥一道（加建筑胶适量）；3.10厚1∶1∶4水泥石灰砂浆。做法参西南04J515–P05/12	厨房 卫生间
顶棚2	水泥砂浆抹灰刮仿瓷底料两遍，面料一遍。做法参西南04J515–P05/12	楼梯间
顶棚3	水泥砂浆抹灰刮仿瓷底料两遍，做法参西南04J515–P05/12	其余房间等
踢脚	黑色天然石材踢脚150高，做法详西南04J312–3153/13	楼梯间

注：1.厨、卫楼地面防水层均为改性沥青一布四涂防水层；厨卫墙面在水泥砂浆找平层中加5%防水剂。

2.本室内装修表中楼地面、墙面、顶棚做法应与节能措施表中的做法相结合。

C0909	彩铝单玻平开窗	900×900	1	厂家提供	窗台距地1500，5厚浮法玻璃
C1421	彩铝单玻推拉窗	1400×1200	3	厂家提供	K≤4.7,窗台距地1200,带不锈钢纱窗5厚浮法玻璃
C1512	彩铝单玻推拉窗	1500×1200	4	厂家提供	K≤4.7,窗台距地1200,带不锈钢纱窗5厚浮法玻璃
C1815	彩铝单玻推拉窗	1800×1500	5	厂家提供	K≤4.7,窗台距地900,带不锈钢纱窗5厚浮法玻璃
C2615	彩铝单玻推拉窗	2680×1500	1	厂家提供	K≤4.7,窗台距地900,带不锈钢纱窗5厚浮法玻璃
C3221	彩铝单玻推拉窗	3224×2100	1	厂家提供	K≤4.7,窗台距地300,带不锈钢纱窗5厚浮法玻璃
TC1	彩铝单玻推拉窗	3000×2150	4	厂家提供	K≤4.7,窗台距地250,带不锈钢纱窗5厚浮法玻璃

门窗统计表

建施3/12

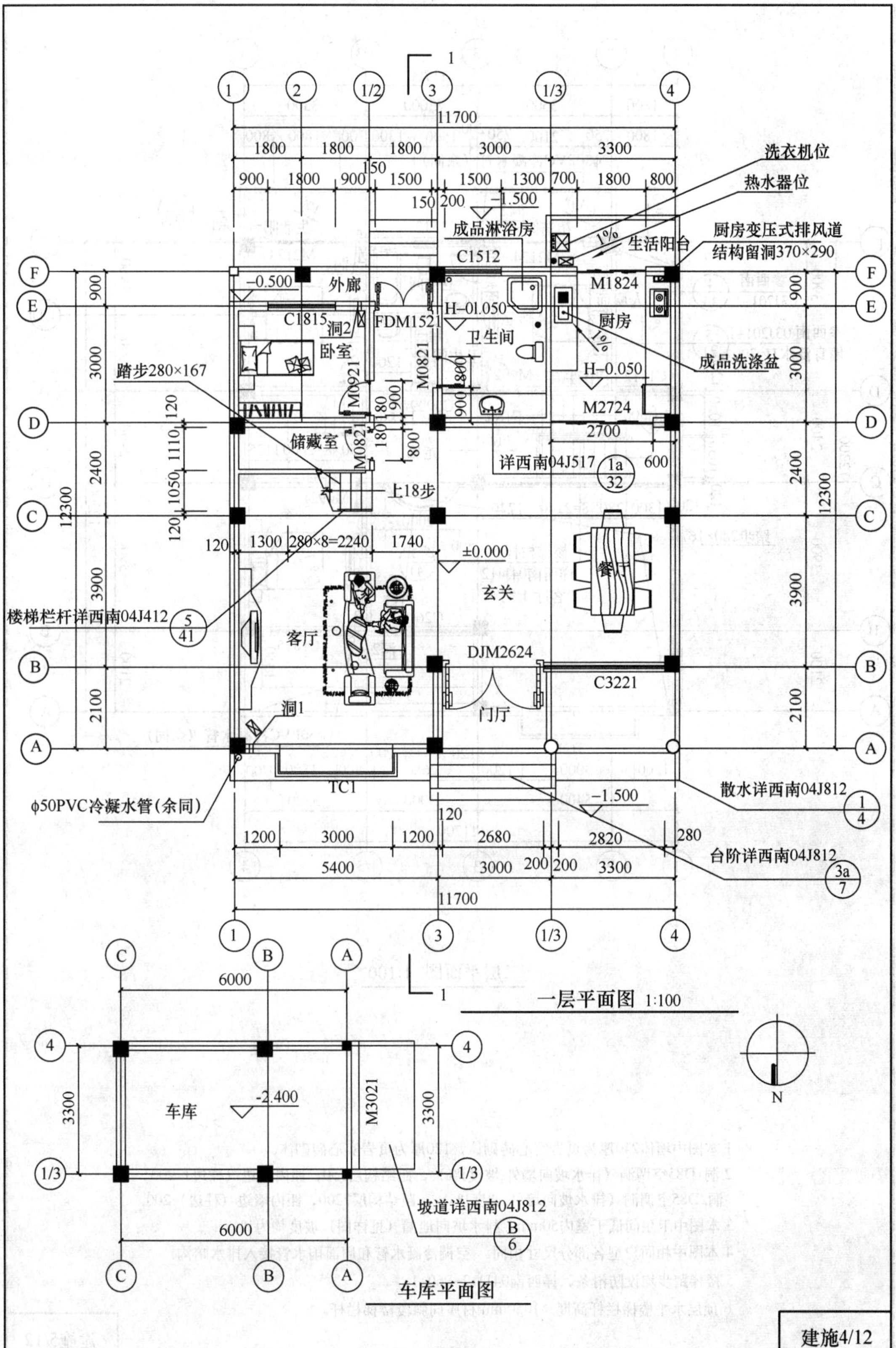

一层平面图 1:100
车库平面图
洗衣机位
热水器位
成品淋浴房
生活阳台
厨房变压式排风道
结构留洞370×290
外廊
卧室
储藏室
卫生间
厨房
成品洗涤盆
踏步280×167
上18步
客厅
玄关
餐厅
门厅
楼梯栏杆详西南04J412
详西南04J517
散水详西南04J812
台阶详西南04J812
ϕ50PVC冷凝水管(余同)
坡道详西南04J812
车库
C1512
C1815
FDM1521
M1824
M2724
M0921
M0821
DJM2624
C3221
TC1
M3021
洞1
洞2
11700
12300
-1.500
-0.500
±0.000
-2.400
H-01.050
H-0.050
280×8=2240
N

建施4/12

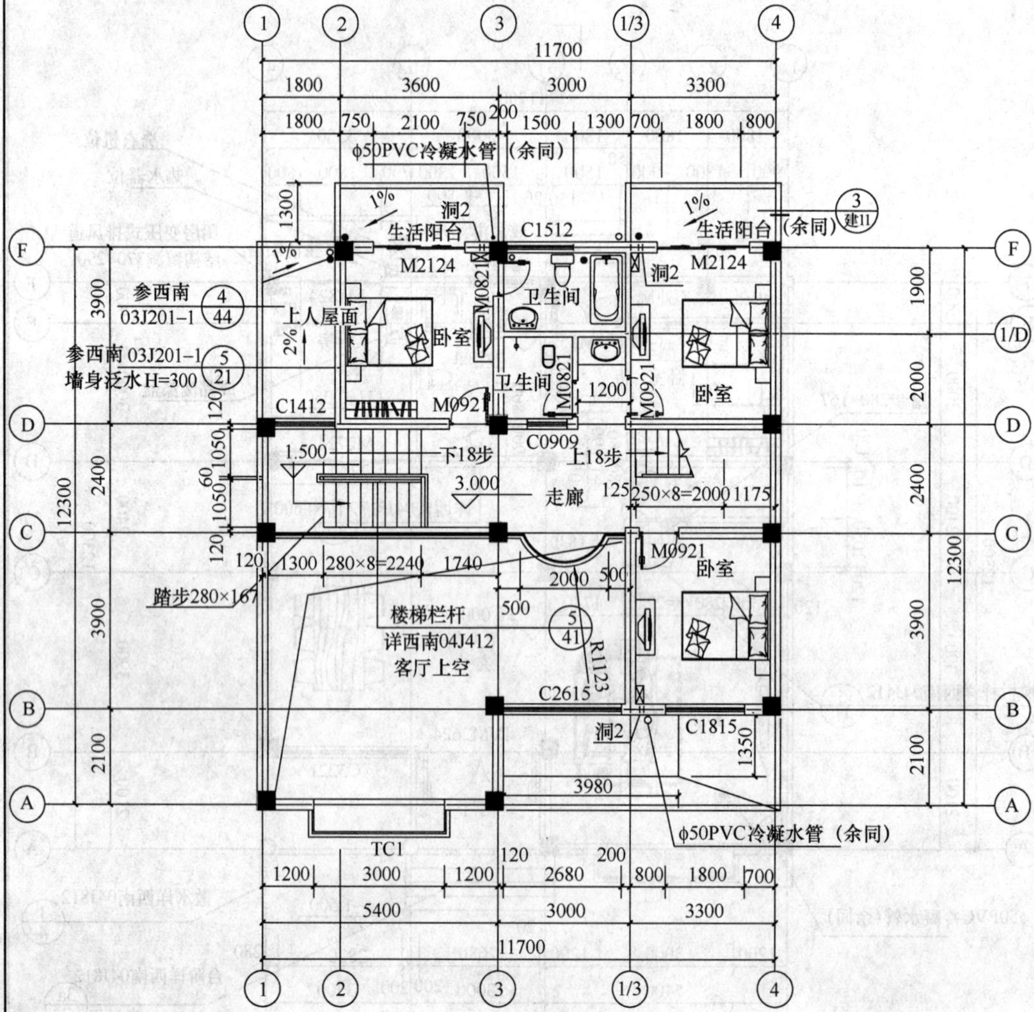

二层平面图 1:100

注:

1.本图中墙体240厚为页岩空心砖砌体，120厚为页岩实心砖砌体。

2.洞1D85空调洞（排水坡向墙外,坡度1%），距结构层150，距内墙边（柱边）200；
洞2D85空调洞（排水坡向墙外,坡度1%），距结构层2200，距内墙边（柱边）200。

3.本图中卫生间低于室内50mm，排水坡向地漏（见详图）坡度均为1%。

4.本图中相同户型各部分尺寸相同。空调冷凝水管和屋面雨水管接入排水暗沟。

5.楼梯踏步均设防滑条，详西南04J412–P60–1。

6.顶层水平楼梯栏杆高度≥1050mm,材质同斜段楼梯栏杆。

建施5/12

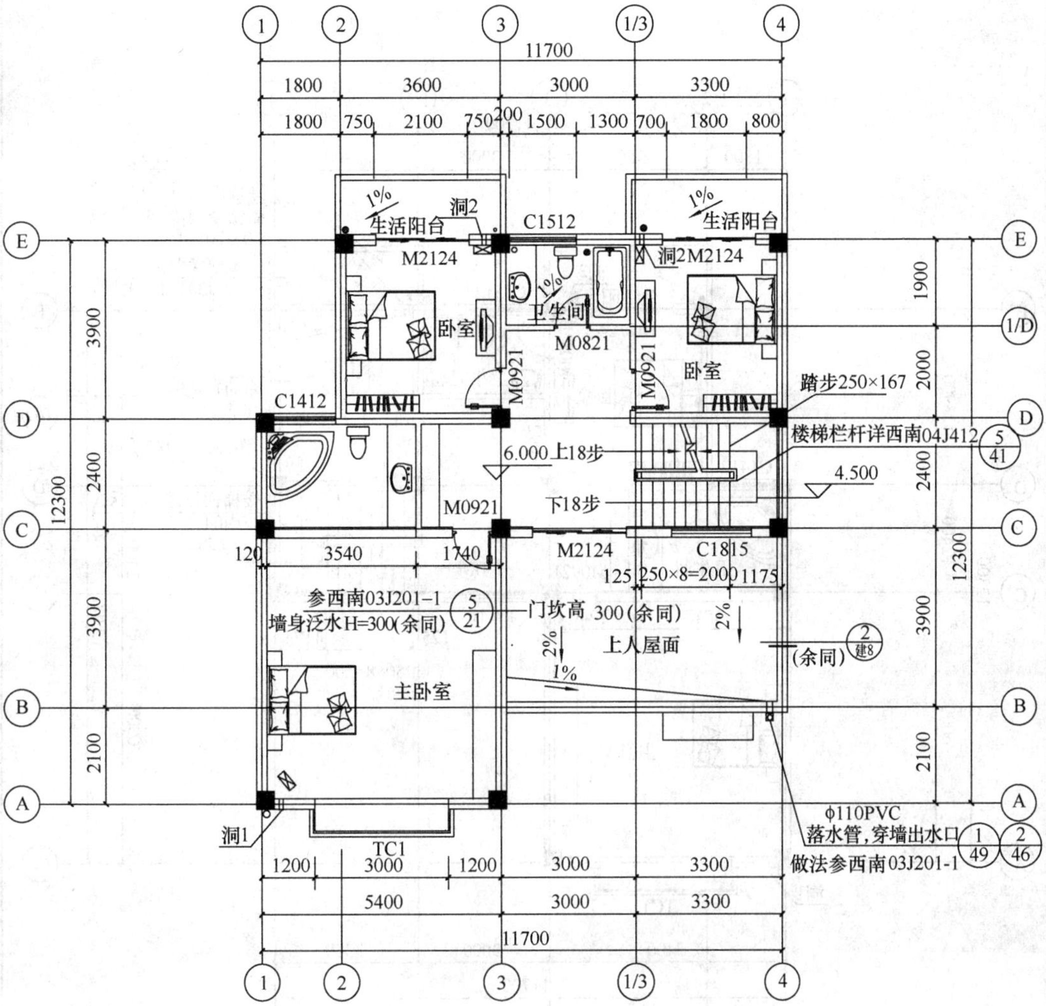

三层平面图 1:100

注:

1.本图中墙体240厚为页岩空心砖砌体，120厚为页岩实心砖砌体。

2.洞1D85空调洞（排水坡向墙外,坡度1%），距结构层150，距内墙边（柱边）200；洞2D85空调洞（排水坡向墙外,坡度1%），距结构层2200，距内墙边（柱边）200。

3.本图中卫生间低于室内50mm，排水坡向地漏（见详图）坡度均为1%。

4.本图中相同户型各部分尺寸相同。空调冷凝水管和屋面雨水管接入排水暗沟。

5.楼梯踏步均设防滑条，详西南04J412–P60–1。

6.顶层水平楼梯栏杆高度≥1050mm,材质同斜段楼梯栏杆。

建施6/12

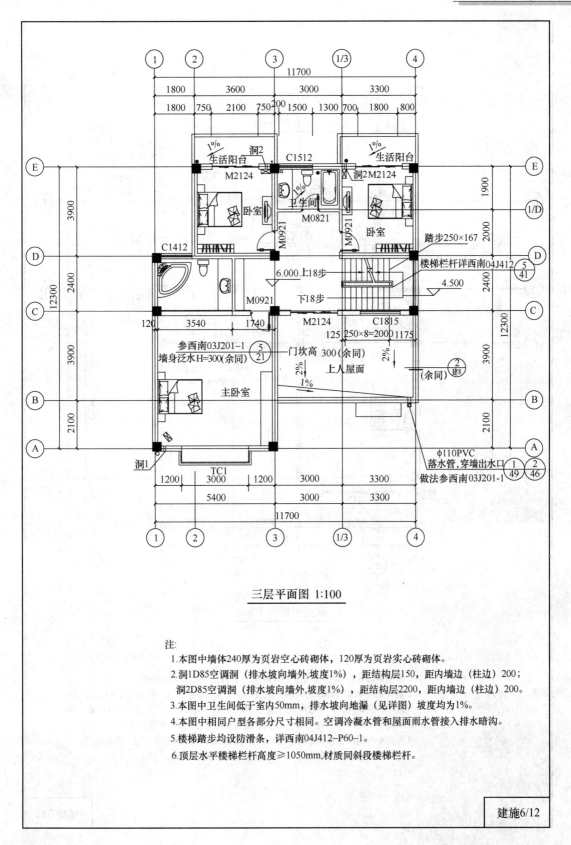

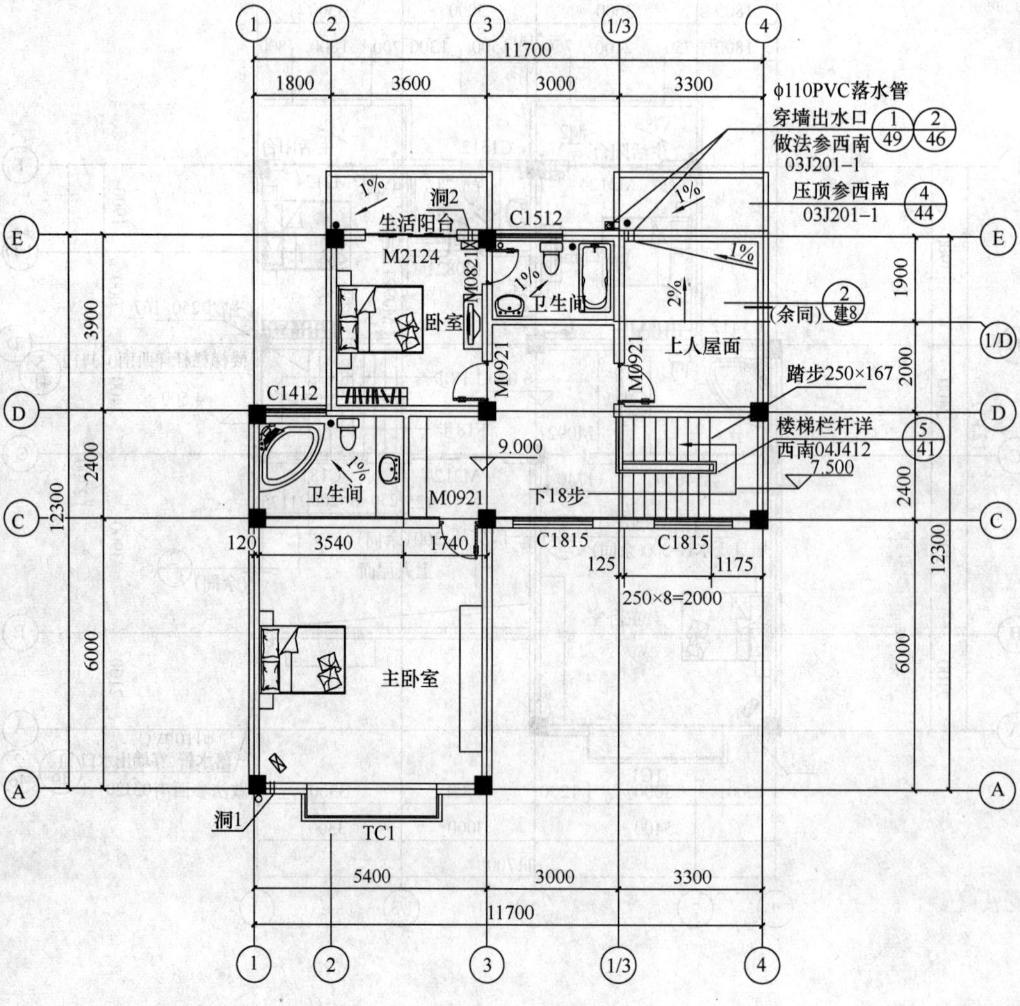

四层平面图 1:100

注:

1.本图中墙体240厚为页岩空心砖砌体，120厚为页岩实心砖砌体。

2.洞1D85空调洞（排水坡向墙外,坡度1%），距结构层150，距内墙边（柱边）200；洞2D85空调洞（排水坡向墙外,坡度1%），距结构层2200，距内墙边（柱边）200。

3.本图中卫生间低于室内50mm，排水坡向地漏（见详图）坡度均为1%。

4.本图中相同户型各部分尺寸相同。空调冷凝水管和屋面雨水管接入排水暗沟。

5.顶层水平楼梯栏杆高度≥1050mm,材质同斜段楼梯栏杆。

建施7/12

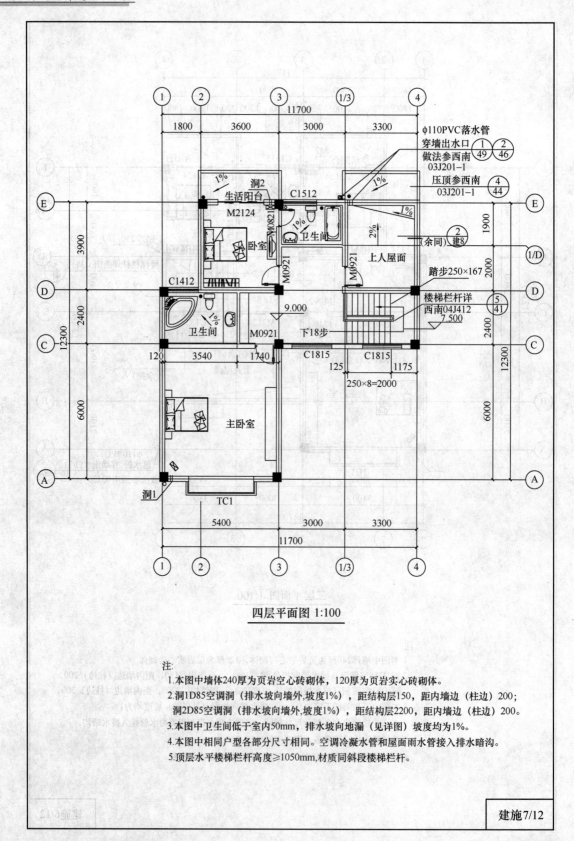

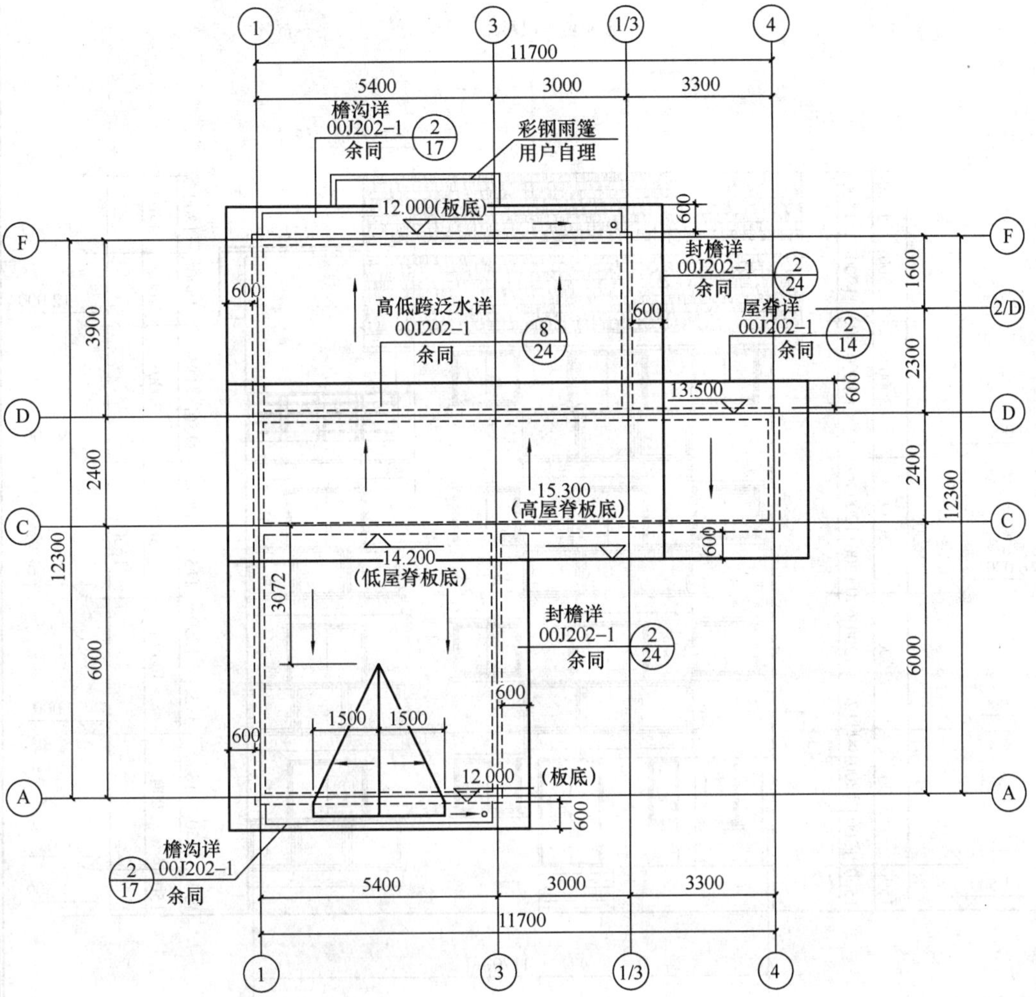

屋顶平面图 1:100

注:

1.块瓦为420mm×332mm 蓝灰色水泥彩瓦，坡屋面选材如有变化，由设计单位、材料供应商、建设单位、监理单位和施工单位协商解决。

2.坡屋面做法详00J202-1-W3，防水材料为SBC聚乙烯丙纶复合卷材防水一道，厚度≥1.2；坡屋面施工需由专业施工队伍施工，以确保工程质量。

建施8/12

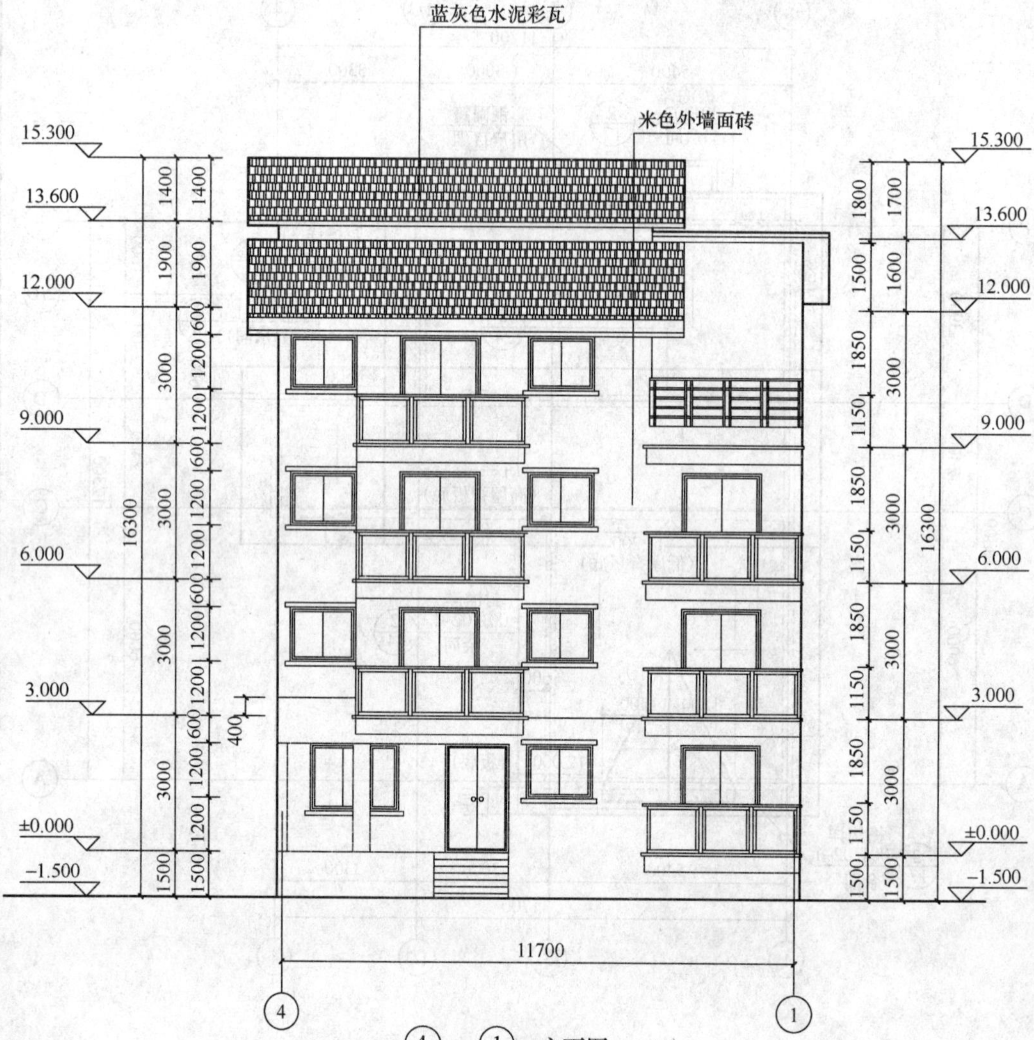

④ ~ ① 立面图 1:100

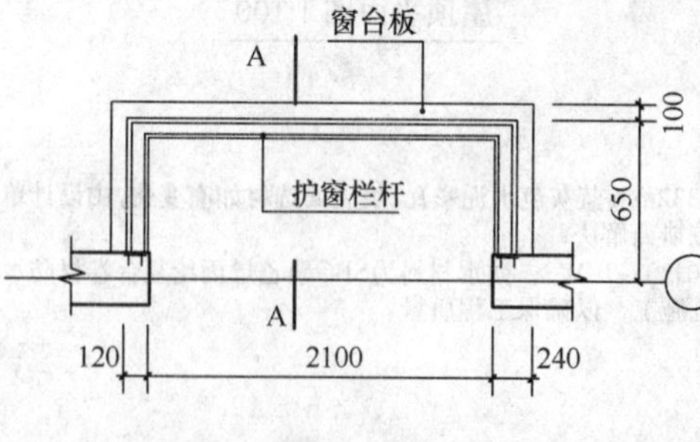

① 客厅飘窗平面详图(细节见建施12)

建施9/12

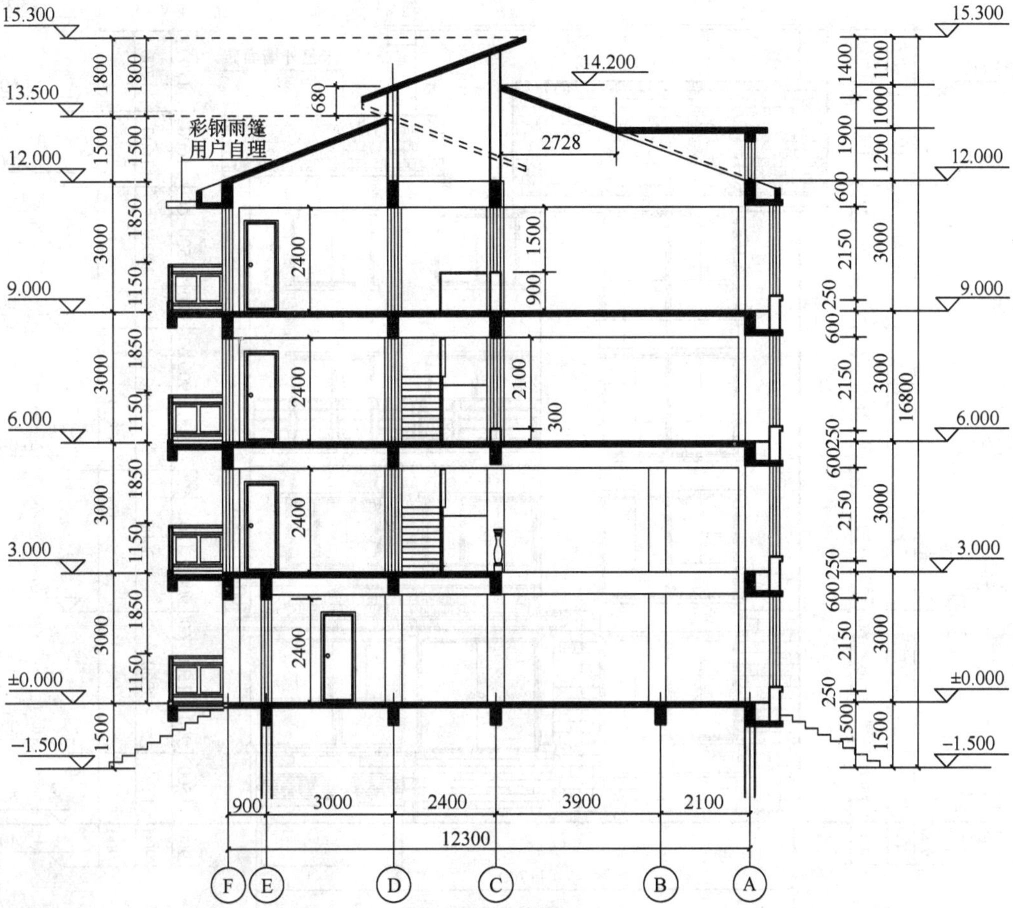

1—1剖面图1:100

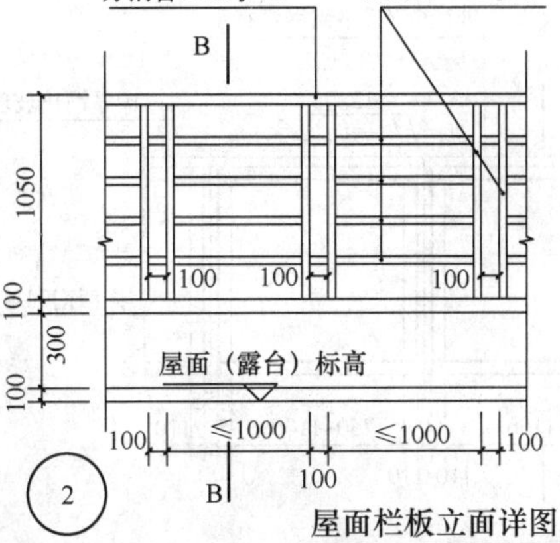

屋面栏板立面详图1:50

建施10/12

① ~ ④ 轴立面图 1:100

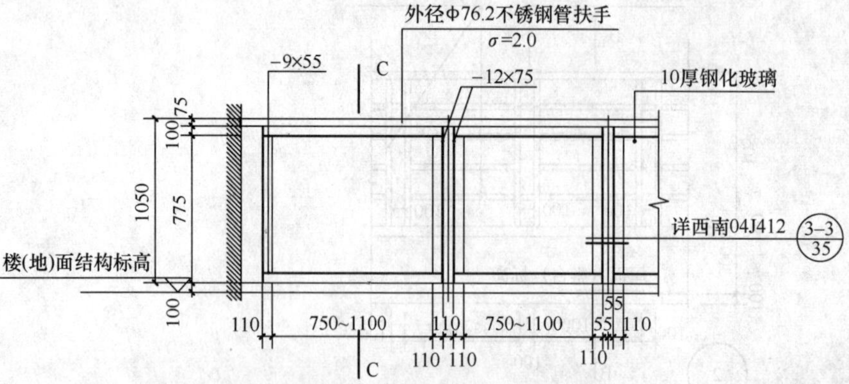

③ 阳台玻璃栏板立面详图 1:50

建施11/12

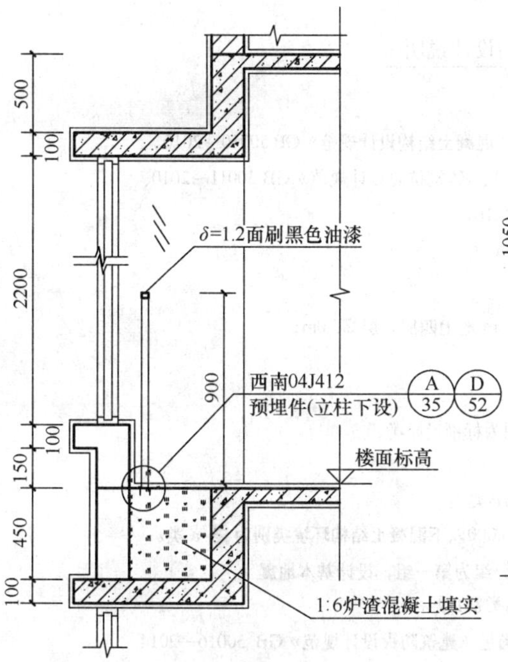

A–A剖面图 1:10

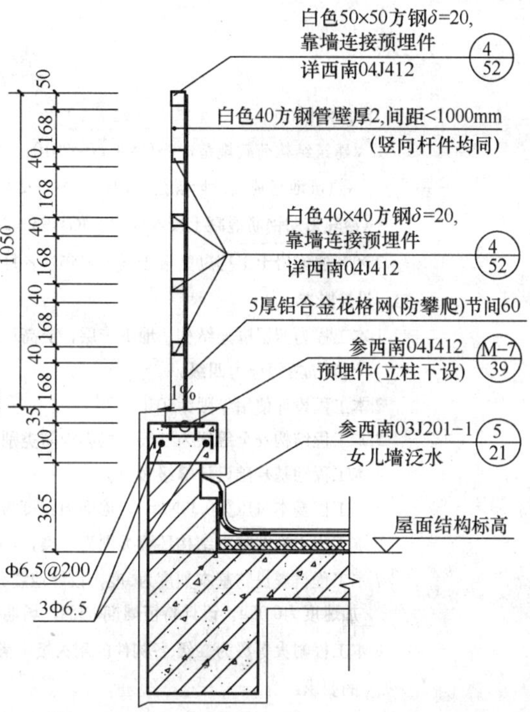

B–B剖面图 1:10

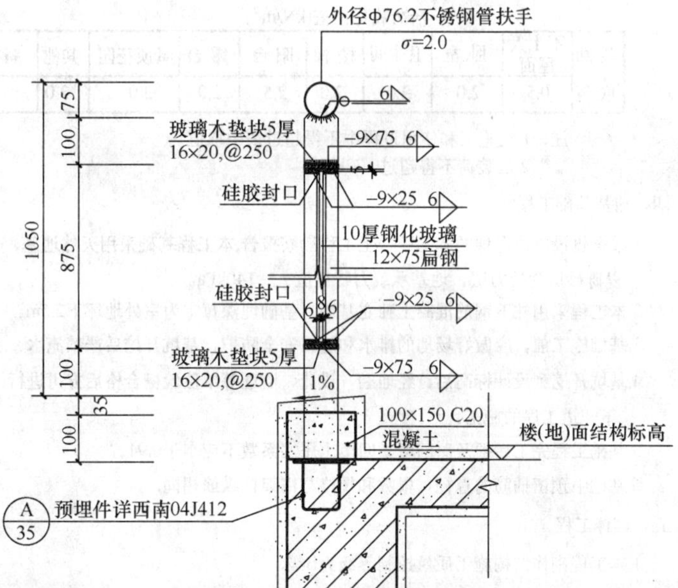

C–C剖面图 1:10

注：

1.所有铁件焊接须按西南04J412相关说明严格施工。

2.立杆间距按立面均分，可根据施工实际进行适当调节。

建施12/12

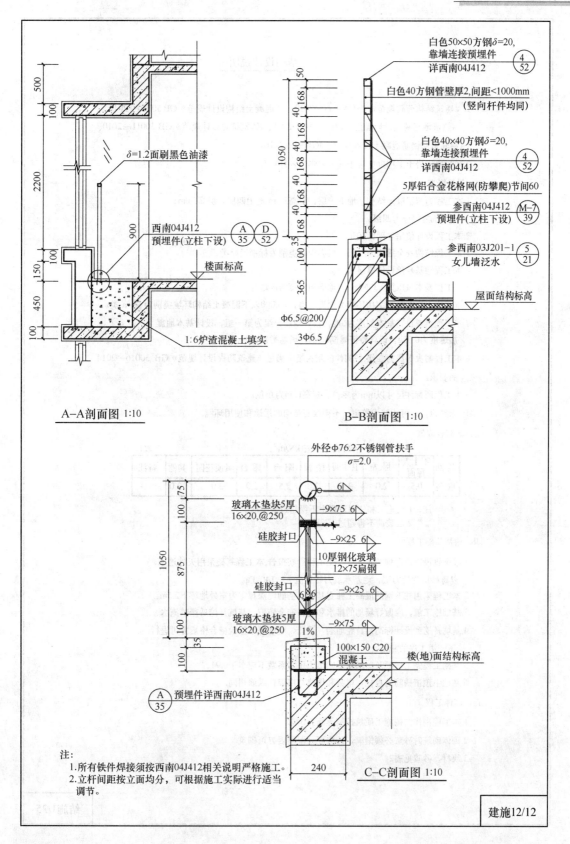

结构设计说明

一、设计依据

1.《建筑结构荷载规范》GB 50009—2010、《混凝土结构设计规范》GB 50010—2010、《建筑地基基础设计规范》GB 50007—2011、《建筑抗震设计规范》GB 50011—2010、《冷轧带肋钢筋混凝土技术规程》JGJ 95—2010。

2.××住宅岩土工程勘察报告（××年××月）。

二、设计概况

1.本工程为四层框架结构，地下一层，层高2.4m,地上四层，层高3.0m；框架抗震等级为四级。

2.本工程设计使用年限为50年。

3.本工程结构安全等级为二级，抗震设防类别为标准设防类。

4.本工程地基基础设计等级为丙级。

5.本工程基本风压为0.3kN/m²，地面粗糙度为B类。

6.本工程上部混凝土结构环境类别为一类，±0.000以下混凝土结构环境类别为 二-a 类。

7.本工程抗震设防基本烈度为6度，设计地震分组为第一组，设计基本地震加速度为0.05g，设计特征周期0.35s，场地类别Ⅱ类。

8.本工程耐火等级为二级,各构件的耐火极限满足《建筑防火设计规范》GB 50016—2014的要求。

9.本工程所标注尺寸以mm为单位，标高以m为单位。

10.未经设计许可或技术鉴定，不得改变结构的用途和使用环境。

三、活荷载取值

活荷载标准值(kN/m²)　　表1

类别	不上人屋面	卧室	卫生间	楼梯	阳台	露台	屋顶花园	其他	备注
取值	0.5	2.0	2.0	2.0	2.5	2.0	3.0	2.0	

注：1.在施工和使用过程中不得超过表中取值；
2.二装荷不得超过0.72kN/m²。

四、地基基础工程

1.根据建设单位提供的本工程岩土工程勘察报告,本工程基础采用天然地基，以砾砂层为持力层，地基承载力特征值f_{ak}=140kPa。

2.本工程采用柱下钢筋混凝土独立基础，基础埋深暂定为室外地坪下2.5m。

3.基础施工前，应做好场地的排水和施工安全防护，基坑开挖后严禁淹水。

4.基坑开挖到设计标高后，经地勘、设计、监理等单位验槽合格后方可进行下一道工序的施工。

5.基础工程完工后须及时回填，回填土压实系数不应小于0.94。

6.基础中预留插筋的直径、根数和规格与框架柱纵筋相同。

五、砌体工程

1.本工程砌体结构施工质量控制等级为B级。

2.砌体砌筑时砂浆必须饱满，砖应充分湿润后方可砌筑。

3.块材、砂浆见表2。

结施1/25

砌体材料强度等级　　表2

部位 品种	±0.000以下	±0.000以上	备　注
块 材	MU10(页岩实心砖)	MU5.0(页岩空心砖)	±0.000 以上为混合砂浆 ±0.000 以下为水泥砂浆
砂 浆	M5	M5	

4.填充墙构造

1)填充墙墙体材料：宽度为250mm的梁上采用240厚页岩空心砖墙；宽度为200mm的梁上采用200厚页岩空心砖墙。

2)填充墙应在主体结构施工完毕后，从顶层往下砌筑，以防下层梁承受上层填充墙的重量。

3)先砌填充墙，后浇构造柱。

4)填充墙构造措施详表6及西南05G701（四）中第6页。

六、钢筋混凝土工程

1.混凝土

混凝土强度等级　　表3

构 件	基础垫层	基础	基础拉梁	框架柱	现浇梁、板	梁上柱	楼梯	构造柱	配筋带
强度等级	C10	C25	C25	C25	C25	C25	C25	C25	C25

2.钢材

"Φ" 为HPB300钢筋,"Φ"为HRB335钢筋,"Φ"为HRB400钢筋，型钢Q235A-F。

本工程现浇板受力钢筋均为HRB400钢筋，K、F、N、E、D分别代表钢筋间距为200、180、150、125、100mm。

3.焊条

HPB300级钢筋与HPB300、HRB335级钢筋焊接用E43型焊条,HRB335钢筋之间焊接E50型焊条。

4.钢筋的混凝土保护层厚度(mm)

表4

构件 环境	基 础	基础拉梁	框架梁	现浇板	框架柱	梁上柱	构造柱	备 注
一类环境			25	15	30	30	30	
二-a类环境	40	30			30		30	

5.钢筋最小锚固长度(l_a)详下表：

表5

钢筋种类	混凝土强度等级			备　注
	C20	C25	C30	
HPB235	31*d*	27*d*	24*d*	1.钢筋均为普通钢筋,钢筋直径均≤25mm。 2.吊筋为20*d*
HRB335	39*d*	34*d*	30*d*	
HRB400	46*d*	40*d*	36*d*	
CRB550	40*d*	35*d*	30*d*	

注：HPB300、HRB335所有锚固长度均≥250mm，CRB550锚固长度均≥200mm。

结施2/25

6.纵向受拉钢筋绑扎搭接长度应根据位于同一连接区段内的钢筋搭接接头面积的百分率按下式计算。纵向受拉钢筋搭接长度$l_l=\xi \cdot l_a$，纵向受拉钢筋抗震搭接长度$l_l=\xi \cdot l_{aE}$。

纵向受拉钢筋搭接长度修正系数ξ　　表6

纵向受拉钢筋搭接接头百分率（%）	≤25	50	100
纵向受拉钢筋搭接长度修正系数ξ	1.2	1.4	1.4

注：在任何情况下纵向受拉钢筋搭接长度均不应小于300mm。

7.纵向受拉钢筋绑扎搭接长度为$l_l=1.2l_a$，且不小于300；纵向受压钢筋绑扎搭接长度不应小于$0.7l_l$，且不应小于200。

8.在绑扎搭接接头的长度范围内，当搭接钢筋为受拉时，其箍筋加密间距不应大于5*d*（且不大于100），搭接钢筋为受压时，其箍筋间距不应大于10*d*(且不应大于200),当受压钢筋直径大于25时，尚应在搭接接头两个端面外100mm范围内各设置两个箍筋。

9.柱纵向受力钢筋采用电渣压力焊接;梁纵向受力钢筋采用闪光对焊;在同一截面内钢筋接头数不应超过纵向钢筋根数的50%，接头位置应在受力较小区域且不得在节点区内。

10.纵向受力钢筋的焊接接头应相互错开，钢筋焊接接头连接区段的长度为35*d*(*d*为纵向受力钢筋较大直径）且不小于500mm,凡接头中点位于该连接区段长度内的焊接接头均属于同一连接区段。位于同一连接区段的受力钢筋的焊接接头面积百分率对纵向受拉钢筋接头≤50%。纵向受压钢筋的接头百分率可不受此限制。

11.板厚小于等于100时，板面分布钢筋为Φ6@200，板厚为100～140时，板面钢分布筋为Φ8@250；屋面板板面温度钢筋做法详图一。

12.当梁的跨度大于4m时,应按跨度3‰起拱,悬臂构件应按5‰起拱,且不小于20。

13.当梁上开圆洞时，洞口直径不得大于梁高的1/5以及150，做法详图二。

14.框架梁内不得纵向埋设管道。

15.板上开洞，当洞宽(或直径)小于300时，不设加强筋，板上钢筋绕过洞边，不得截断。

16.120墙下现浇板加强钢筋做法如图四所示。

17.悬挑结构应待混凝土强度达到100%后方可拆模，且不得在其上堆积重物。

18.现浇梁柱构造详表7。

19.现浇板阳角处加强钢筋做法见详图。

20.悬挑梁根部加设抗剪钢筋，做法见详图。

21.现浇板中钢筋长度指钢筋平直段总长,不包括弯钩尺寸。

22.井字梁支座钢筋截断长度第一排为梁跨度的1/3，第二排为梁跨度的1/4。

七、施工制作及其他

标准图集目录　　表7

序号	标准图集名称	图集号
1	混凝土结构施工图平面整体表示方法制图规则和构造详图	11G101–1
2	建筑物抗震构造详图	11G329–1

结施3/25

1. 管径50～100的水电管线横穿墙体时，应在该处砌预留块。
2. 管径50～100的水电管线竖直埋入墙体时，其做法见详图。
3. 水平暗埋直径小于20的水平暗管时，在该水平处砌筑图八的预制块(C20混凝土预制)。
4. 本图中未注明的水电管线穿墙、板面孔洞，其洞口大小及位置参见水施和电施。
5. 卫生间现浇板在周边墙体上做120×120素混凝土(C20)。
6. 所有外露铁件均应除锈涂红丹两道，刷防锈漆两遍。
7. 本工程采用PKPMCAD软件（××年××月版本）进行设计。
8. 未尽事宜，按照国家有关规范和规定执行。

现浇梁、柱设计节点选用表（11G101-1） 表8

构造部位	节点所在页码	本施工图选用节点	备　注
抗震KZ纵向钢筋连接构造	P57	*	
抗震KZ边柱和角柱顶纵向钢筋构造	P59	*	柱筋伸入梁内的尺寸不小于15*d*
抗震KZ中柱柱顶纵筋构造和变截面纵筋构造	P60	*	
LZ纵向钢筋构造	P61	*	
抗震KZ、LZ箍筋加密区范围	P61、P62	*	
抗震楼层框架梁KL纵向钢筋构造	P79	*	
抗震屋面框架梁WKL纵向钢筋构造	P80	*	
KL、WKL中间支座纵向钢筋构造	P84	*	
WKL箍筋、附加箍筋、吊筋构造（四级）	P87	*	附加箍筋为梁每侧3个
L配筋构造	P88	*	
L中间支座纵向钢筋构造	P89	*	
XL梁配筋构造	P89	*	

结施4/25

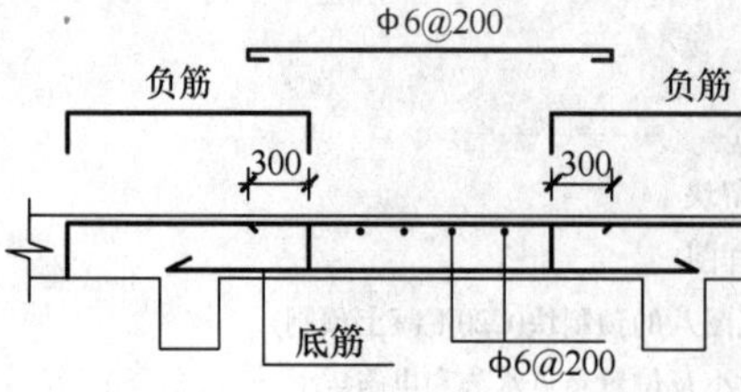

图一

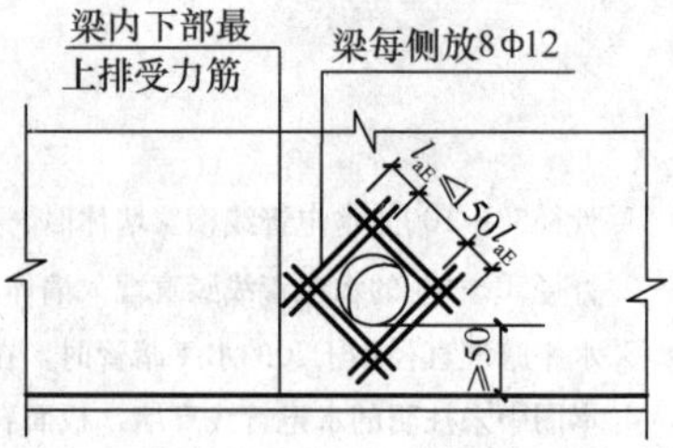

图二

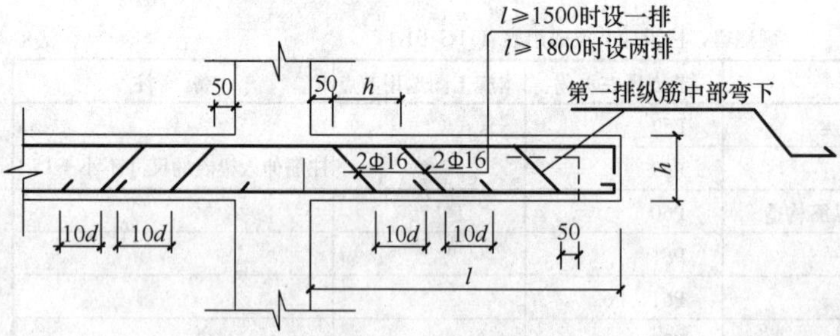

图三

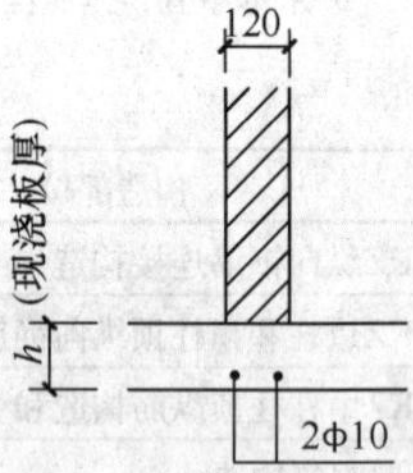

120 墙下现浇
板内加强钢筋

图四 1:20

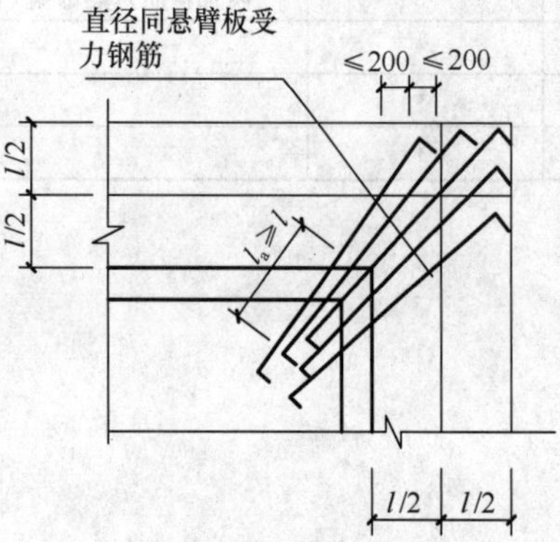

现浇板阳角处板面加强筋

图五

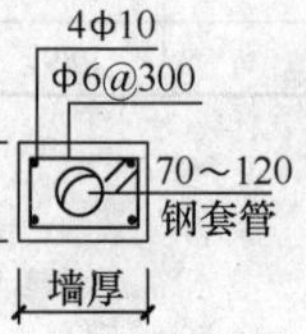

图六

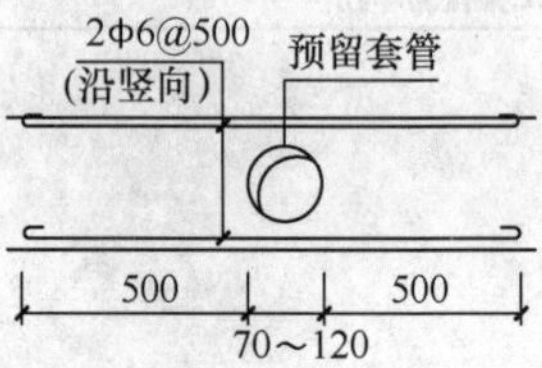

图七

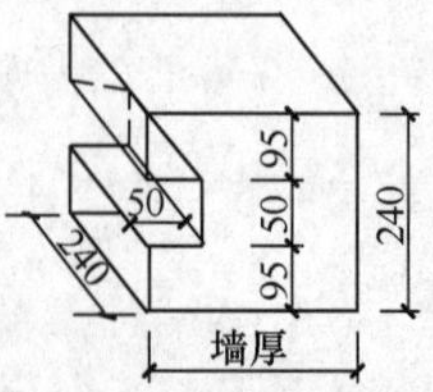

图八

结施5/25

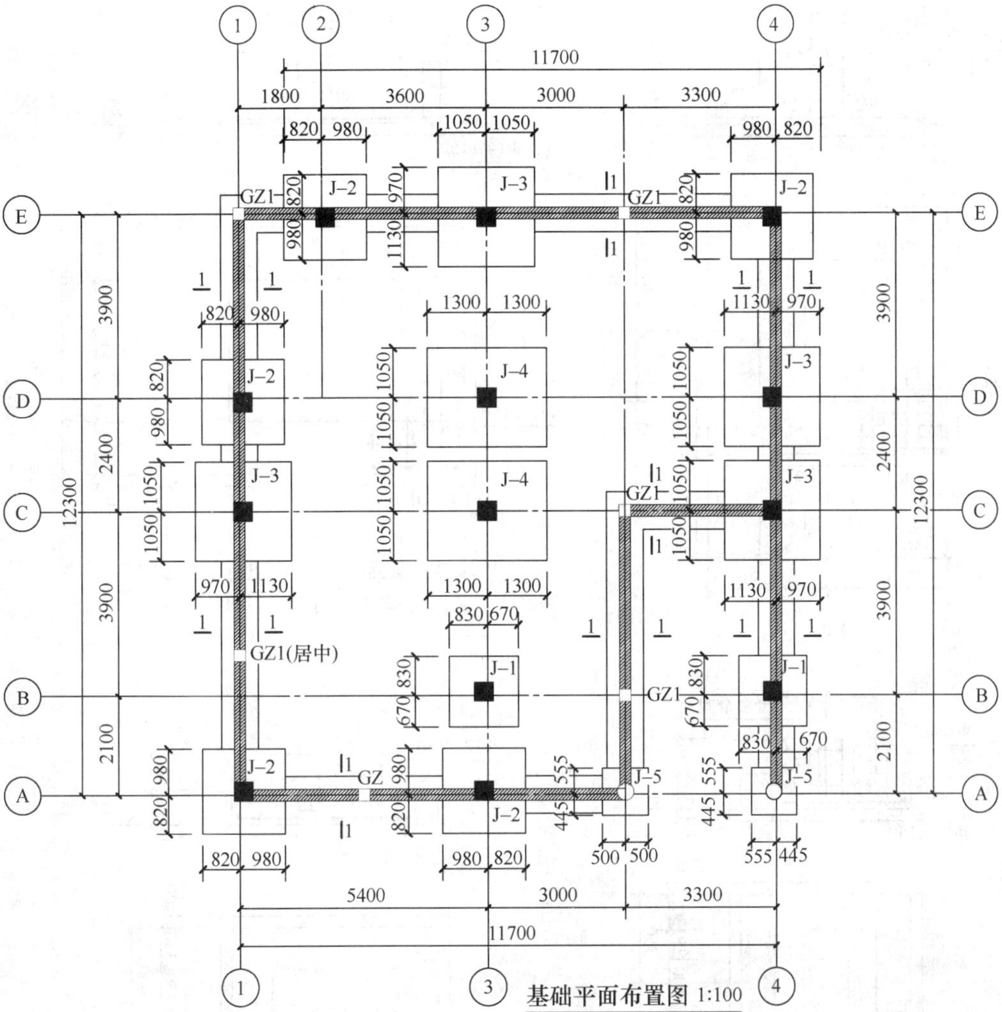

基础平面布置图 1:100

注:

1. 根据本工程的地勘报告（××年××月），本工程采用天然地基,以砾砂层为基础持力层，该层地基承载力特征值f_{ak}=140kPa，土的变形模量E_o=10.0MPa。
2. 采用柱下钢筋混凝土独立基础，基础埋深为室外地坪下2.500m。
3. 基础的混凝土强度等级为C25，垫层为C10；基础的混凝土保护层厚为40mm（基础处于二－a类环境）；基础拉梁的混凝土为C25，混凝土保护层厚为30mm。
4. 预留插筋的直径、根数和规格与框架柱纵筋相同。
5. 当独立基础的边长≥2500mm时，底板的钢筋可取其边长的0.9倍(除联基础外)，并应交错布筋。
6. 基础施工结束后，应建立沉降观测点，每施工一层楼进行一次沉降观测。
7. 地基处理结束后，应请具有相应资质的检测单位进行检测，合格后方可进行下一道工序的施工。
8. 图中阴影部分为挡土墙。

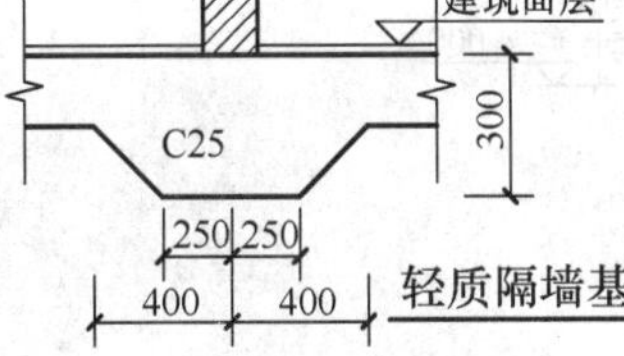

轻质隔墙基础 1:20

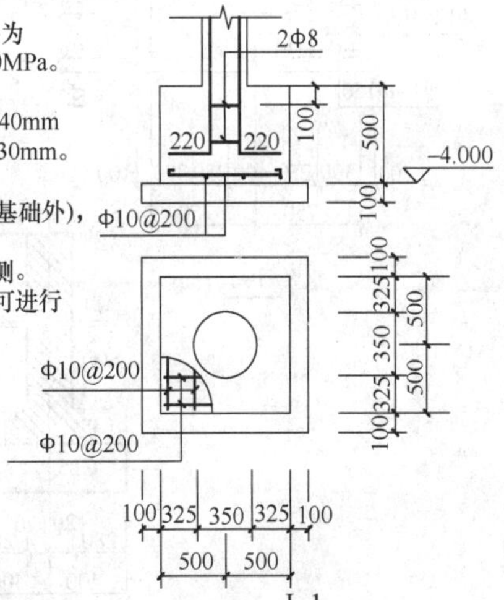

J-1

结施6/25

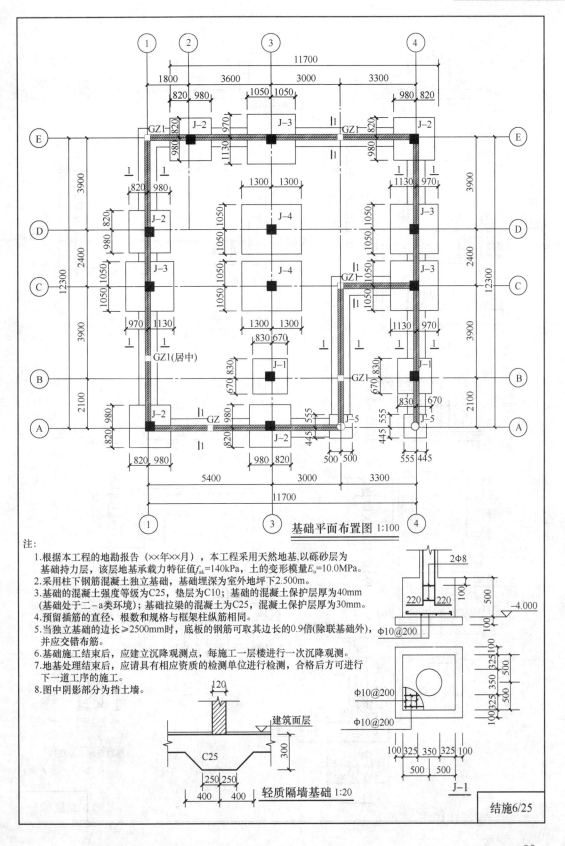

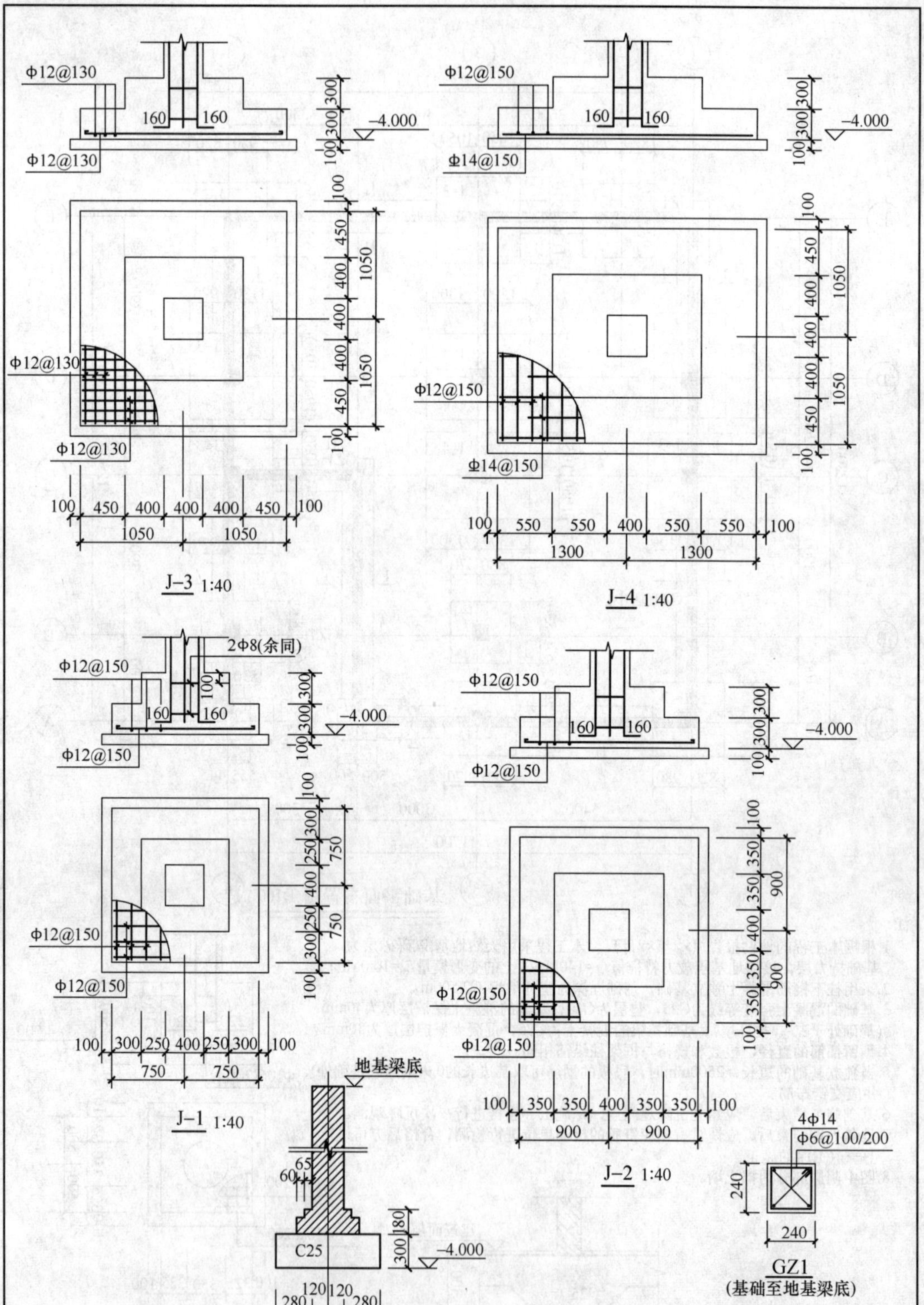
Φ12@130
160
160
Φ12@130
300
300
100
−4.000
100
450
400
1050
400
400
1050
450
100
Φ12@130
Φ12@130
100 450 400 400 400 450 100
1050
1050
J–3 1:40
Φ12@150
160
160
Φ14@150
300
300
100
−4.000
100
450
400
1050
400
400
1050
450
100
Φ12@150
Φ14@150
100 550 550 400 550 550 100
1300
1300
J–4 1:40
2Φ8(余同)
Φ12@150
100
160
160
Φ12@150
300
300
100
−4.000
100
300
250
750
400
250
750
300
100
Φ12@150
Φ12@150
100 300 250 400 250 300 100
750
750
J–1 1:40
Φ12@150
160
160
Φ12@150
300
300
100
−4.000
100
350
350
900
400
350
900
350
100
Φ12@150
Φ12@150
100 350 350 400 350 350 100
900
900
J–2 1:40
地基梁底
65
60
80
300
C25
−4.000
120 120
280 280
400 400
1–1
4Φ14
Φ6@100/200
240
240
GZ1
(基础至地基梁底)
结施7/25

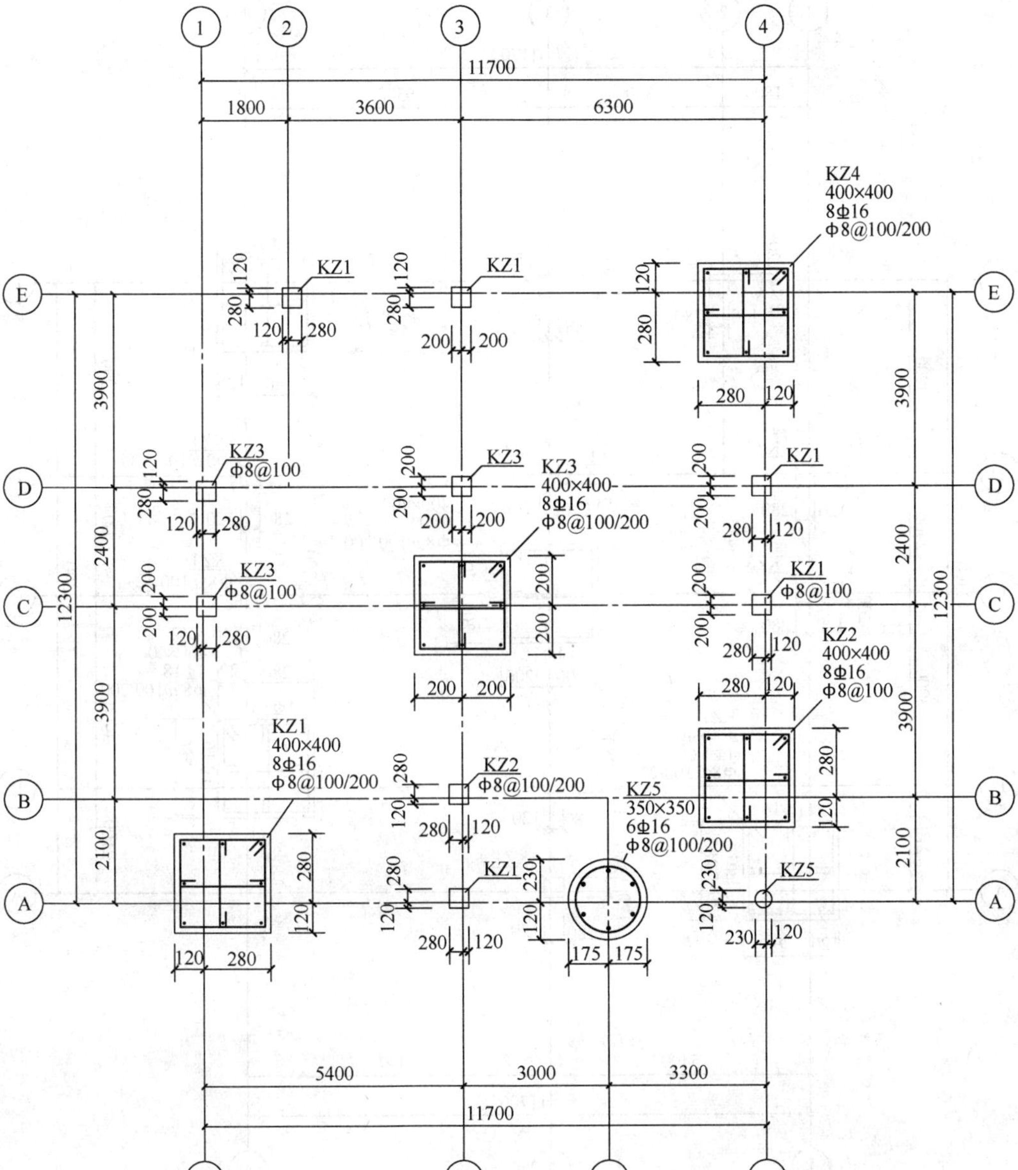

基础顶面～2.950标高柱平法施工图 1:100

结施8/25

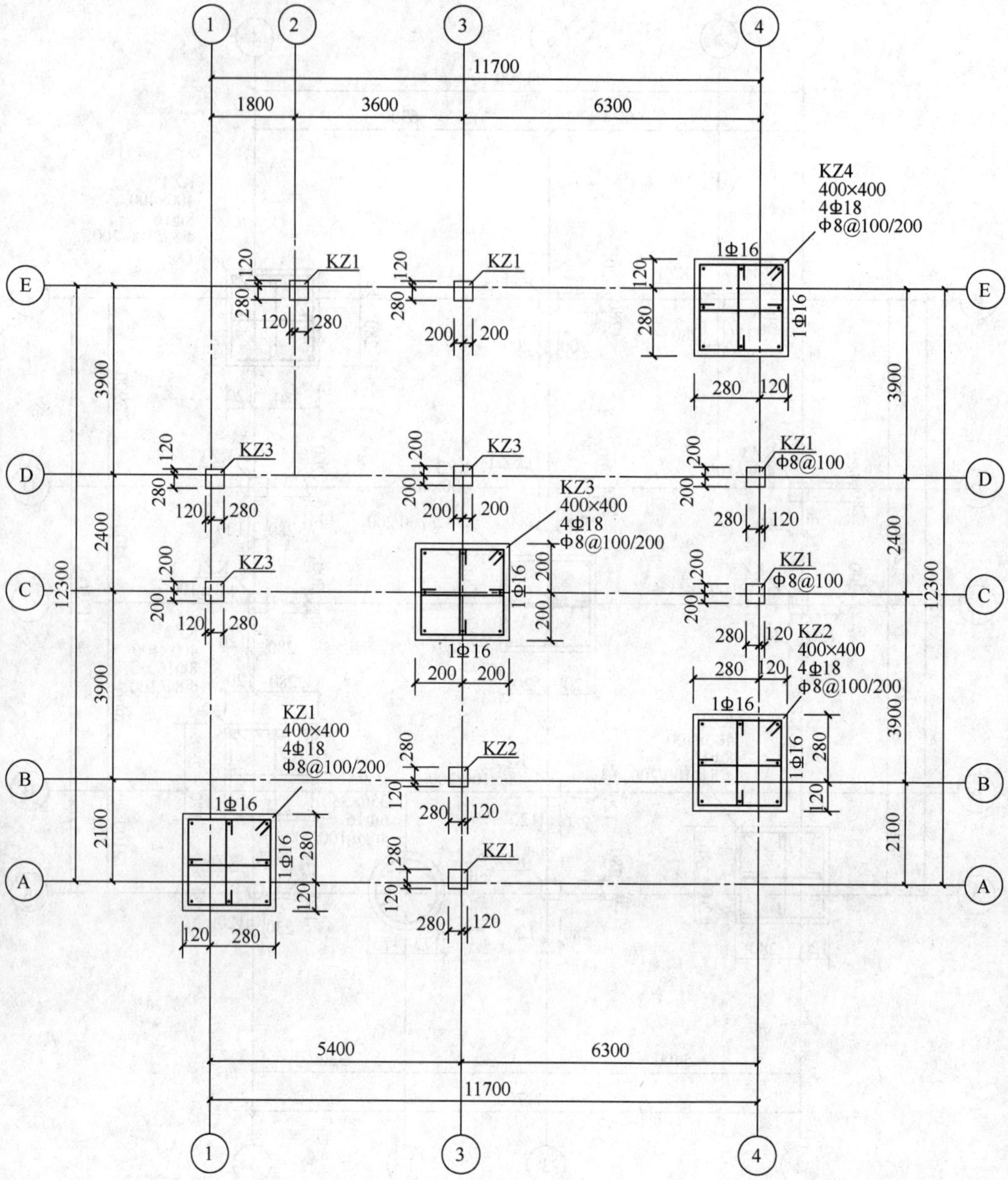

2.950～5.950标高柱平法施工图 1:100

结施9/25

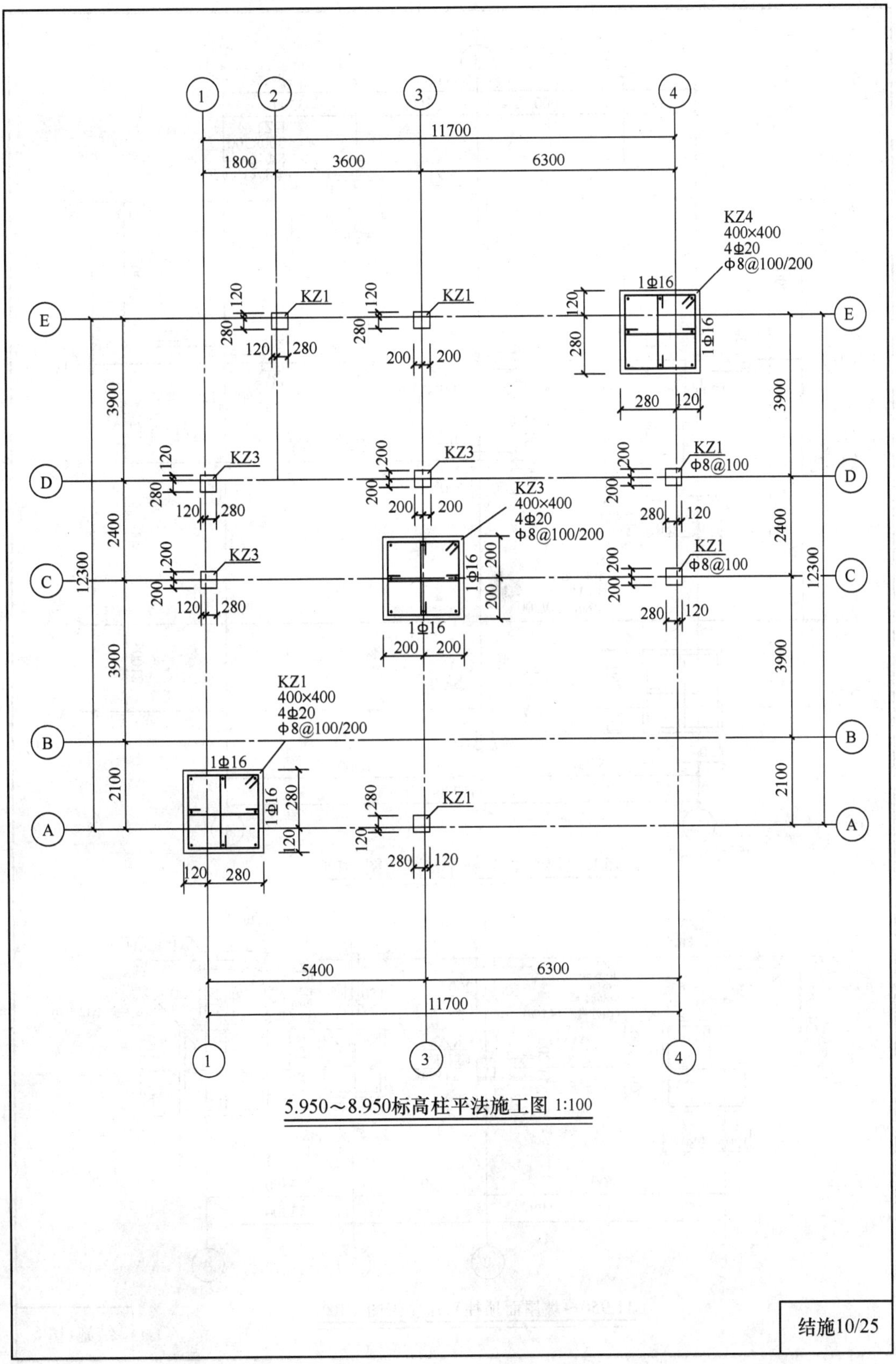
KZ1
KZ3
KZ4
400×400
4Φ20
Φ8@100/200
1Φ16
KZ1
Φ8@100
11700
1800
3600
6300
5400
12300
3900
2400
2100
5.950～8.950标高柱平法施工图 1:100
结施10/25

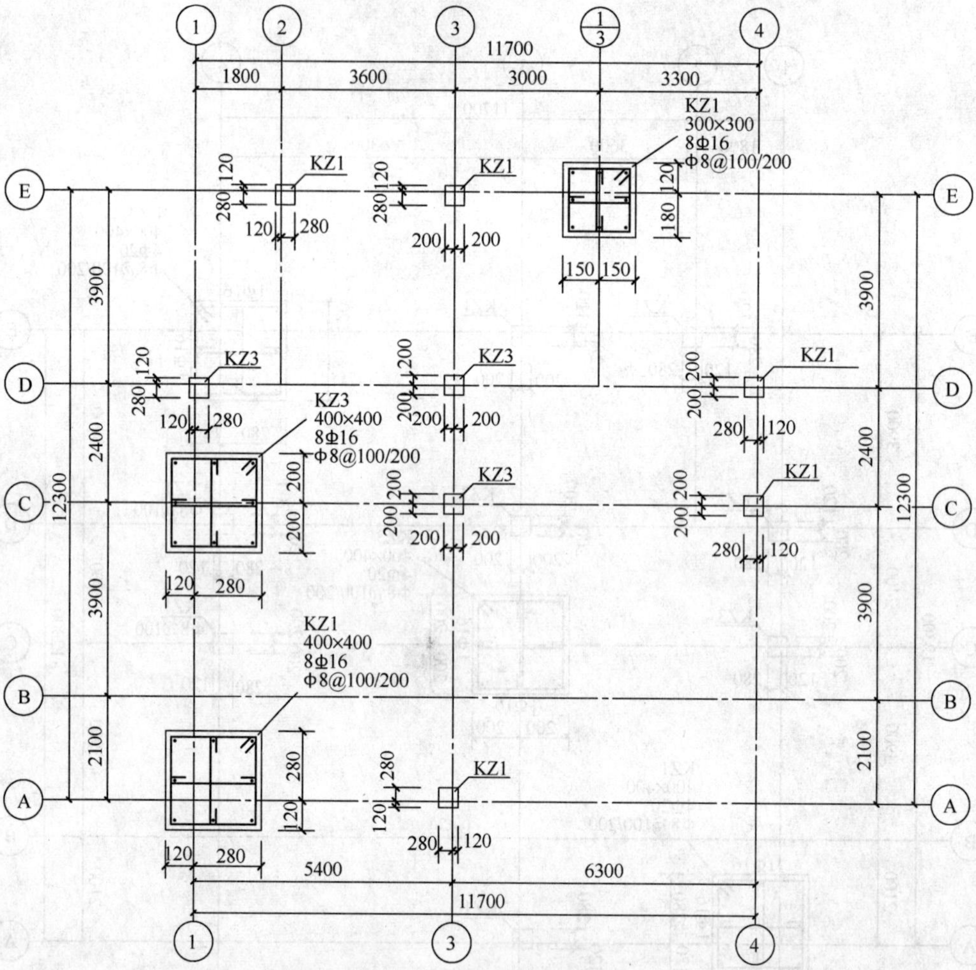

8.950～11.950标高柱平法施工图 1:100

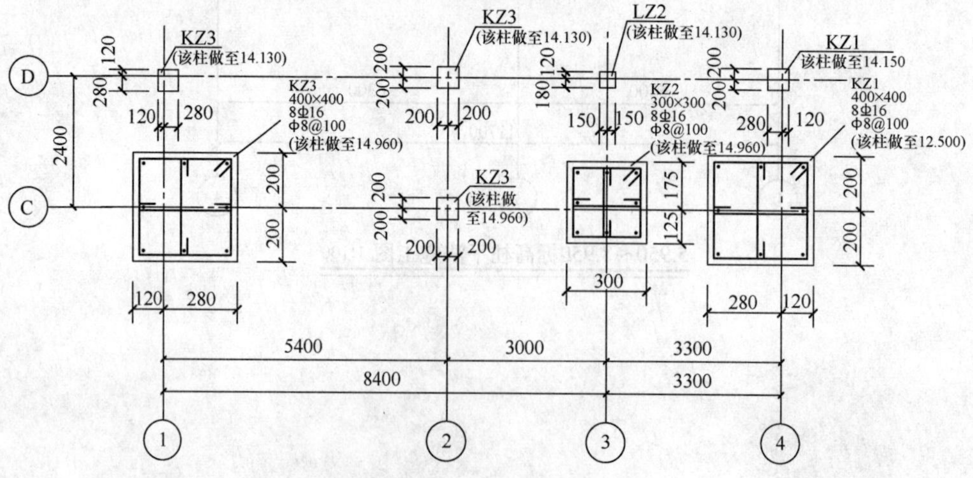

11.950～坡屋面顶柱平法施工图 1:100

结施11/25

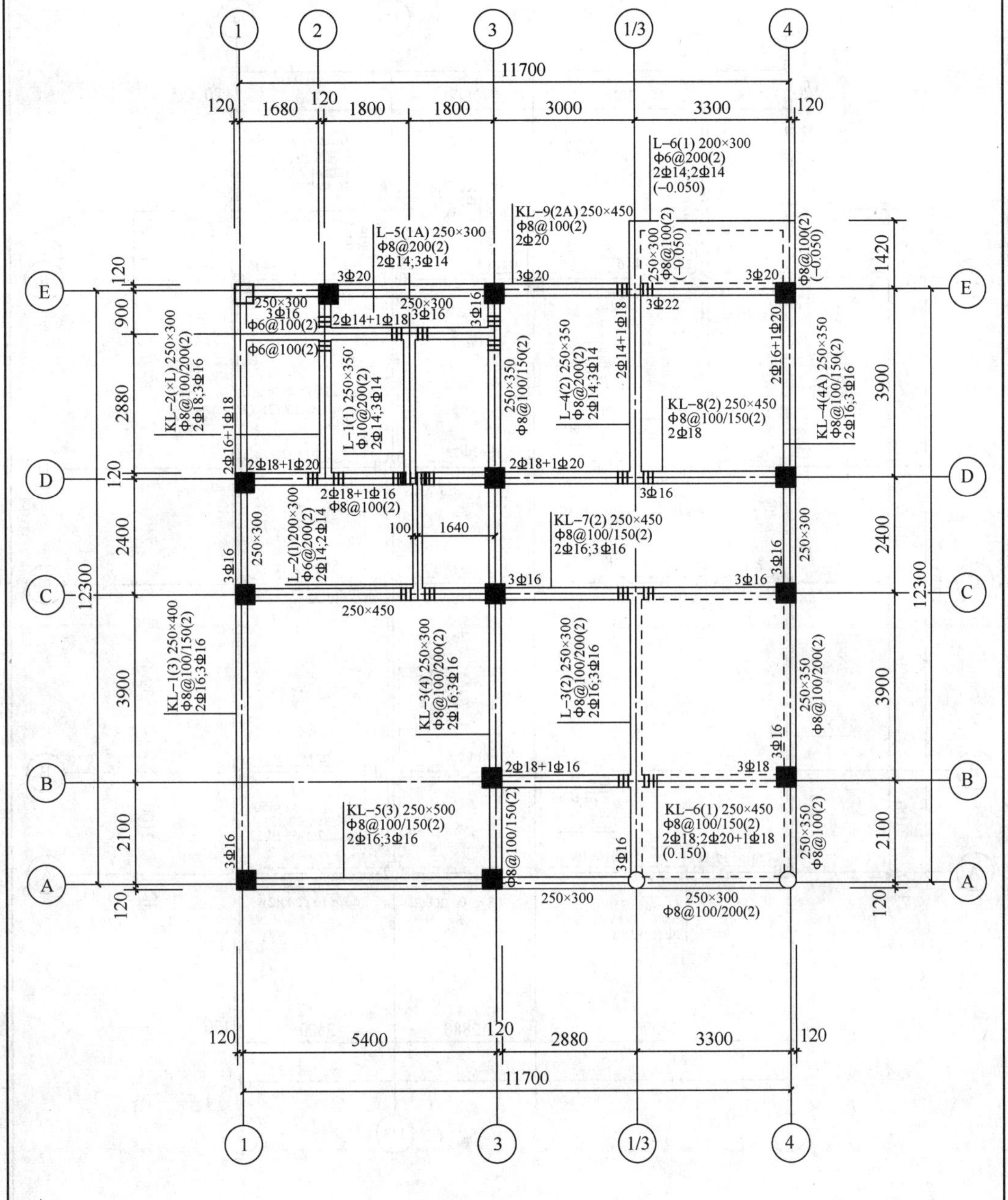

地基梁平法施工图 1:100

标高为：−0.050

结施12/25

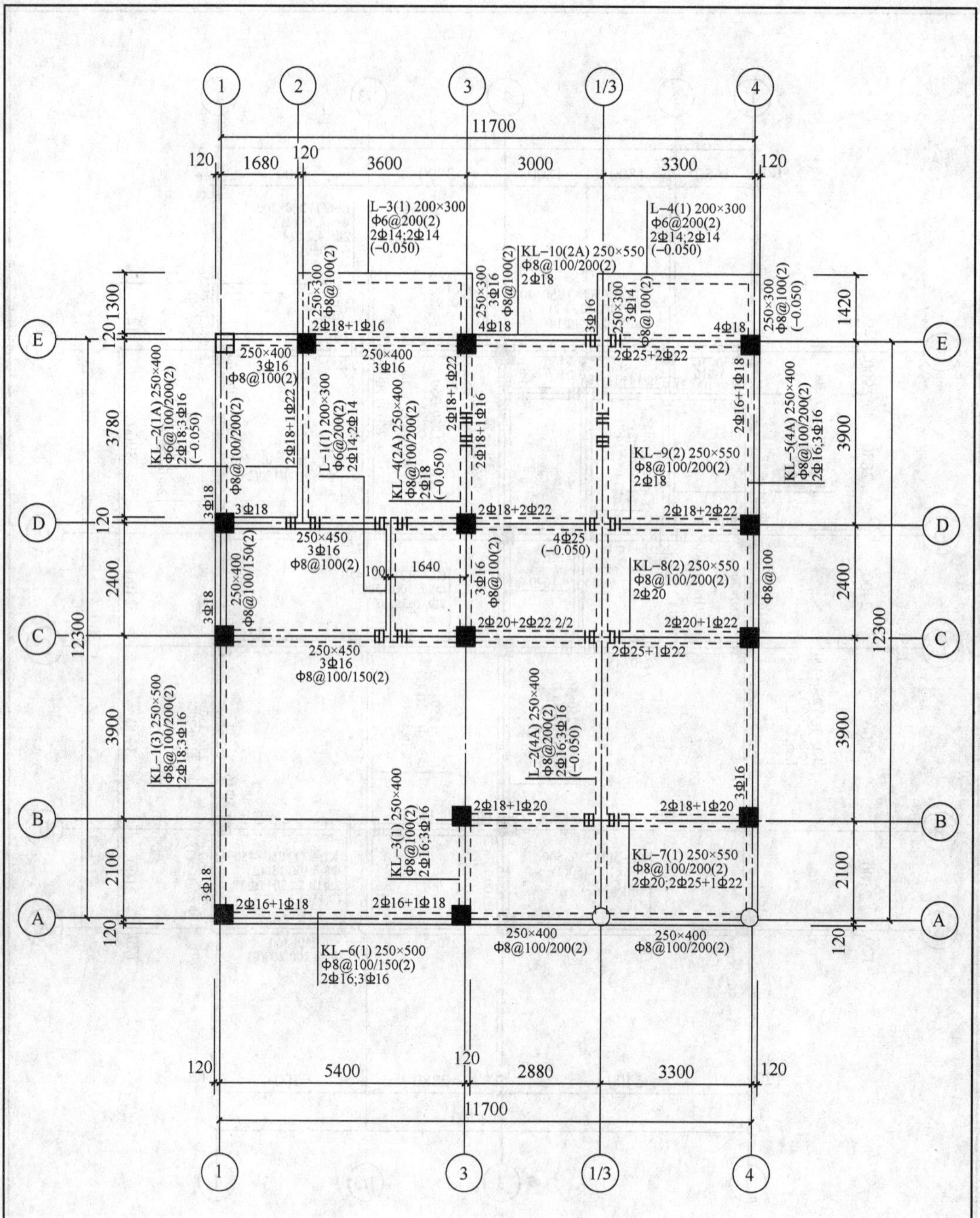

2.950梁平法施工图 1:100

结施13/25

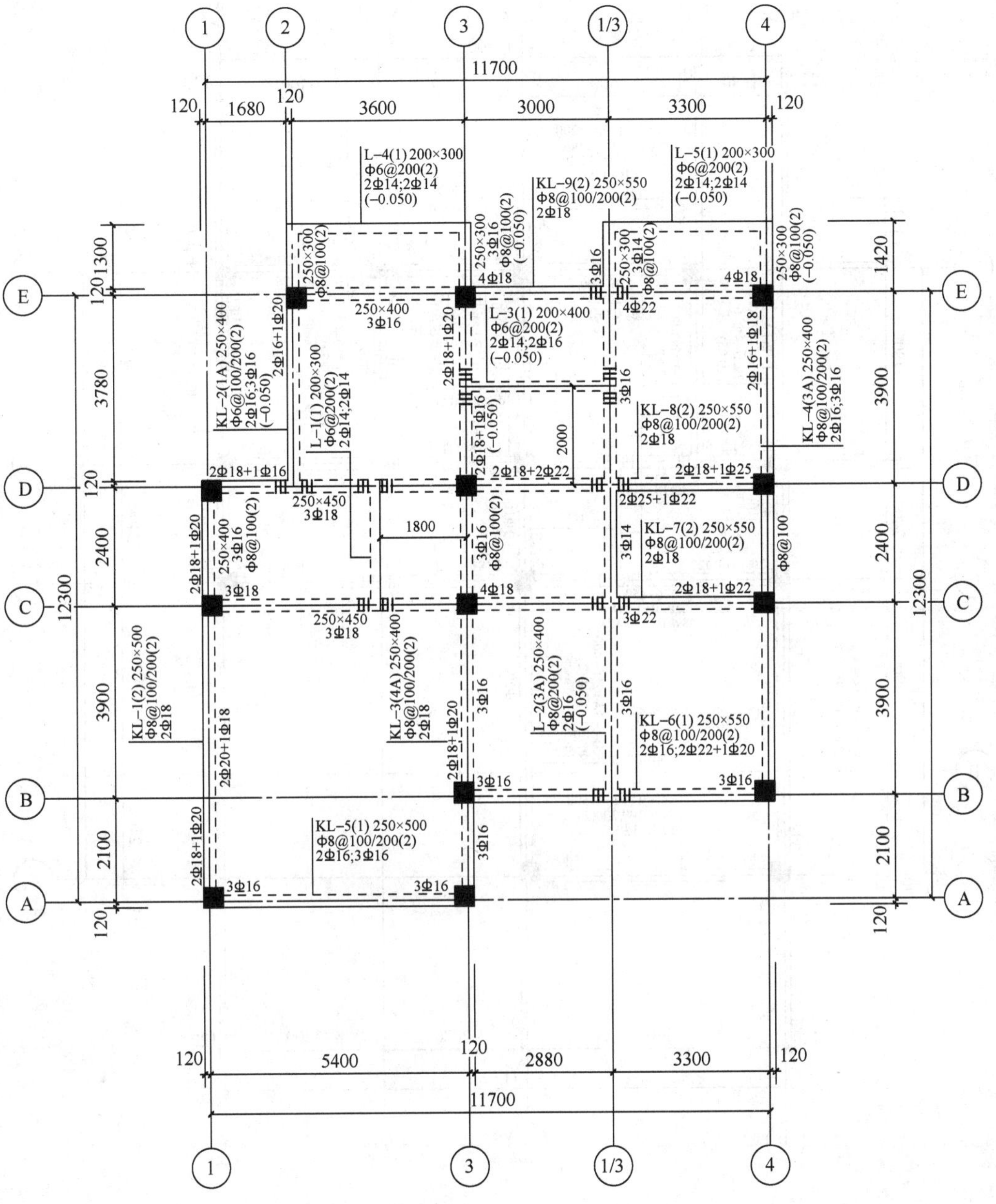

5.950梁平法施工图 1:100

结施14/25

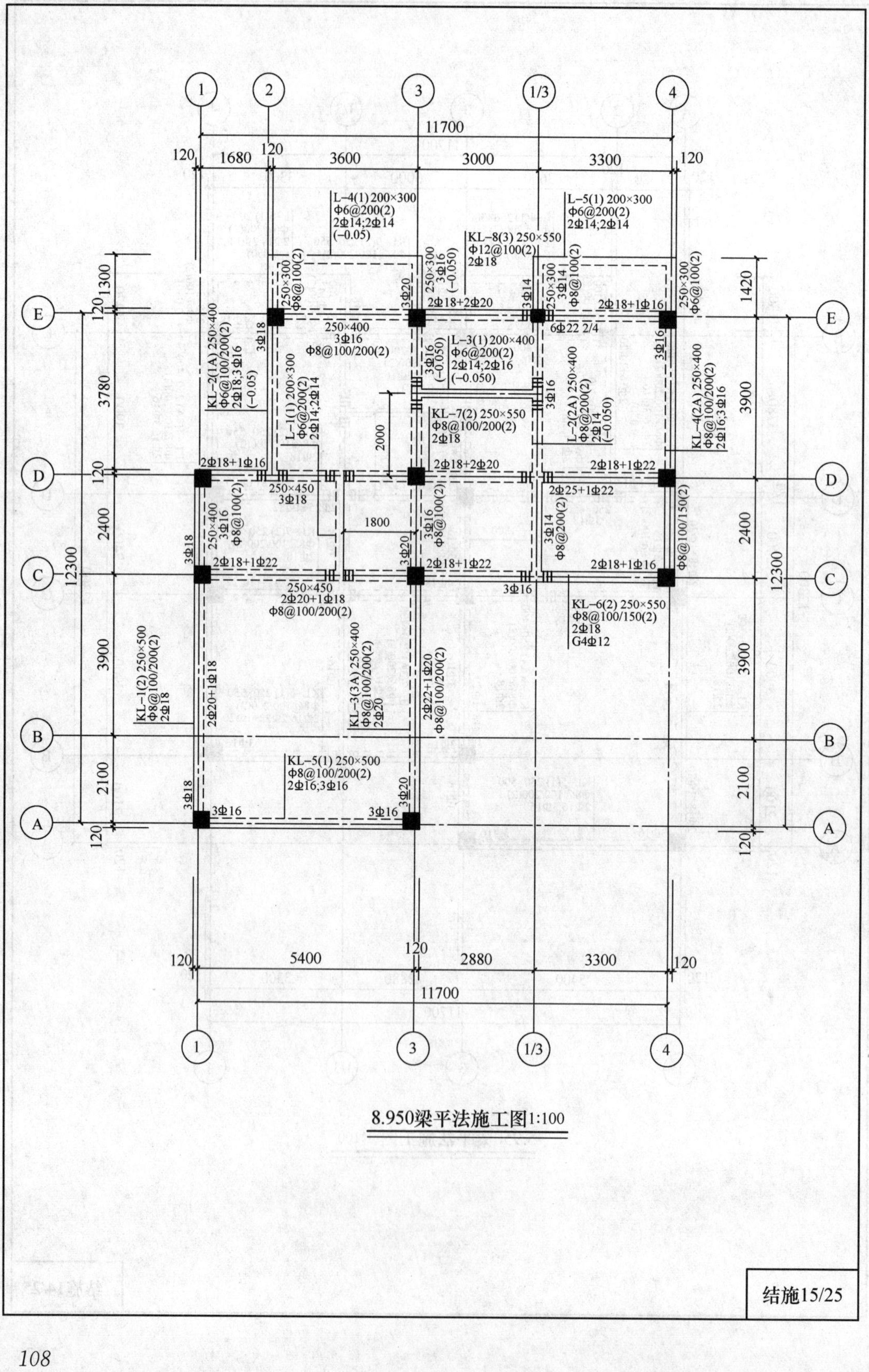

8.950梁平法施工图1:100

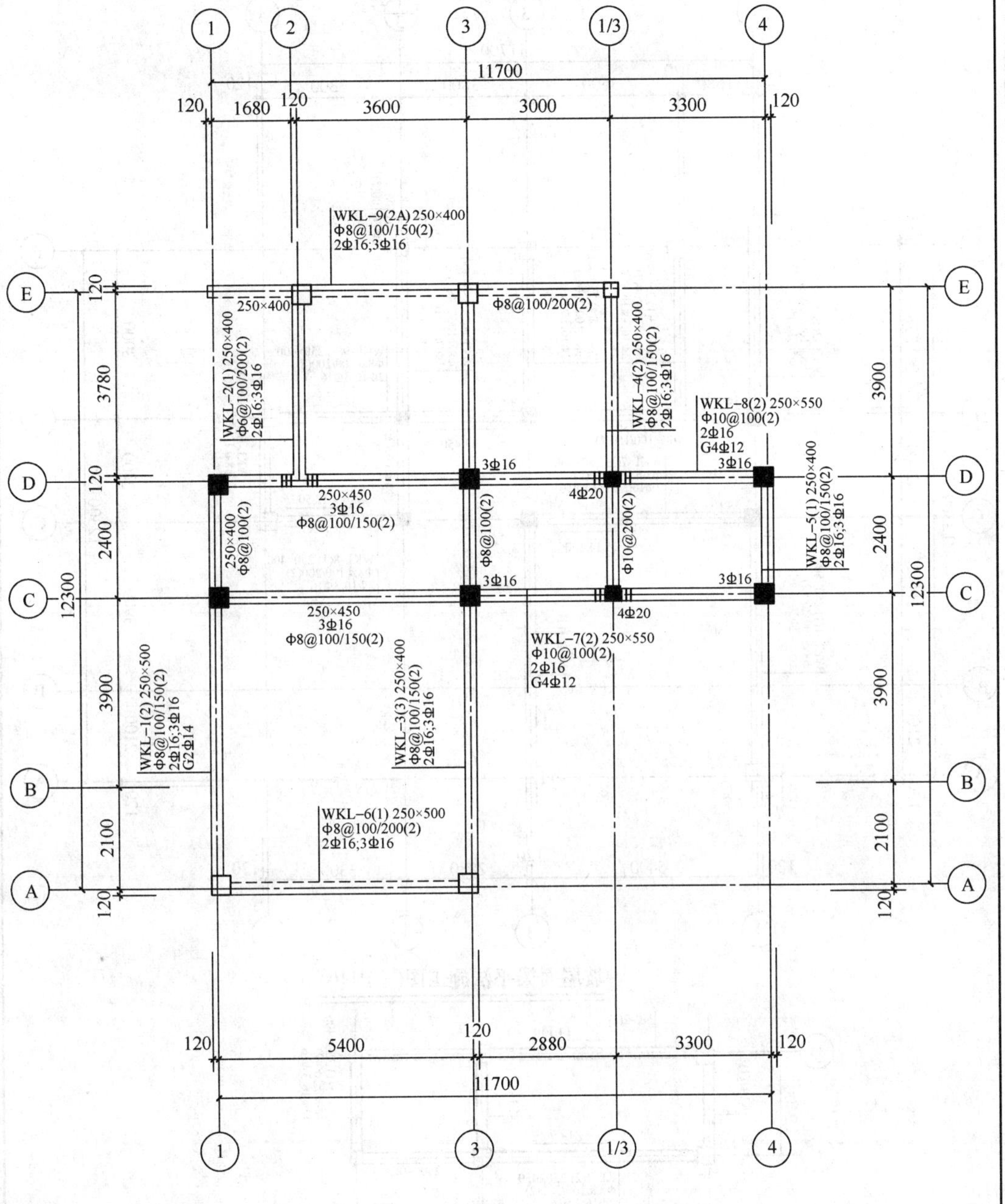

11.950梁平法施工图 1:100

结施16/25

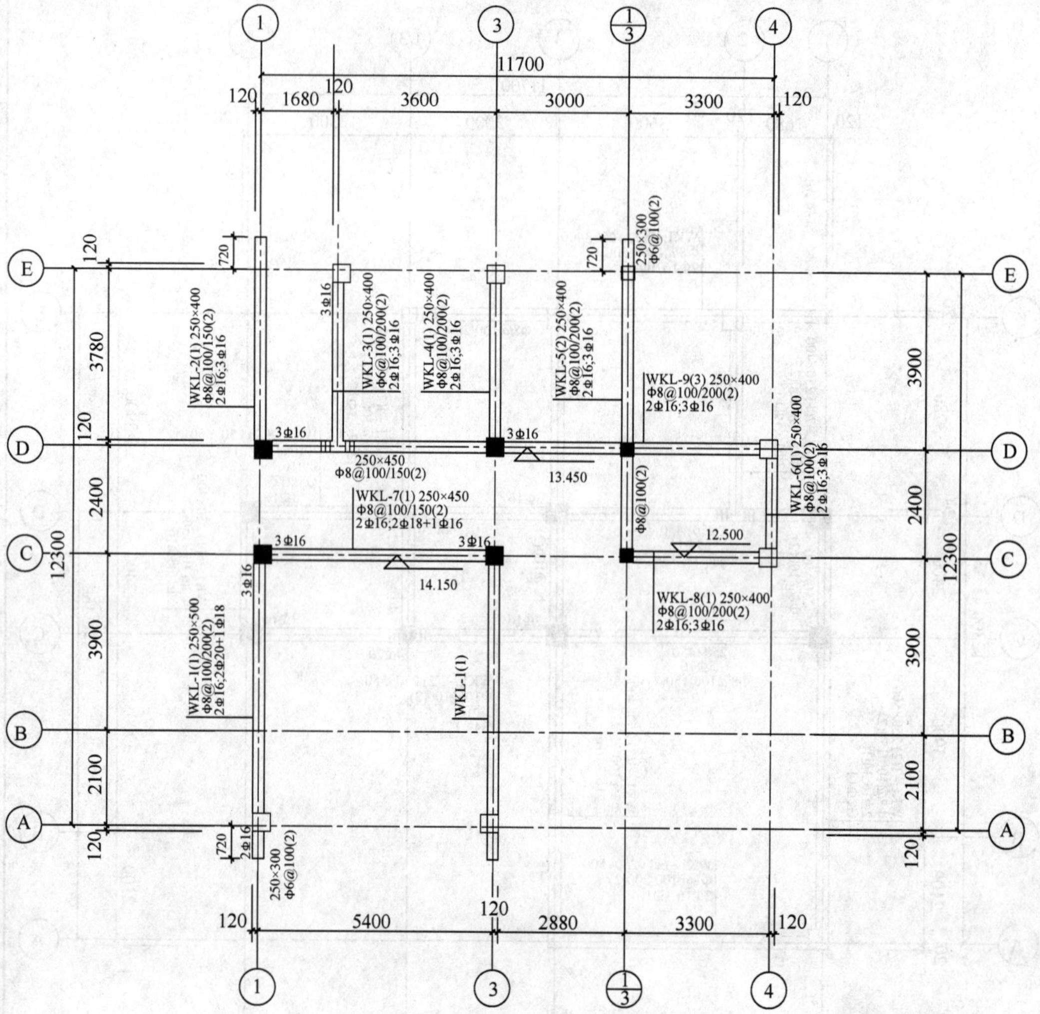

坡屋面梁平法施工图(一)1:100

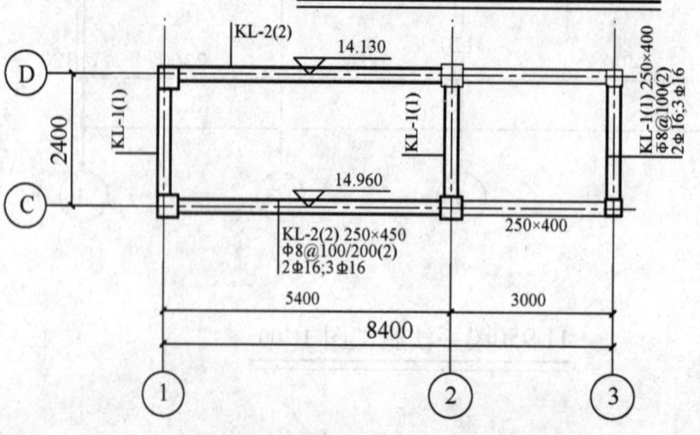

坡屋面梁平法施工图(二) 1:100

结施17/25

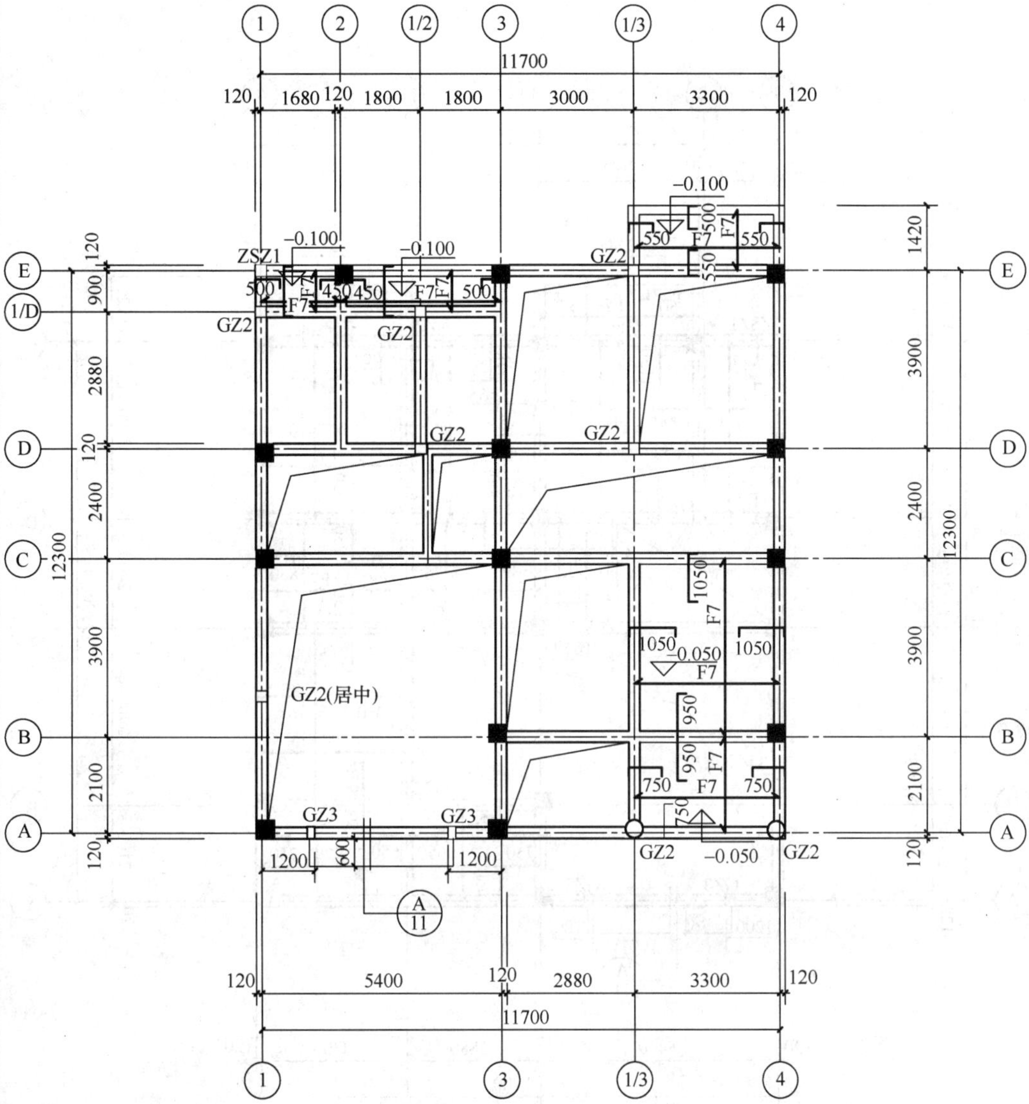

底层结构平面图 1:100

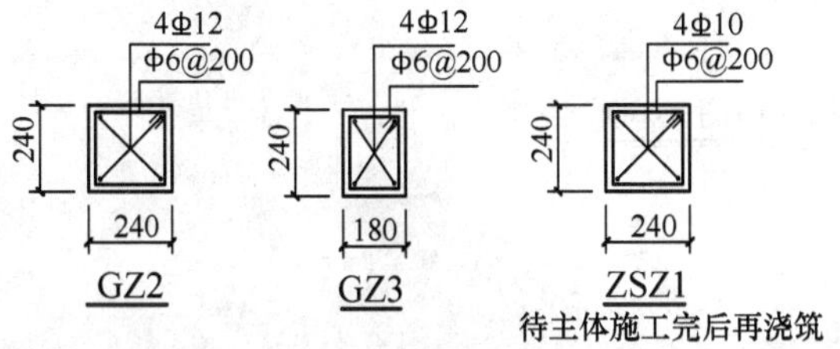

注:
1. 图中未注明的板厚为100，未注明的钢筋均为K8。
2. 二层结构平面图中，未注明的板标高为2.950。

结施18/25

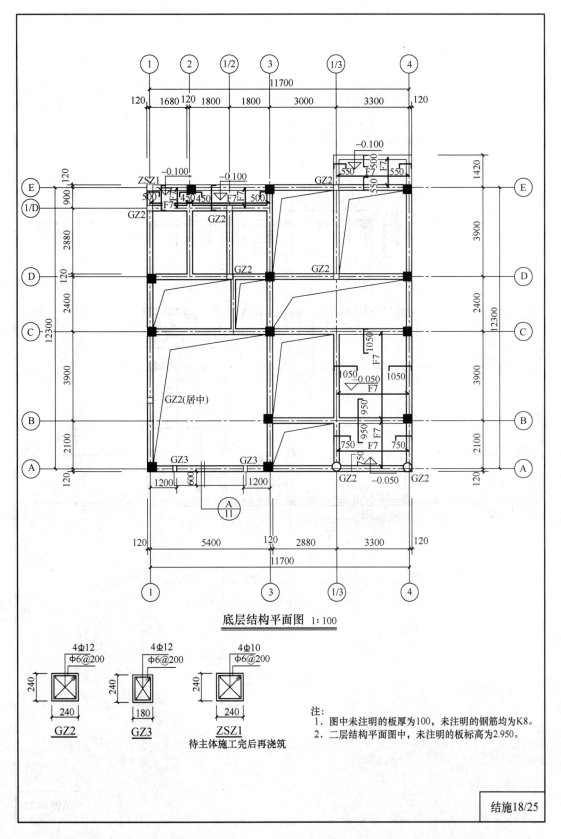

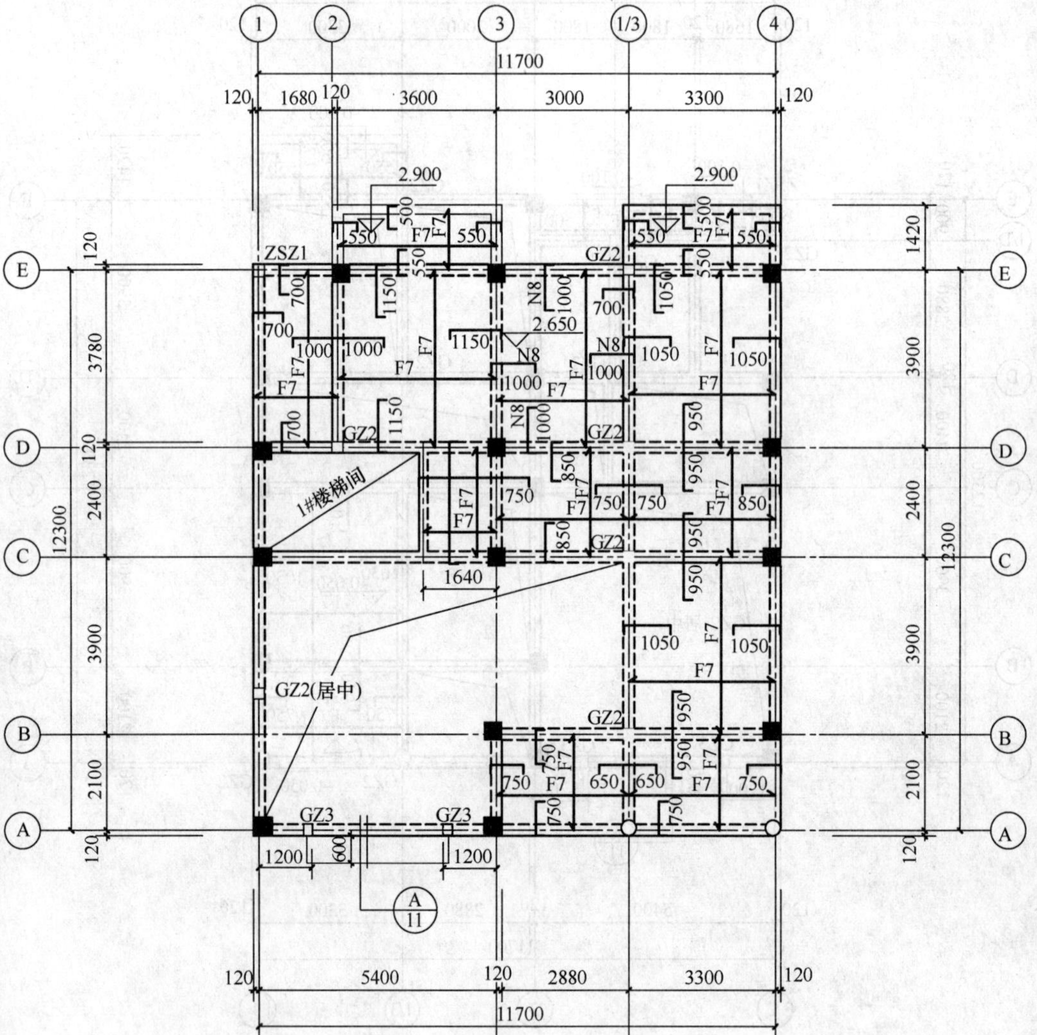

二层结构平面图 1:100

结施19/25

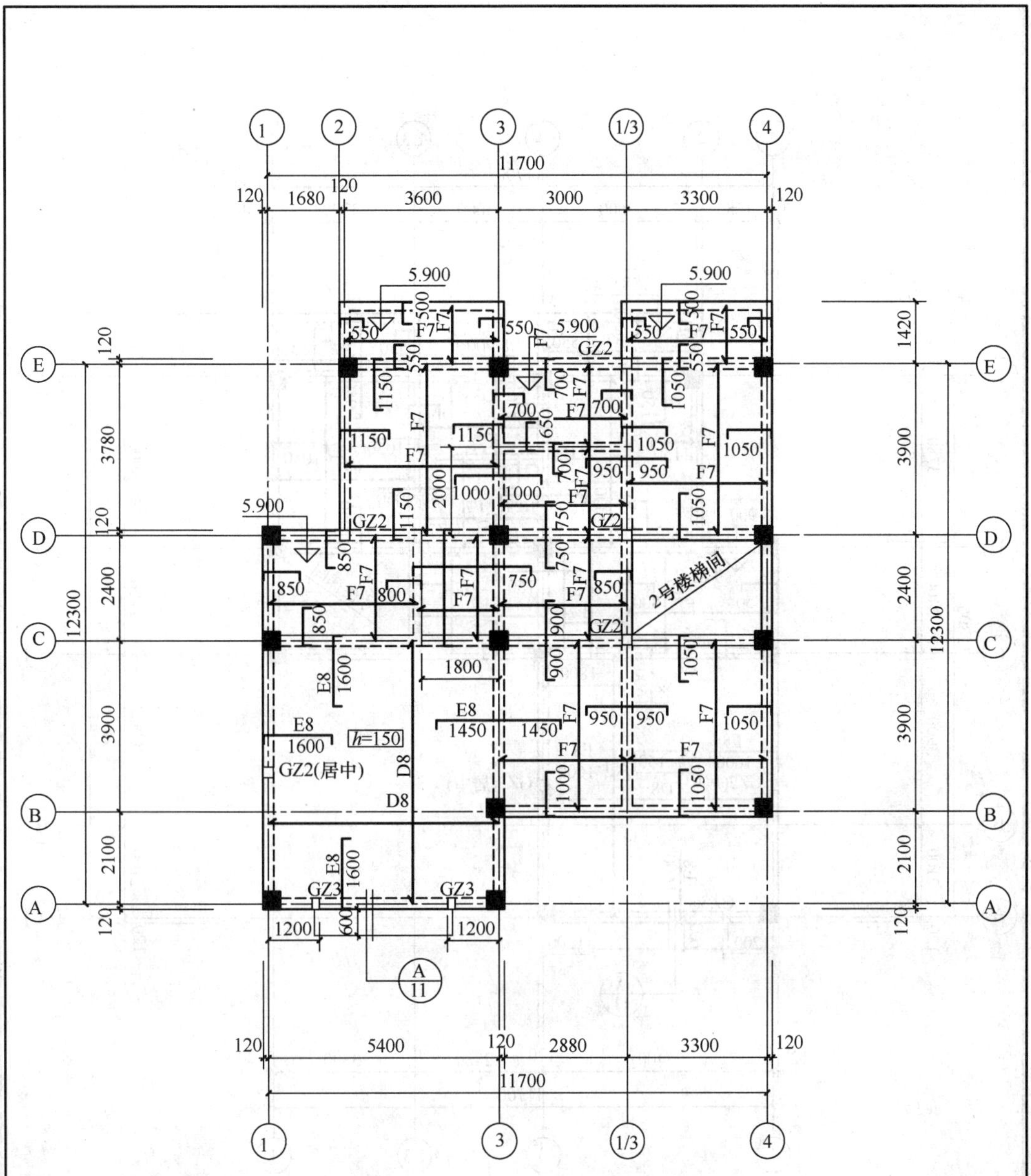

三层结构平面图 1:100

注：

1. 图中未注明的板厚为100，未注明的钢筋均为K8。
2. 二层结构平面图中，未注明的板标高为5.950；
   三层结构平面图中，未注明的板标高为8.950。

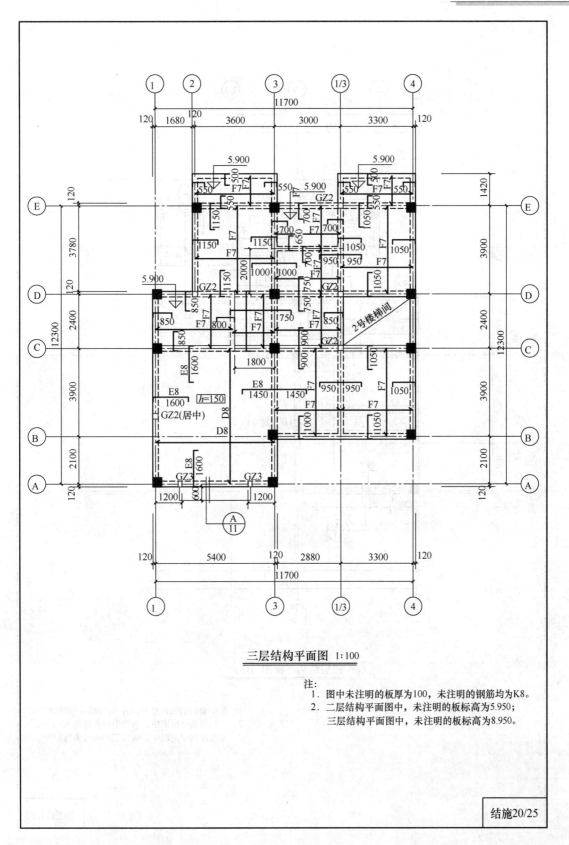

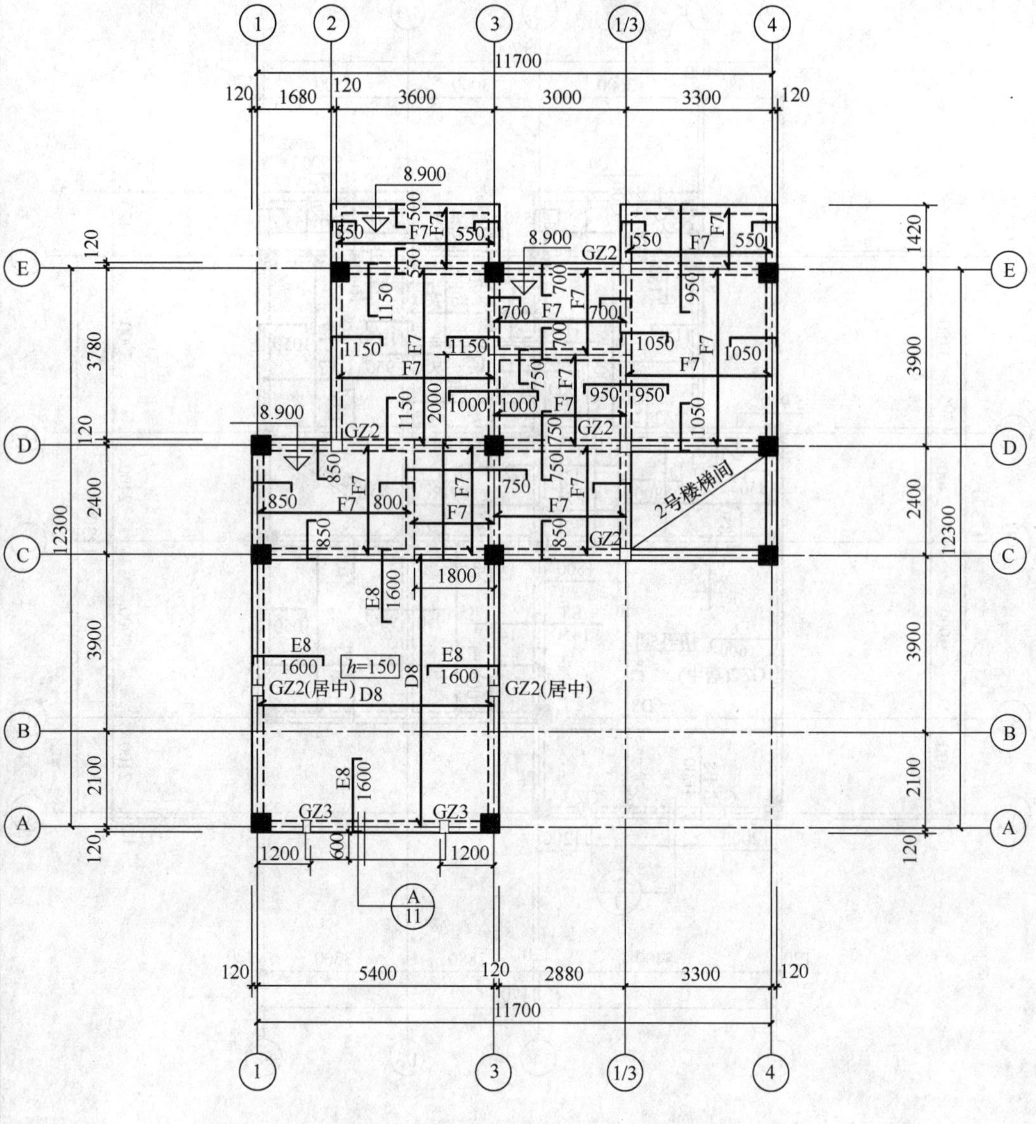

四层结构平面图　1:100

注：

1. 图中未注明的板厚为100，未注明的钢筋均为K8。
2. 二层结构平面图中，未注明的板标高为5.950；三层结构平面图中，未注明的板标高为8.950。

结施21/25

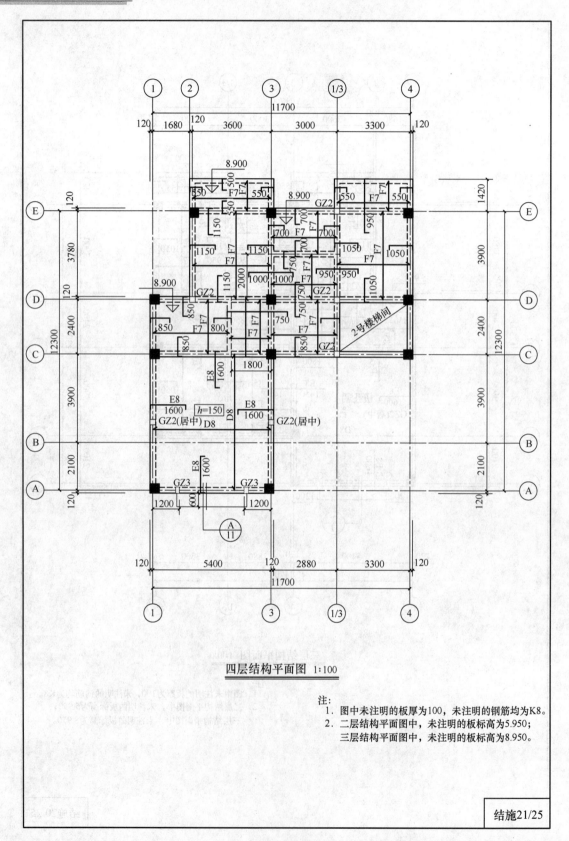

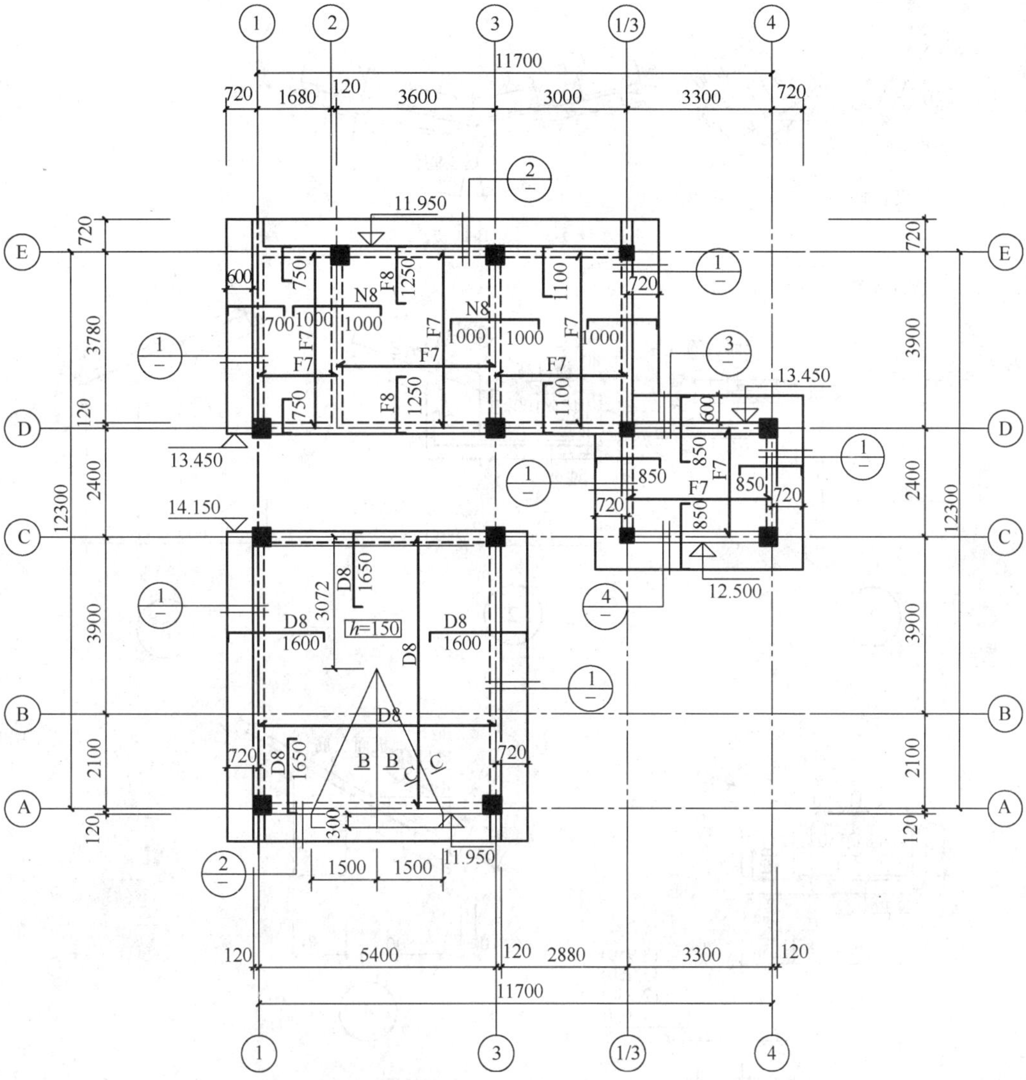

坡屋面结构平面图（一） 1∶100

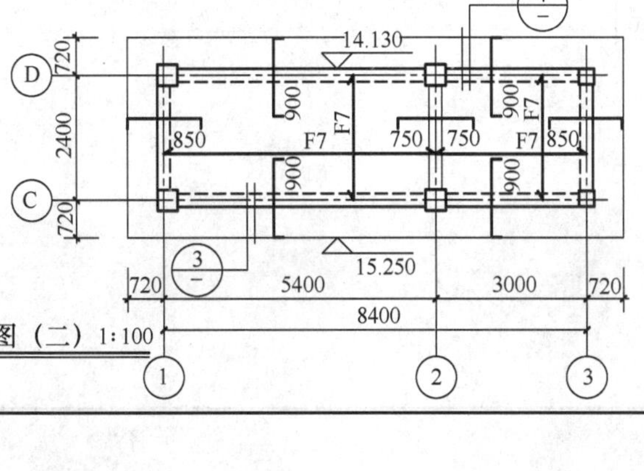

坡屋面结构平面图（二） 1∶100

结施22/25

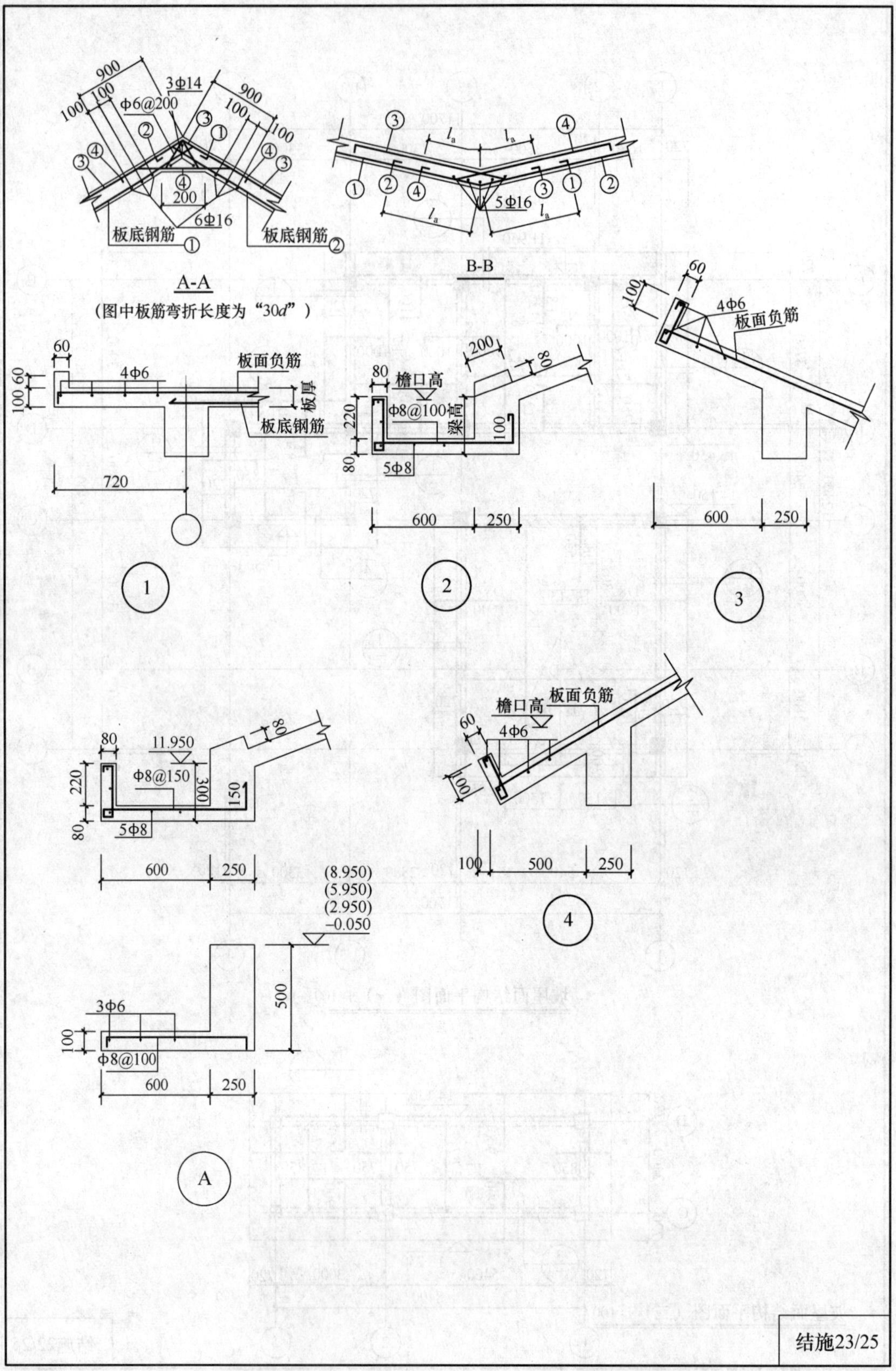
900
100
100
3Φ14
Φ6@200
900
100
100
③ ④ ② ③ ① ④ ③
④
200
6Φ16
板底钢筋①
板底钢筋②
A-A
（图中板筋弯折长度为"30d"）
③ ④ l_a l_a
① ② ④ ③ ① ②
5Φ16
l_a l_a
B-B
60
4Φ6
板面负筋
100 60
板厚
板底钢筋
720
1
80
檐口高
200
80
220
Φ8@100
梁高
100
80
5Φ8
600 250
2
60
100
4Φ6
板面负筋
600 250
3
80
11.950
80
220
Φ8@150
300
150
80
5Φ8
600 250
(8.950)
(5.950)
(2.950)
−0.050
500
3Φ6
100
Φ8@100
600 250
A
檐口高
板面负筋
60
4Φ6
100
100 500 250
4
结施23/25

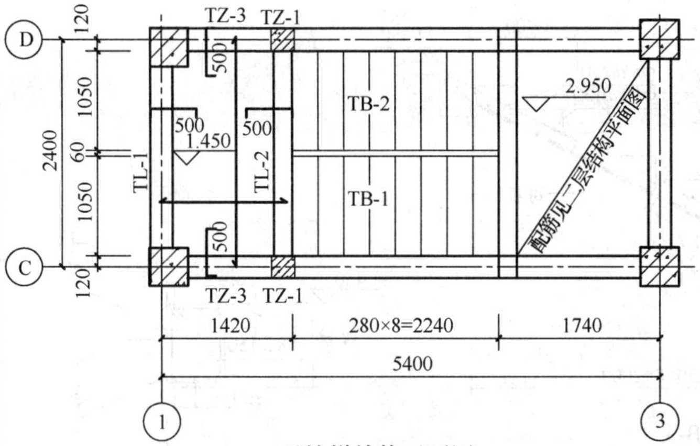

1号楼梯结构平面图1:50

未标注的板厚为100

未标注的钢筋为ф7@180

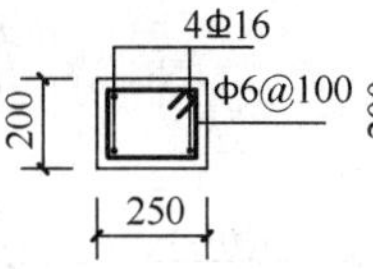

TZ-1

地基梁至1.450

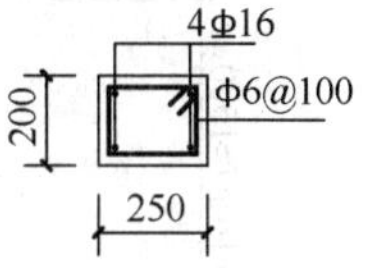

TZ-2

2.950至4.450

5.950至7.450

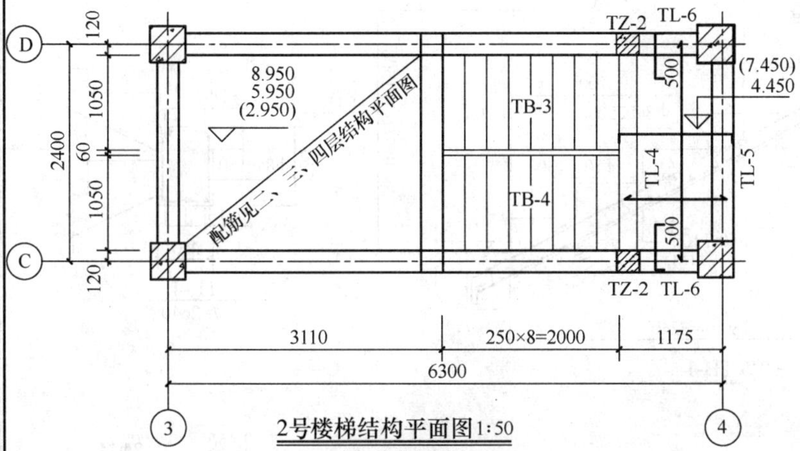

2号楼梯结构平面图1:50

未标注的板厚为100

未标注的钢筋为ф7@180

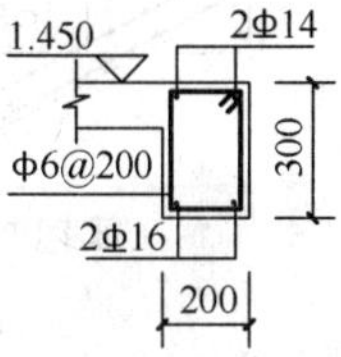

TL-1

l=2640

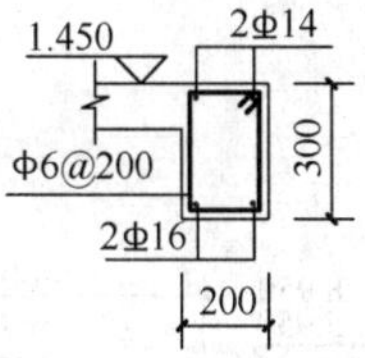

TL-3

l=1560

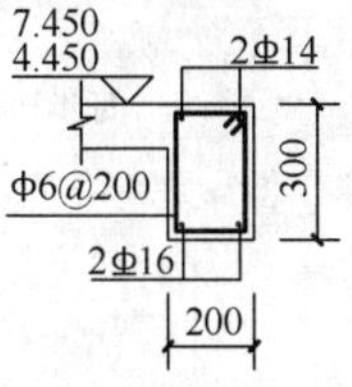

TL-5

l=2640

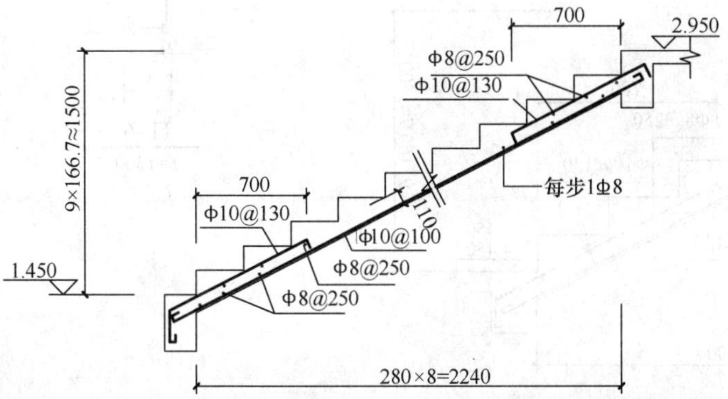

TB-2

结施24/25

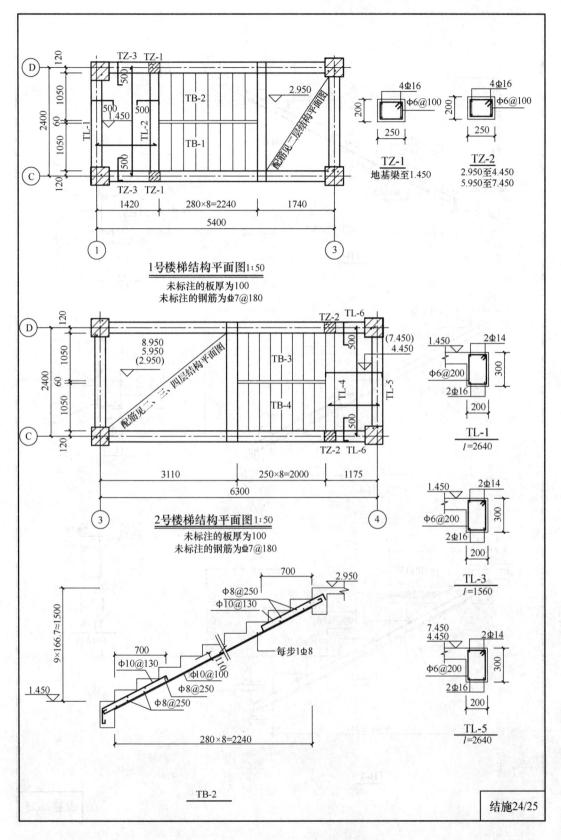

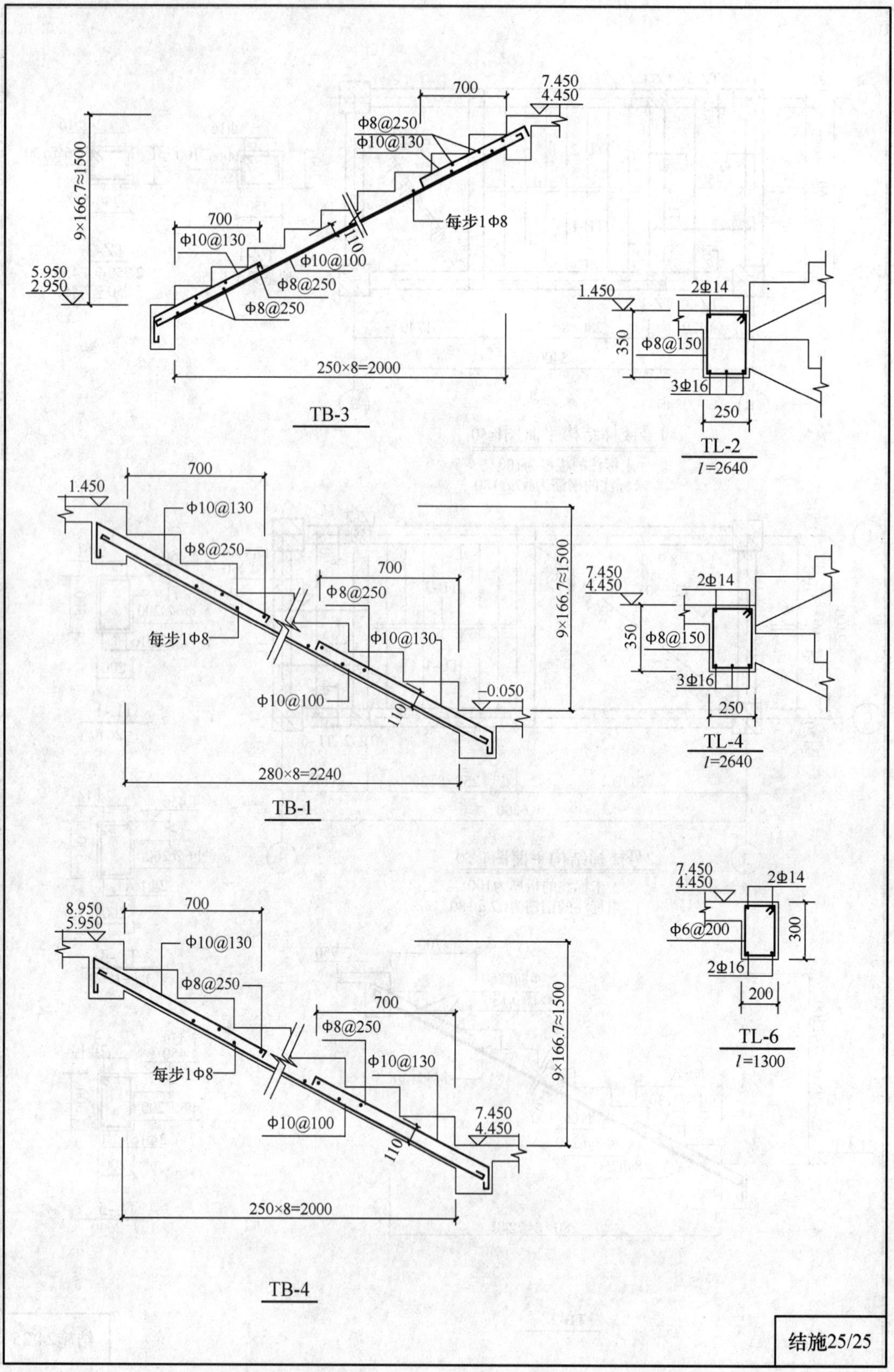
7.450
4.450
700
Φ8@250
Φ10@130
9×166.7≈1500
每步1Φ8
110
700
Φ10@130
Φ10@100
5.950
2.950
Φ8@250
Φ8@250
250×8=2000
TB-3
1.450
2Φ14
350
Φ8@150
3Φ16
250
TL-2
l=2640
700
1.450
Φ10@130
Φ8@250
700
Φ8@250
每步1Φ8
Φ10@130
9×166.7≈1500
Φ10@100
−0.050
110
280×8=2240
TB-1
7.450
4.450
2Φ14
350
Φ8@150
3Φ16
250
TL-4
l=2640
7.450
4.450
2Φ14
Φ6@200
300
2Φ16
200
TL-6
l=1300
8.950
5.950
700
Φ10@130
Φ8@250
700
Φ8@250
Φ10@130
每步1Φ8
9×166.7≈1500
Φ10@100
7.450
4.450
110
250×8=2000
TB-4
结施25/25

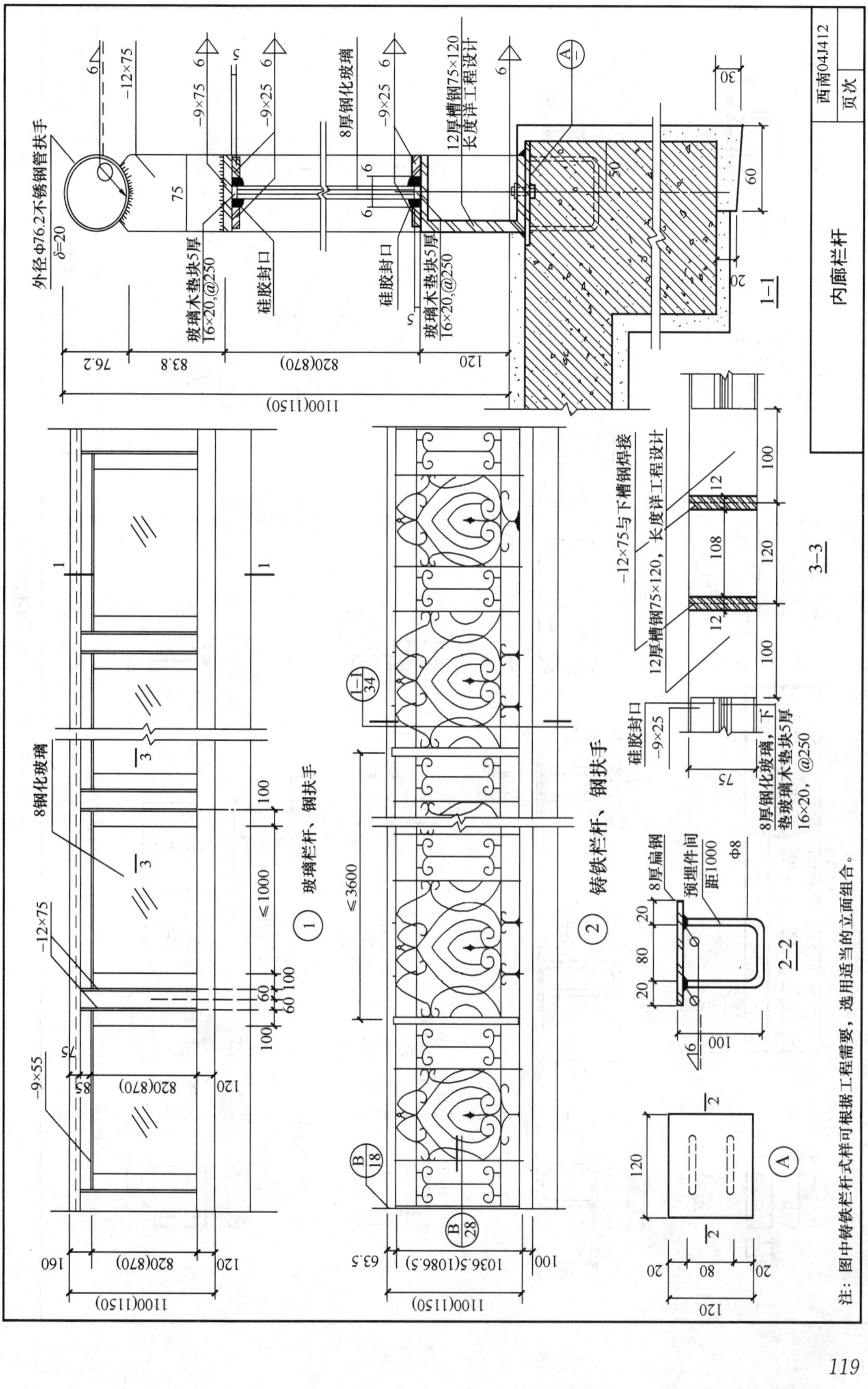

图 4-1 内廊栏杆

注：图中铸铁栏杆式样可根据工程需要，选用适当的立面组合。

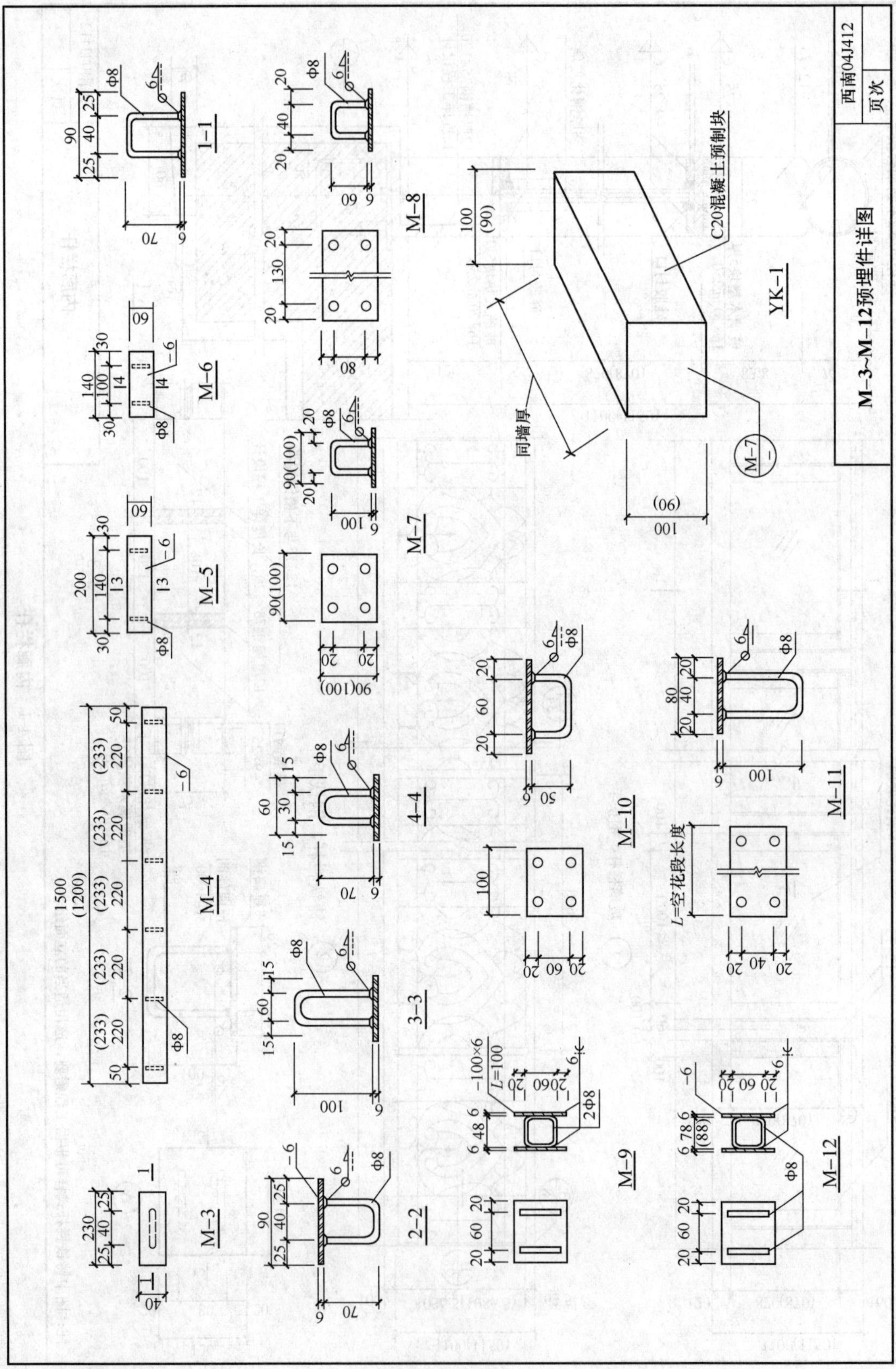

图 4-2　M-3～M-12 预埋件详图

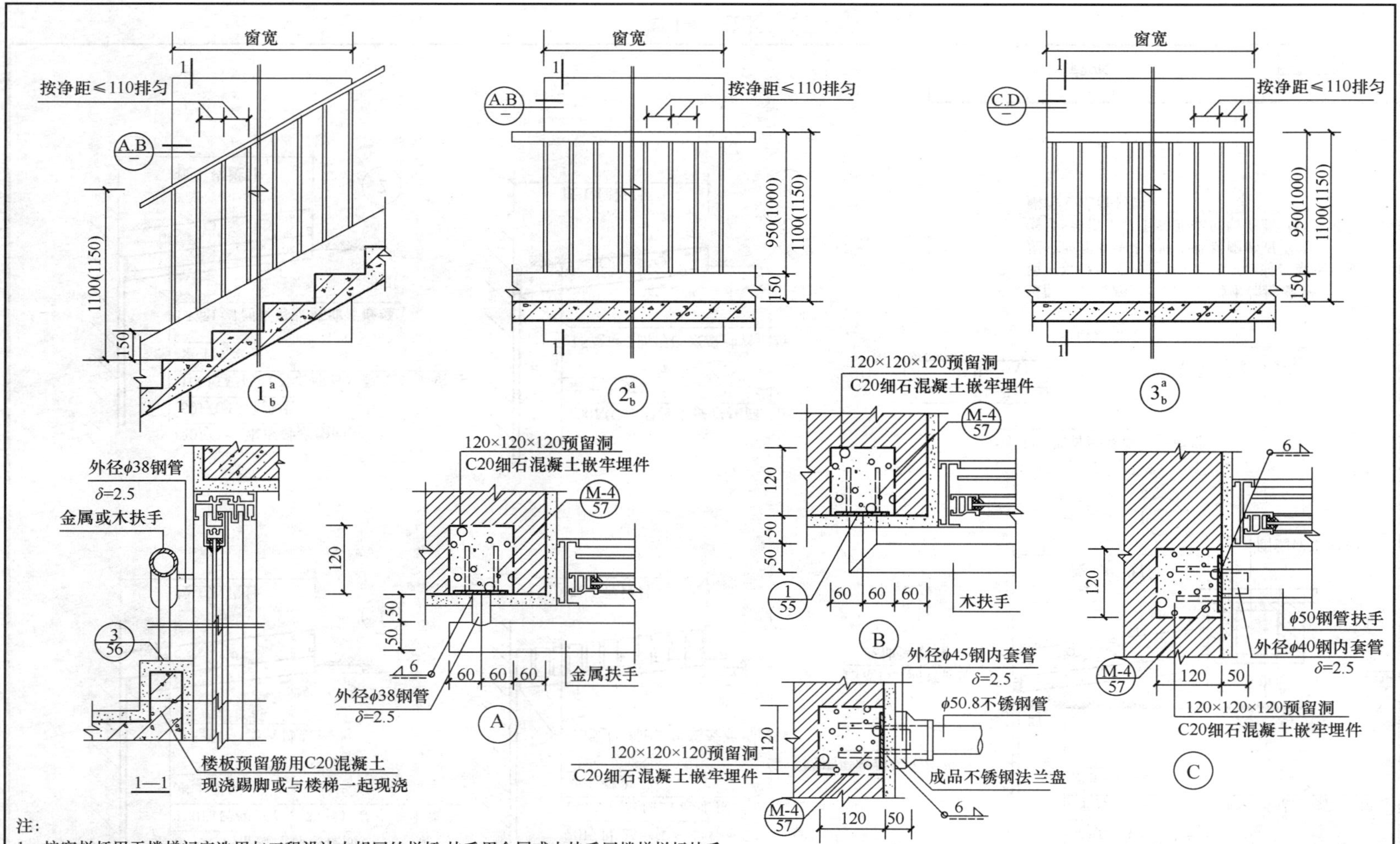

注：
1. 护窗栏杆用于楼梯间应选用与工程设计中相同的栏杆;扶手用金属或木扶手同楼梯栏杆扶手。
2. 栏杆扶手颜色及踢脚装修面层按工程设计。
3. 护窗栏杆1a、2a、3a用于多层建筑，高度不小于1050;1b、2b、3b用于高层建筑，高度不小于1100。

楼梯间护窗栏杆	西南04J412
	页次

图 4-3 楼梯间护窗栏杆

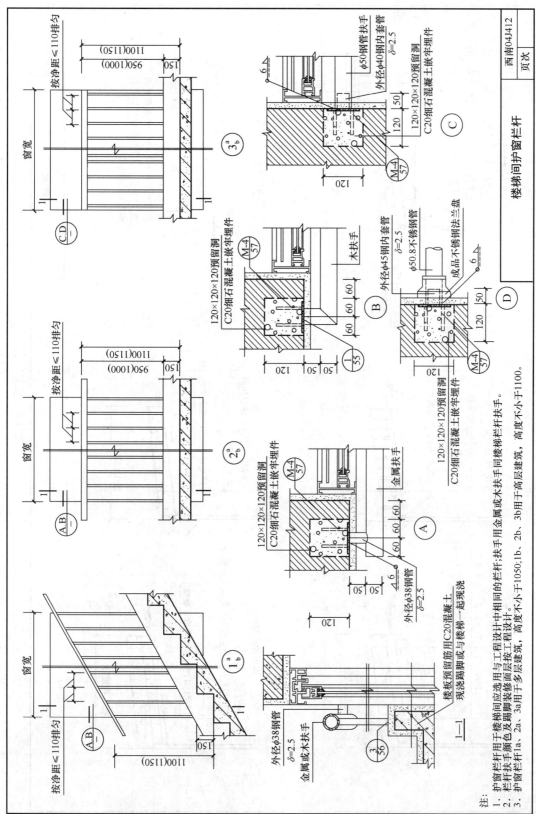

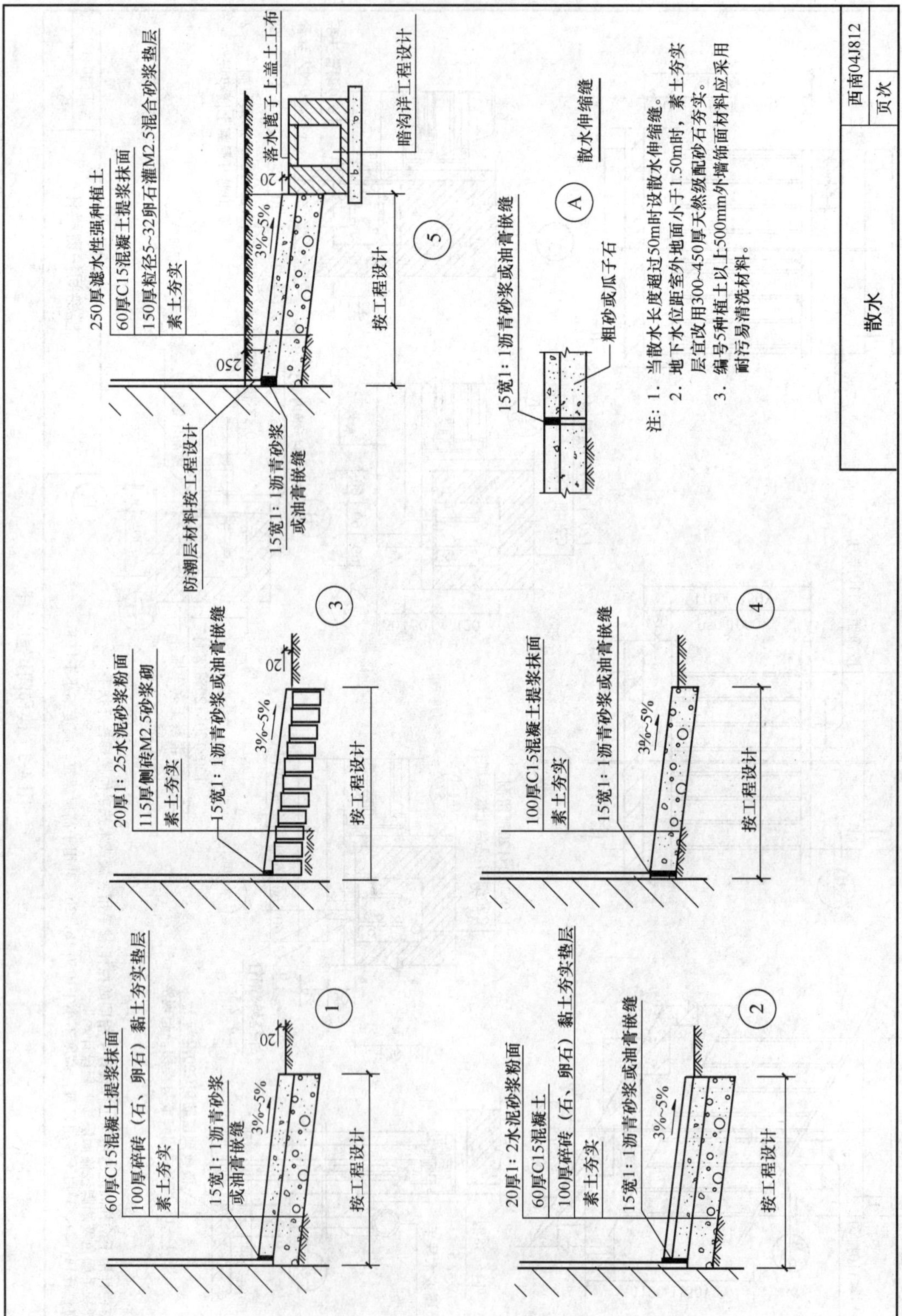

60厚C15混凝土提浆抹面
100厚碎砖（石、卵石）黏土夯实垫层
素土夯实
15宽1:1沥青砂浆或油膏嵌缝
3%~5%
20
按工程设计
1
20厚1:2水泥砂浆粉面
60厚C15混凝土
100厚碎砖（石、卵石）黏土夯实垫层
素土夯实
15宽1:1沥青砂浆或油膏嵌缝
3%~5%
按工程设计
2
20厚1:25水泥砂浆粉面
115厚侧砖M2.5砂浆砌
素土夯实
15宽1:1沥青砂浆或油膏嵌缝
3%~5%
20
按工程设计
3
100厚C15混凝土提浆抹面
素土夯实
15宽1:1沥青砂浆或油膏嵌缝
3%~5%
按工程设计
4
250厚滤水性强种植土
60厚C15混凝土提浆抹面
150厚粒径5~32卵石灌M2.5混合砂浆垫层
素土夯实
250
3%~5%
20
落水篦子上盖土工布
暗沟详工程设计
按工程设计
防潮层材料按工程设计
15宽1:1沥青砂浆或油膏嵌缝
5
15宽1:1沥青砂浆或油膏嵌缝
粗砂或瓜子石
A
散水伸缩缝
注：1. 当散水长度超过50m时设散水伸缩缝。
2. 地下水位距室外地面小于1.50m时，素土夯实层宜改用300~450厚天然级配砂石夯实。
3. 编号5种植土以上500mm外墙饰面材料应采用耐污易清洗材料。
散水
西南04J812
页次

图 4-4　散水

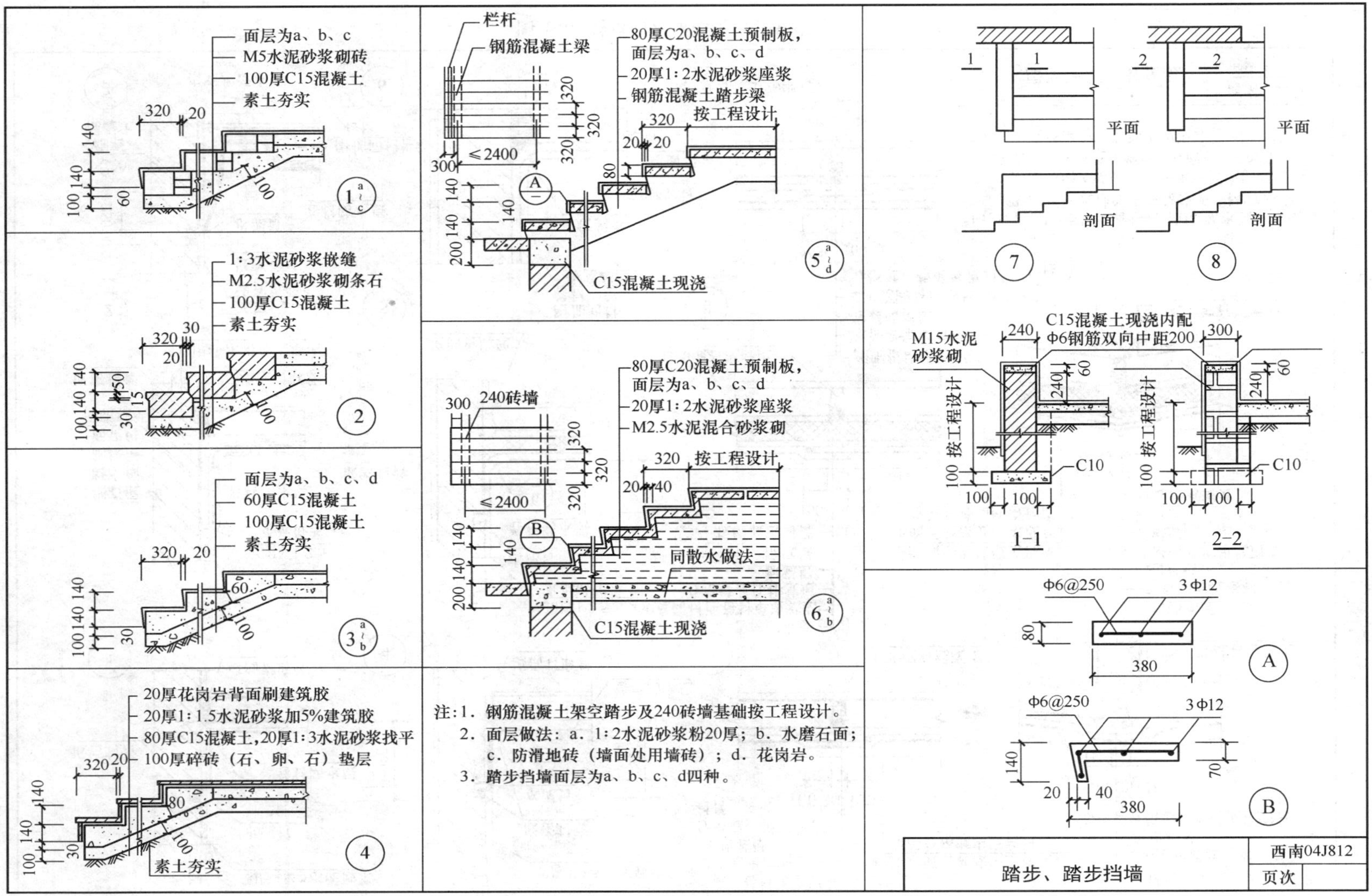

注：1．钢筋混凝土架空踏步及240砖墙基础按工程设计。
2．面层做法：a．1:2水泥砂浆粉20厚；b．水磨石面；c．防滑地砖（墙面处用墙砖）；d．花岗岩。
3．踏步挡墙面层为a、b、c、d四种。

图 4-5　踏步、踏步挡墙

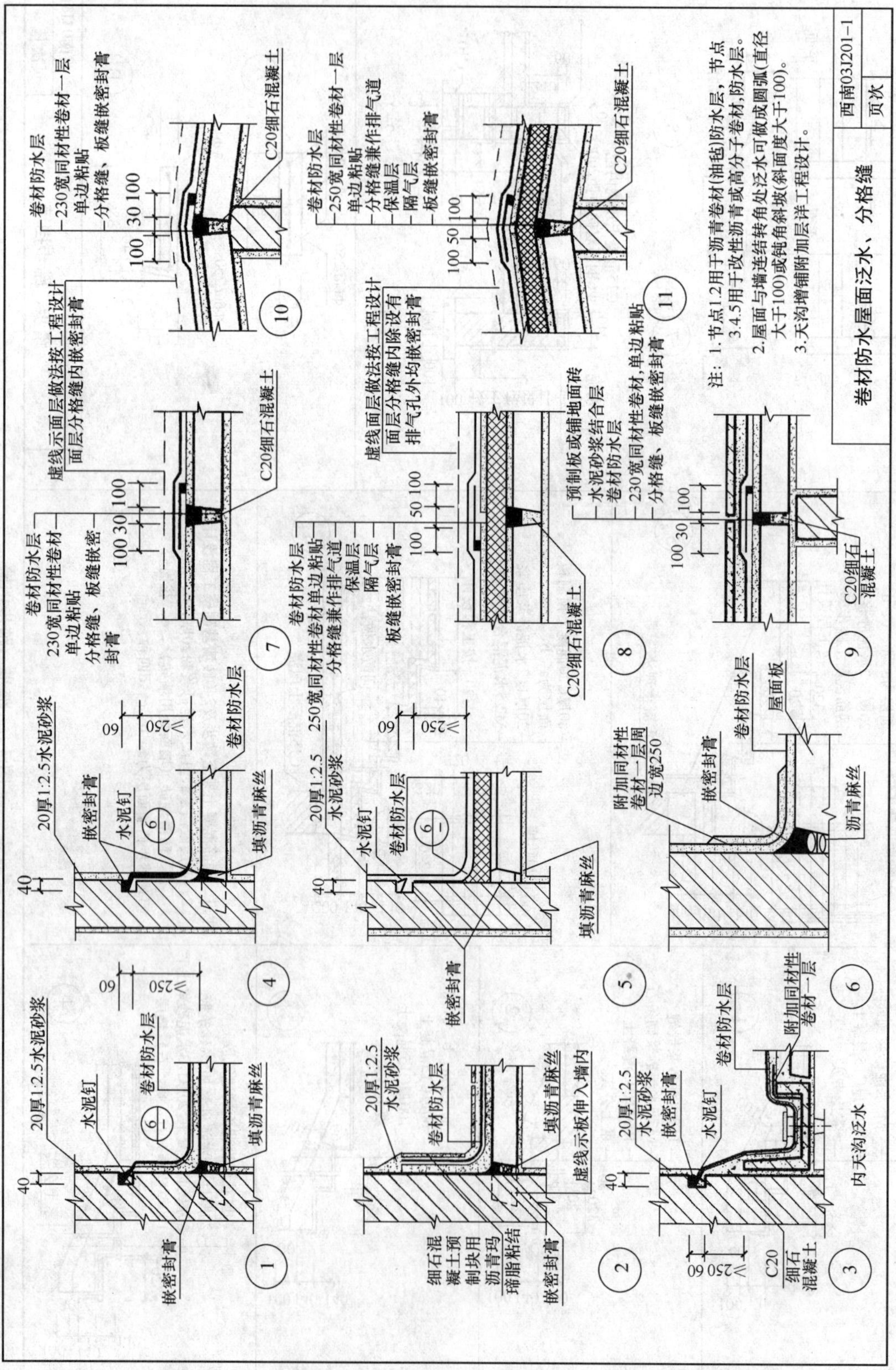

图 4-6　卷材防水屋面泛水、分格缝

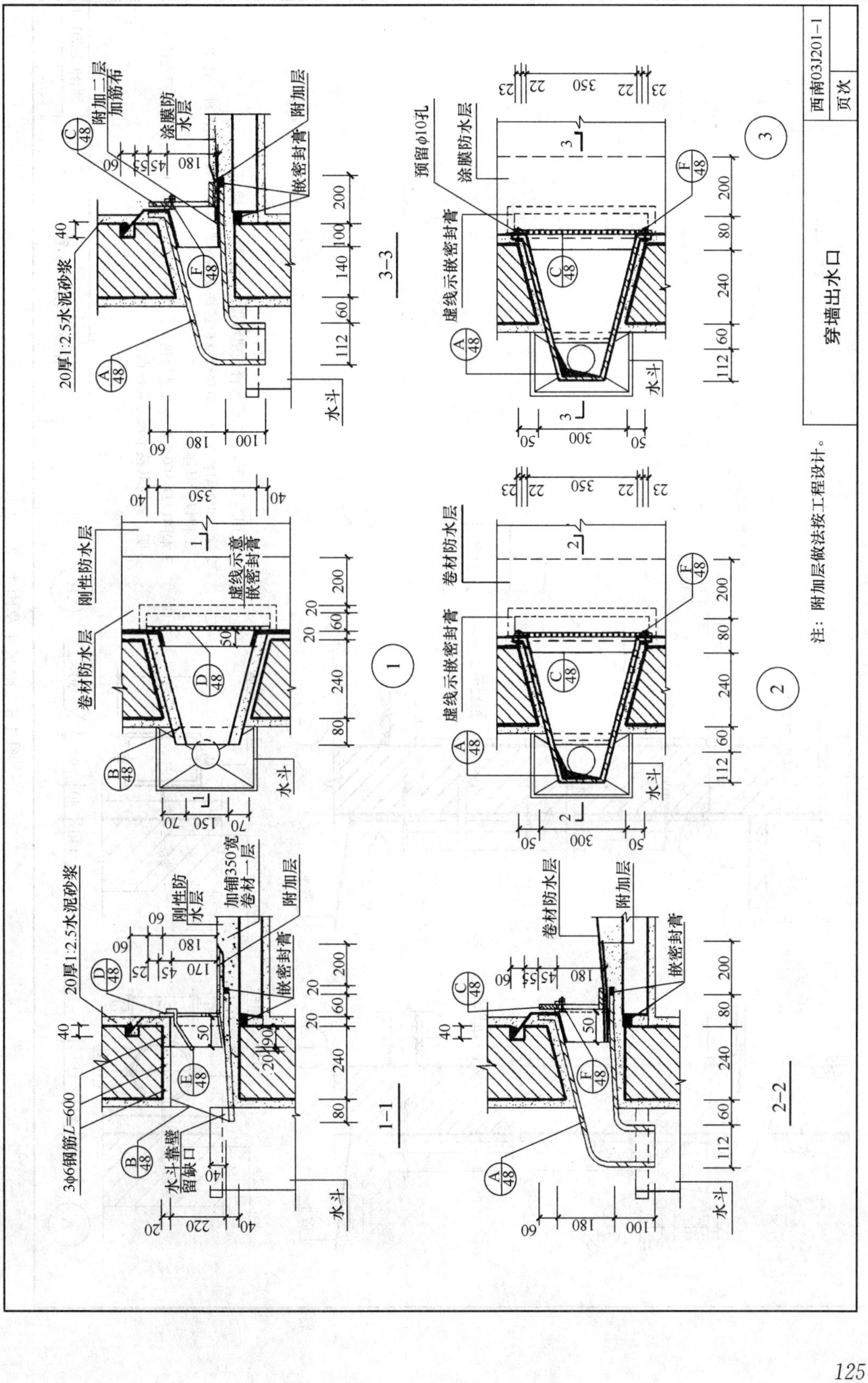

西南03J201-1
页次
穿墙出水口
注：附加层做法按工程设计。
1—1
2—2
3—3
20厚1:2.5水泥砂浆
3φ6钢筋L=600
水斗靠壁留缺口
附性防水层
刚性防水层
加铺350宽卷材一层
附加层
嵌密封膏
卷材防水层
虚线示意嵌密封膏
虚线示嵌密封膏
涂膜防水层
附加二层加筋布
预留φ10孔
水斗

图 4-7 穿墙出水口

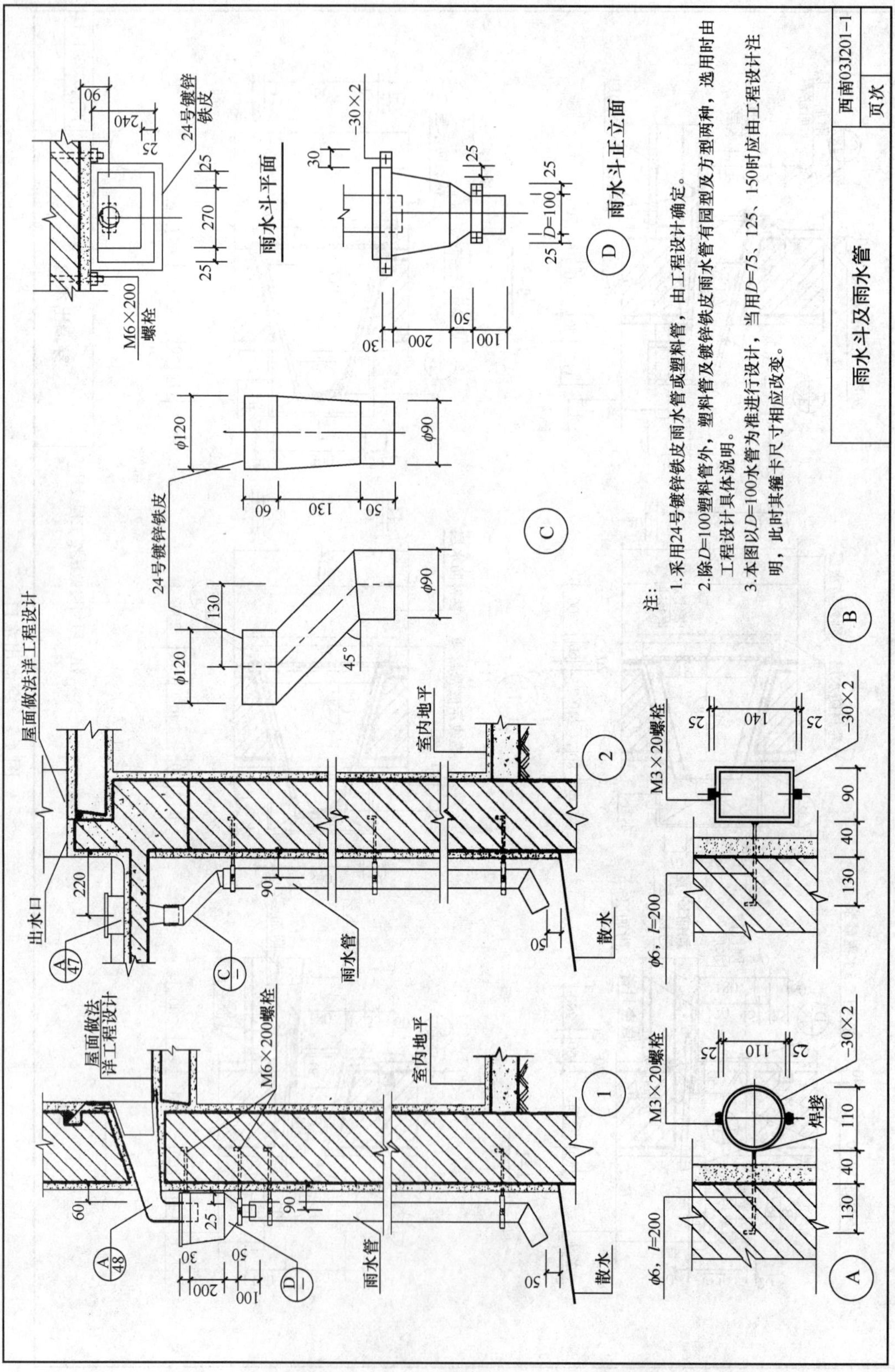

屋面做法详工程设计
出水口
220
雨水管
散水
室内地平
M6×200螺栓
屋面做法详工程设计
60
25
30
50
200
100
90
50
24号镀锌铁皮
φ120
130
45°
φ90
60
130
50
M6×200 螺栓
24号镀锌铁皮
25
270
240
90
雨水斗平面
-30×2
30
D=100
雨水斗正立面
φ6，l=200
M3×20螺栓
焊接
-30×2
130
40
110
M3×20螺栓
140
90
注：
1.采用24号镀锌铁皮雨水管或塑料管，由工程设计确定。
2.除D=100塑料管外，塑料管及镀锌铁皮雨水管有圆型及方型两种，选用时由工程设计具体说明。
3.本图以D=100水管为准进行设计，当用D=75、125、150时应由工程设计注明，此时其箍卡尺寸相应改变。
雨水斗及雨水管
西南03J201-1
页次

图 4-8　雨水斗及雨水管

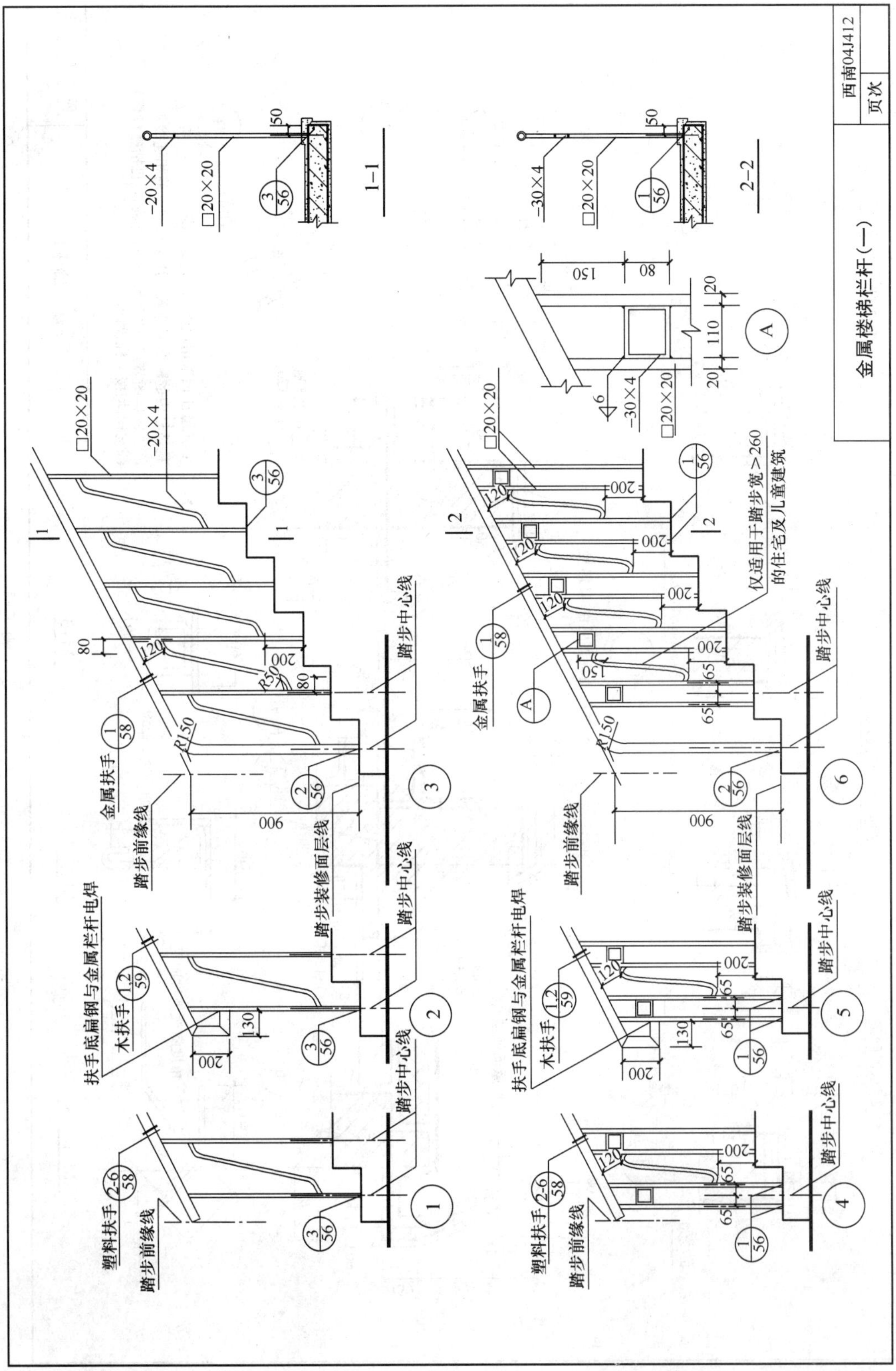
金属楼梯栏杆(一)
西南04J412
页次
塑料扶手
踏步前缘线
踏步中心线
木扶手
扶手底扁钢与金属栏杆电焊
金属扶手
踏步装修面层线
仅适用于踏步宽>260的住宅及儿童建筑
1-1
2-2

图 4-9　金属楼梯栏杆

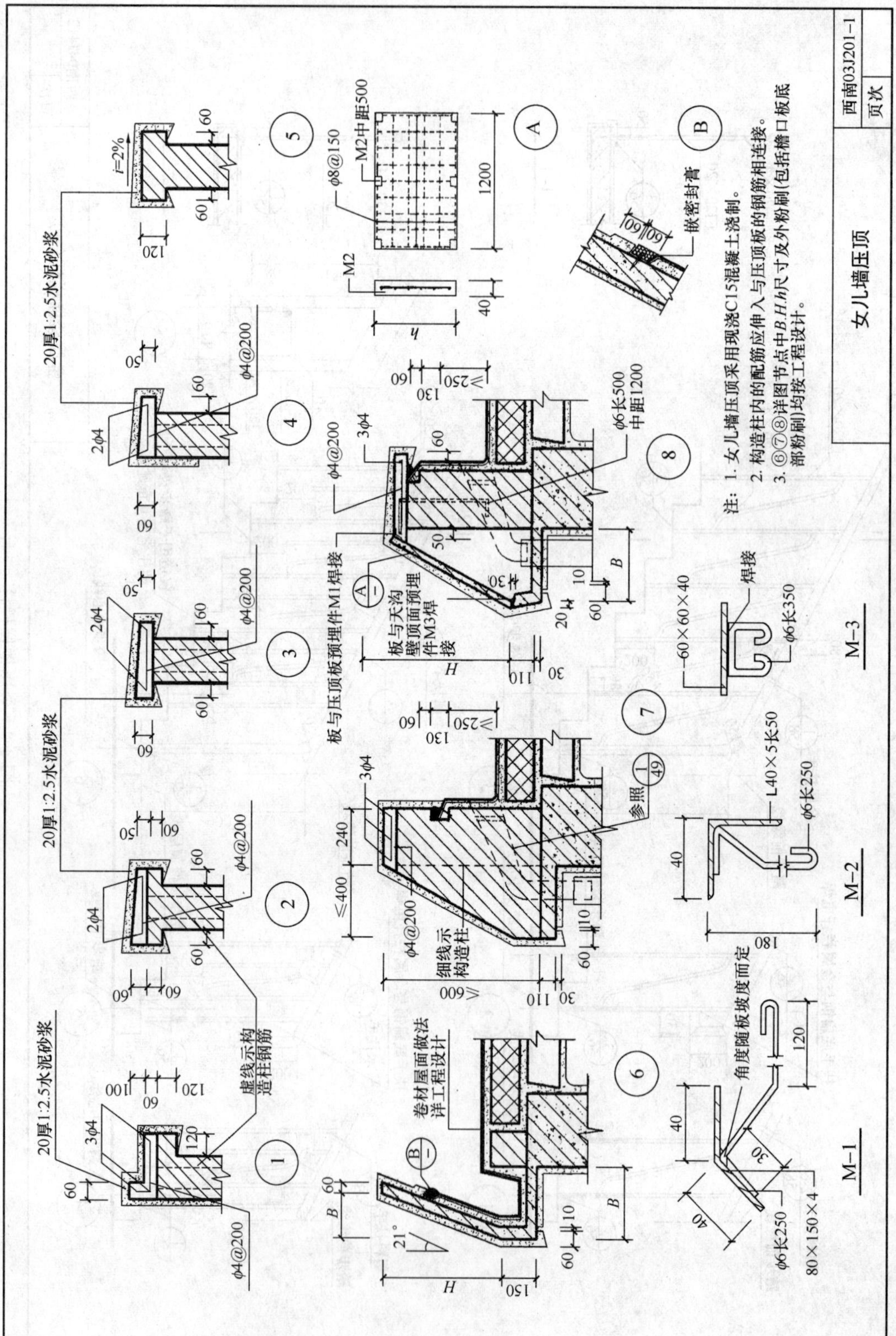
20厚1:2.5水泥砂浆
3φ4
2φ4
φ4@200
虚线示构造柱钢筋
i=2%
M2中距500
φ8@150
M2
1200
卷材屋面做法详工程设计
细线示构造柱
板与压顶板预埋件M1焊接
板与天沟壁顶面预埋件M3焊接
φ6长500 中距1200
嵌密封膏
角度随板坡度而定
φ6长250
80×150×4
L40×5长50
60×60×40
焊接
φ6长350
M–1
M–2
M–3
注：1. 女儿墙压顶采用现浇C15混凝土浇制。
2. 构造柱内的配筋应伸入与压顶板的钢筋相连接。
3. ⑥⑦⑧详图节点中B.H.h尺寸及外粉刷(包括檐口板底部粉刷)均按工程设计。
女儿墙压顶
西南03J201-1
页次

图 4-10　女儿墙压顶

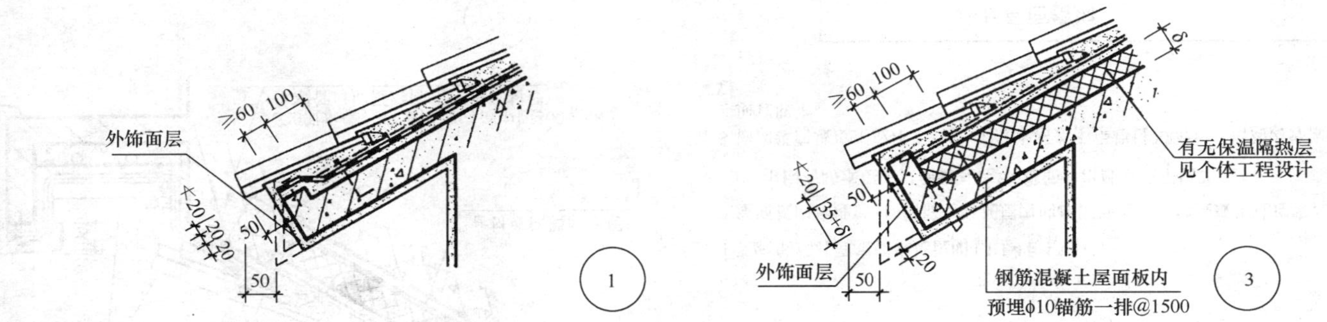

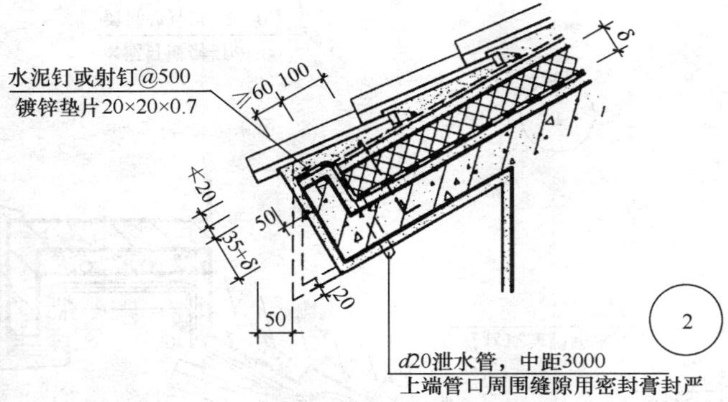

注：1.瓦材的绑孔固定要求见说明4.1.1.4和4.1.1.5。

2.屋面板内预埋的ϕ10锚筋与卧瓦层内的ϕ6钢筋可采用焊接或绑扎连牢，(①中因有防水层，只能绑扎连牢)，锚筋伸出砂浆找平层20。

3.本图示意了挑檐的两种檐头形式，施工时，详见个体工程设计。

块瓦屋面檐口（砂浆卧瓦）						图集号	00J202-1
审核		校对		设计		页	

图 4-11　块瓦屋面檐口

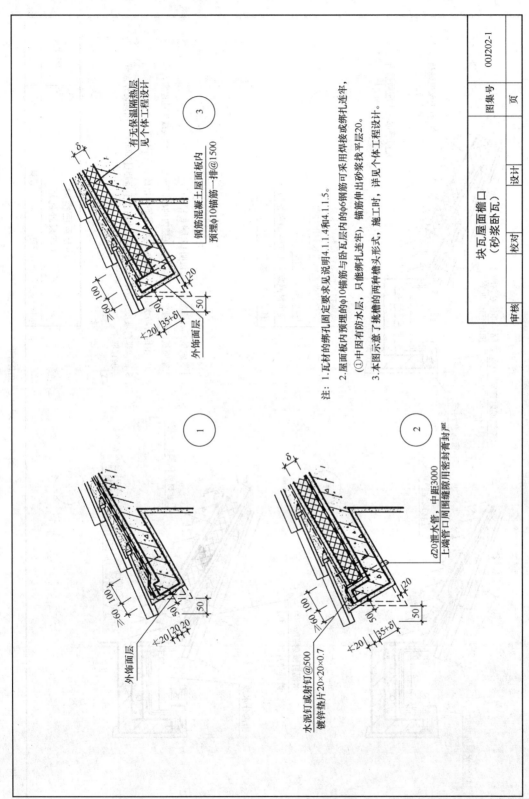

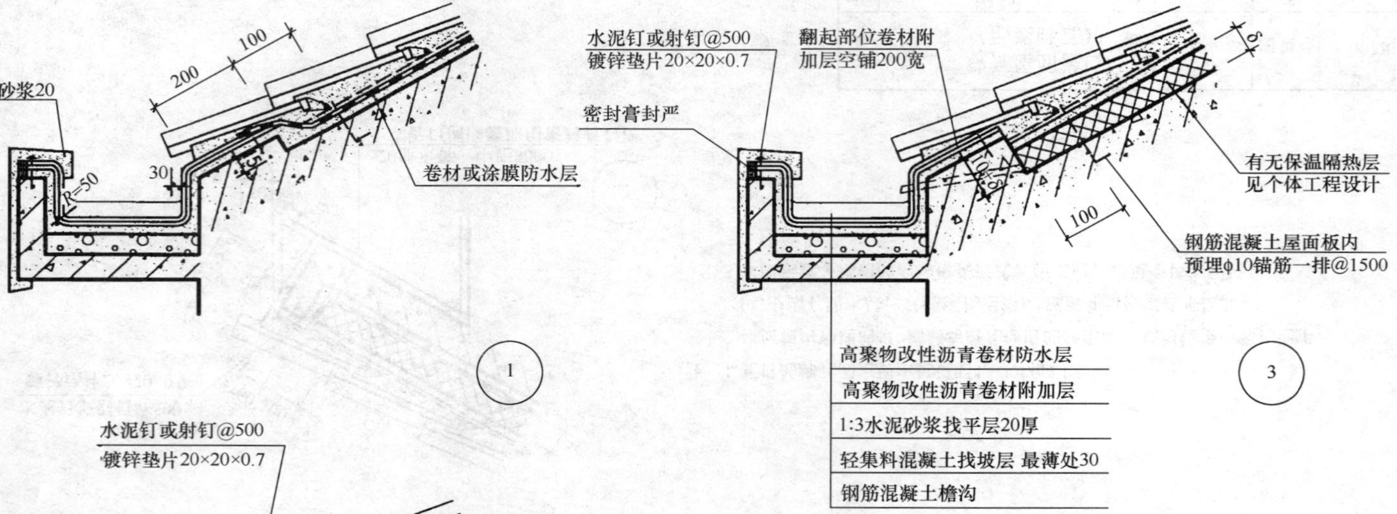

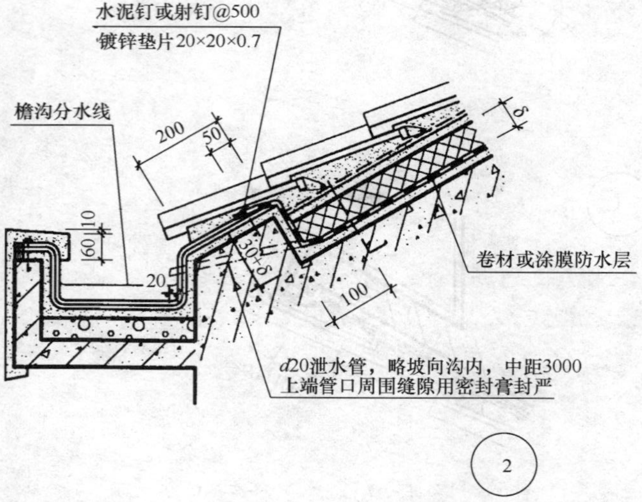

注：1.瓦材的绑孔固定要求见说明4.1.1.4和4.1.1.5。

2.屋面板内预埋的ϕ10锚筋与卧瓦层内的ϕ6钢筋可采用焊接或绑扎连牢，（①中因有防水层，只能绑扎连牢）锚筋伸出砂浆找平层20。

3.檐沟纵向坡度不应小于1%，沟底水落差不得超过200mm。檐沟内外沟壁顶宜取平。

块瓦屋面檐沟（砂浆卧瓦）				图集号	00J202-1
审核		校对	设计	页	

图 4-12 块瓦屋面檐沟

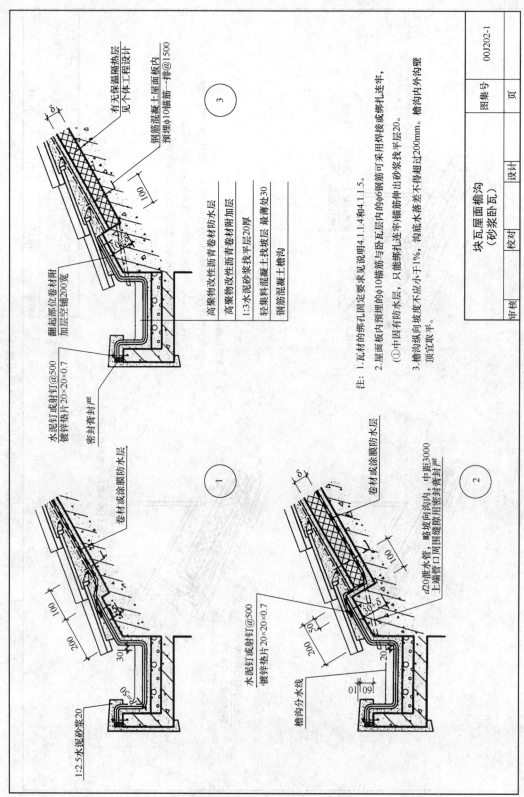

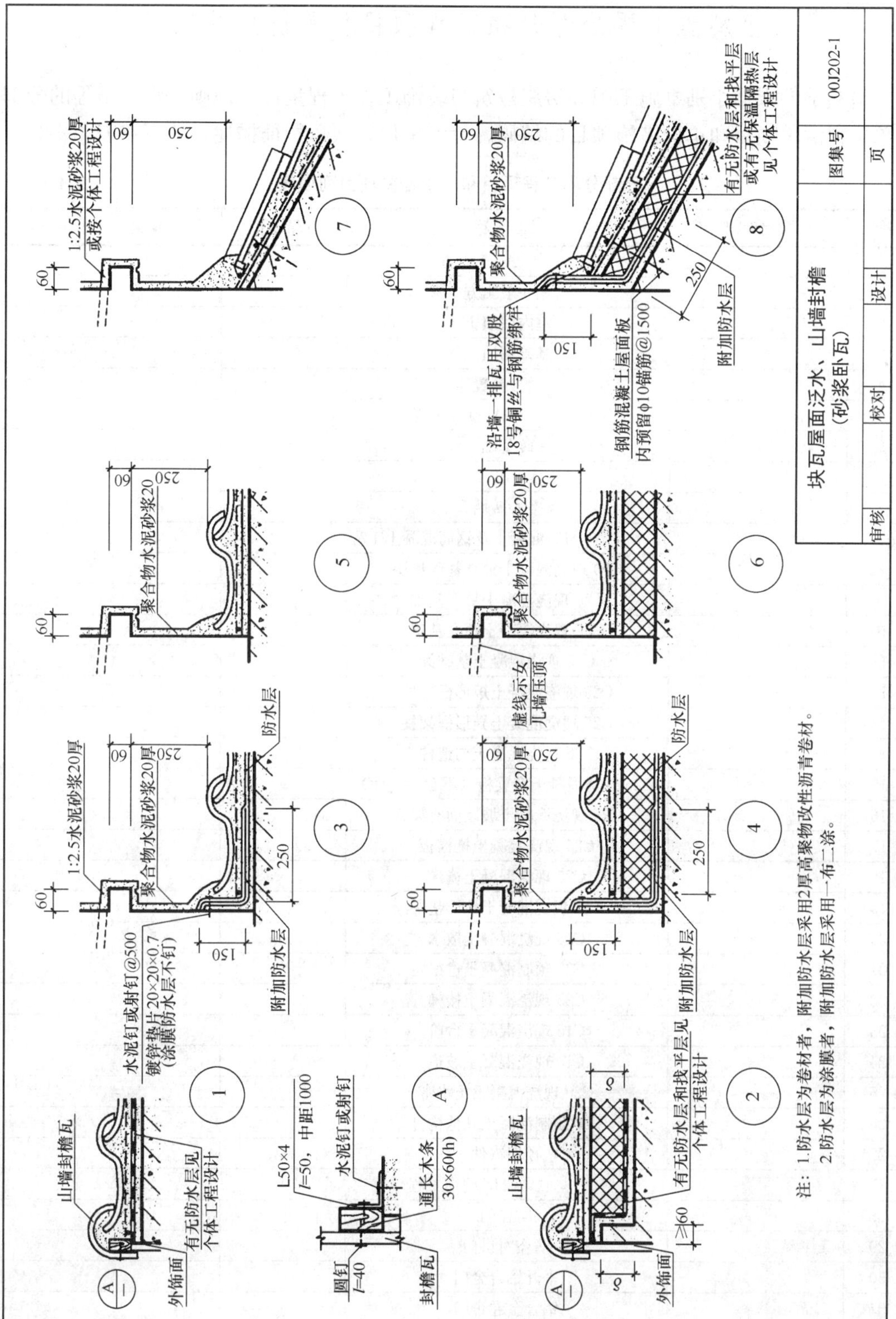

图 4-13 块瓦屋面泛水、山墙封檐

4.3　小别墅工程分部分项工程项目和单价措施项目列项

请同学们根据小别墅施工图和房屋建筑与装饰工程工程量计算规则，将该工程的分部分项工程清单项目和单价措施项目的编码、计量单位、项目特征描述，填写在表4-2中。

分部分项工程项目和单价措施项目列项表　　**表4-2**

序号	项目编码	项目名称	计量单位	项目特征描述
		A. 土石方工程		
1		挖一般土方		
2		室内回填土		
3		基础回填土		
4		余方弃置		
		D. 砌筑工程		
5		砖基础		
6		实心砖墙		
7		空心砖墙		
		E. 混凝土及钢筋混凝土工程		
8		C10现浇混凝土独立基础垫层		
9		C25现浇混凝土带形基础		
10		C25现浇混凝土独立基础		
11		C25现浇混凝土基础梁		
12		C25现浇混凝土矩形框架柱		
13		C25现浇混凝土异形框架柱		
14		C25现浇混凝土构造柱		
15		C25现浇混凝土有梁板（不含坡屋面）		
16		C25现浇混凝土坡屋面有梁板		
17		C25现浇混凝土挑檐板		
18		C25现浇混凝土檐沟		
19		C10现浇混凝土地面垫层		
20		C15现浇混凝土散水		
21		C25预制混凝土过梁		
22		C25现浇混凝土楼梯		
23		C15现浇混凝土台阶		
24		C15现浇混凝土坡道		
25		C20现浇混凝土止水带		
26		C20预制混凝土其他构件		
27		预埋铁件		
		H. 门窗工程		
28		防盗门		
29		防盗对讲门		
30		平开铝合金门		
31		铝合金卷帘门		
32		彩铝单玻平开窗		
33		彩铝单玻推拉窗		

续表

序号	项目编码	项目名称	计量单位	项目特征描述
		J. 屋面及防水工程		
34		瓦屋面		
35		屋面 SBC 聚乙烯丙纶复合卷材防水		
36		楼地面改性沥青一布四涂防水层		
37		墙面改性沥青一布四涂防水层		
38		屋面排水管		
		L. 楼地面工程		
39		水泥砂浆楼地面		
40		水泥砂浆台阶面		
41		块料踢脚线		
42		黑色花岗石楼梯面		
		M. 墙、柱面装饰与隔断、幕墙工程		
43		内墙面抹灰		
44		外墙立面砂浆找平层		
45		外墙面贴瓷砖		
46		楼梯间墙面抹灰		
		N. 天棚工程		
47		天棚抹灰		
48		楼梯底面抹灰		
		P. 油漆、涂料、裱糊工程		
49		顶棚仿瓷涂料两遍		
50		内墙面仿瓷涂料两遍		
		Q. 其他装饰工程		
51		屋面金属栏杆		
52		客厅飘窗护窗金属栏杆		
53		阳台玻璃栏板		
54		楼梯金属栏杆		
		S. 单价措施项目		
55		综合脚手架		
56		垂直运输		
57		现浇混凝土独立基础垫层模板支架		
58		现浇混凝土条形基础垫层模板支架		
59		现浇混凝土独立基础模板支架		
60		现浇混凝土基础梁模板支架		
61		现浇混凝土框架矩形柱模板支架		
62		现浇混凝土框架异形柱模板支架		
63		现浇混凝土构造柱模板支架		
64		现浇混凝土有梁板模板支架(不含屋面板)		
65		现浇混凝土屋面有梁板模板支架		
66		现浇混凝土挑檐板模板支架		
67		现浇混凝土檐沟模板支架		
68		现浇混凝土楼梯模板支架		
69		现浇混凝土台阶模板支架		
70		现浇混凝土坡道模板支架		
71		现浇混凝土止水带模板支架		

4.4 别墅工程量计算

根据小别墅工程施工图、《房屋建筑与装饰工程工程量计算规范》GB 50854—2013、《××省建筑与装饰工程计价定额》计算的分部分项工程量及单价措施项目工程量见表 4-3。

表中计算式、清单编码、定额编号、计量单位、工程量、计算式、工程量计算规则空缺的内容，由同学们计算后补充上去。

小别墅工程分部分项及单价措施项目工程量计算表 **表 4-3**

<table>
<tr><th rowspan="2">序号</th><th>项目编码</th><th rowspan="2">项目名称</th><th rowspan="2">计量单位</th><th rowspan="2">工程量</th><th rowspan="2">计算式（计算公式）</th><th>清单工程量计算规则</th><th rowspan="2">知识点</th><th rowspan="2">技能点</th></tr>
<tr><th>定额编号</th><th>定额工程量计算规则</th></tr>
<tr><td colspan="9">A. 土石方工程</td></tr>
<tr><td rowspan="3">1</td><td></td><td>挖一般土方（清单）</td><td>m^3</td><td></td><td>设：四面放坡系数 $K=0.33$，工作面取 300mm
坑底边长分别为 a，b
$V=(a+KH)\times(b+KH)H+1/3K^2H^3$</td><td rowspan="2">按设计图示尺寸以基础垫层底面积乘以挖土深度计算</td><td rowspan="2">挖一般土方：坑底面积>$150m^2$</td><td rowspan="2">根据土壤类别、挖土深度、施工方法考虑四面放坡及其系数</td></tr>
<tr><td></td><td>挖一般土方（定额）</td><td></td><td></td><td></td></tr>
<tr><td colspan="8">工程量计算分析及示例：
挖土深度 $H=4+0.1-1.5=2.6$m
放坡系数 $K=0.33$，坑底边长算至最外基础垫层边加 300mm 工作面：
$a=11.7+0.97+0.1+0.3+0.97+0.1+0.3=14.44$m
$b=12.3+0.82+0.3+0.97+0.3=15.16$m
$V=(14.44+0.33\times2.6)\times(15.16+0.33\times2.6)\times2.6+1/3\times0.33\times0.33\times2.6\times2.6\times2.6=637.75m^3$</td></tr>
<tr><td rowspan="3">2</td><td>010103001001</td><td>室内回填土（清单）</td><td>m^3</td><td></td><td>$V=S_{净}\times h_{厚}$</td><td rowspan="2">按主墙间面积乘以回填土厚度</td><td rowspan="2">室内回填土：地面垫层以下素土夯填</td><td rowspan="2">1. 回填土厚度扣除垫层、面层
2. 间壁墙、凸出墙面的附墙柱不扣除
3. 门洞开口部分不增加
4. 卫生间室内地坪标高降 0.5m</td></tr>
<tr><td></td><td>室内回填土（定额）</td><td></td><td></td><td></td></tr>
<tr><td colspan="8"></td></tr>
</table>

续表

序号	项目编码/定额编号	项目名称	计量单位	工程量	计算式（计算公式）	清单工程量计算规则/定额工程量计算规则	知识点	技能点
3	010103001002	基础回填土（清单）	m^3		$V=V_{挖}-V_{垫}-V_{砖基(室外地坪以下)}$	按挖方清单项目工程量减去自然地坪以下埋设的基础体积（包括基础垫层及其他构筑物）	基础回填土：基础工程后回填至室外地坪标高	1. 室外地坪以下埋入构筑物有垫层、独基及部分砖基础 2. 砖基础工程量应扣除自然地坪以下部分
		基础回填土（定额）						
4	010103002001	余方弃置（清单）	m^3		$V=V_{挖}-V_{回}$	按挖方清单项目工程量减利用回填方体积（正数）计算	1. 回填后多余土方运走 2. 挖方不够买土回填	1. 正数为余方弃置 2. 负数为买土回填
		余方弃置（定额）						

续表

序号	项目编码 定额编号	项目名称	计量单位	工程量	计算式（计算公式）	清单工程量计算规则 定额工程量计算规则	知识点	技能点
D. 砌筑工程								
5	010401001001	砖基础（清单）	m^3		$V=(bH+\Delta s)\times L-V_{构造柱}$	1. 按设计图示尺寸以体积计算 2. 基础长度：取至独立基础侧面 3. 基础高度：从砖基础底面取至地梁下表面 4. 基础墙厚度的确定	砖基础中应扣除和不扣除的内容，砖基础外应增加和不增加的内容参照进阶1的知识点	1. 砖基础厚度的确定 2. 砖基础高度的确定 3. 砖基础长度的计算 4. 砖基础的截面面积计算 5. 构造柱体积计算
		砖基础（定额）	m^3					

工程量计算分析及示例：

本工程是框架结构，地面下既有独立基础又有条形砖基础。砖基础从−3.700开始砌筑直到地基梁底面，砖基础为不等高式两层放脚基础，砖基础长取至独立基础侧面，砖基础高从−3.700m取至地基梁底面。砖基础中有构造柱，故须将构造柱所占体积（含马牙槎体积）扣除。

（1）① 轴基础长 $L_1=12.3-1.1-1.2-0.35-0.28=9.37m$；$L_2=12.3-0.4\times2-0.28=11.22m$

（2）① 轴基础高 $=4-0.3-0.05-0.4=3.25m$

（3）① 轴砖基础截面面积 $S_1=0.24\times0.3+0.007875\times(2\times3-1)=0.1114m^2$；$S_2=0.24\times(3.25-0.3)=0.708m^2$

（4）$V=0.1114\times9.37+0.708\times11.22=8.99m^3$

按照上述方法将其他各轴线处的砖基础工程量（例如可按从左到右，从上到下的顺序）计算出来后扣除所有构造柱体积即可，构造柱体积计算方法见混凝土章节举例。

续表

序号	项目编码 / 定额编号	项目名称	计量单位	工程量	计算式（计算公式）	清单工程量计算规则 / 定额工程量计算规则	知识点	技能点
6	010401003001	实心砖墙（清单）	m^3		$V=(L_{墙}\times H_{墙}-S_{洞口})\times b_{墙厚}-V_{梁、柱}$	1. 按设计图示尺寸以体积计算 2. 砖墙长度：墙长取至框架柱侧面 3. 砖墙高度：坡屋面所在楼层无檐口顶棚者，外墙算至屋面板底；有屋面框架梁，外墙墙高取至屋面框架梁底。内墙墙高取至屋面框架梁底。其他楼层内外墙均取至框架梁底 4. 砖墙厚度：一砖厚砖墙取 240mm；1/2 砖厚砖墙取 115mm	1. 砖墙内应扣除和不扣除的内容参照进阶1知识点 2. 砖墙外应增加和不增加的内容参照进阶1知识点	1. 砖墙高度的确定 2. 砖墙长度的确定 3. 墙体厚度的确定 4. 门窗洞口的面积计算 5. 过梁体积计算
		实心砖墙（定额）						

工程量计算分析：

本住宅工程有四层，且屋面为坡屋面，故墙体应该分层分别计算体积。实心砖墙按照实际计算厚度确定：一砖厚墙体墙厚取 240mm，1/2 砖厚墙体厚度取 115mm。坡屋面所在楼层无檐口顶棚者，外墙算至屋面板底；有屋面框架梁，外墙墙高取至屋面框架梁底。内墙墙高取至屋面框架梁底。其他楼层内外墙均取至框架梁底。

续表

序号	项目编码 / 定额编号	项目名称	计量单位	工程量	计算式（计算公式）	清单工程量计算规则 / 定额工程量计算规则	知识点	技能点
7	010401005001	空心砖墙（清单）	m^3		$V=(L_{墙}\times H_{墙}-S_{洞口})\times b_{墙厚}-V_{梁、柱}$	1. 框架间墙：不分内外墙按墙体净尺寸以体积计算 2. 砖墙长度：墙长取至框架柱侧面 3. 砖墙高度：坡屋面所在楼层，无檐口顶棚者，外墙算至屋面板底；有屋面框架梁，外墙墙高取至屋面框架梁底。内墙墙高取至屋面框架梁底。其他楼层内外墙均取至框架梁底 4. 砖墙厚度：按设计图示尺寸确定	1. 砖墙内应扣：门窗洞口、过人洞、空圈、单个孔洞面积＞0.3m²所占的、嵌入墙身的钢筋混凝土柱、梁（包括圈梁、挑梁、过梁）和暖气槽、管槽、消火栓箱、壁龛等所占的体积 不扣：梁头、板头、梁垫、檩头、垫木、木楞头、沿椽木、木砖、门窗走头、砖墙内的加固钢筋，木筋、铁件、钢管、单个孔洞≤0.3m²等所占体积 2. 砖墙外应增加凸出墙面的砖垛体积；凸出墙面的腰线、挑檐、压顶、窗台线、虎头砖、门窗套等体积不增加	1. 砖墙高度的确定 2. 砖墙长度的计算 3. 墙体厚度的确定 4. 门窗洞口的面积计算 5. 过梁体积的计算
		空心砖墙（定额）	m^3					

工程量计算分析及示例：

本住宅工程为多层框架结构，墙体为框架结构间的填充墙，故墙体应按框架结构柱梁间的净面积减去门窗洞口面积，乘以墙厚计算，如果墙体中除了门窗洞口外，还有过梁、构造柱等构件时也应该按照前面讲过的计算方法扣除。

本住宅工程有四层，且屋面为坡屋面，故墙体应该分层分别计算体积。坡屋面所在楼层，无檐口顶棚，外墙墙高取至屋面板底，内墙墙高取至屋面框架梁底；其他楼层内外墙墙体高度均取至框架梁底。空心砖墙墙厚按图示尺寸确定。

举例：一层①轴墙体工程量

（1）① 轴墙长＝ 12.3－0.4×2－0.28＝11.22m

（2）① 轴墙高＝2.95－0.5＋0.05＝2.5m

（3）① 轴墙厚＝0.24m

（4）① 轴空心砖墙工程量 V＝ 11.22×0.24×2.5＝6.73m^3

按照上述方法将每一层其他各轴线处的砖墙工程量（例如可按从左到右，从上到下的顺序）全部计算出来后扣除所有门窗洞口、过梁、构造柱体积（含马牙槎体积）等即可，过梁、构造柱体积计算方法见混凝土部分举例。

续表

<table>
<tr><th rowspan="2">序号</th><th>项目编码</th><th rowspan="2">项目名称</th><th rowspan="2">计量单位</th><th rowspan="2">工程量</th><th rowspan="2">计算式（计算公式）</th><th>清单工程量计算规则</th><th rowspan="2">知识点</th><th rowspan="2">技能点</th></tr>
<tr><th>定额编号</th><th>定额工程量计算规则</th></tr>
<tr><td colspan="9">E. 混凝土及钢筋混凝土工程</td></tr>
<tr><td rowspan="3">8</td><td>010501001001</td><td>C10 现浇混凝土独立基础垫层（清单）</td><td>m^3</td><td></td><td>$V_{独基垫层}=L_{垫层长}\times B_{垫层宽}\times H_{垫层厚}$</td><td rowspan="2">按设计图示尺寸以体积计算</td><td rowspan="2">按设计图示尺寸以体积计算</td><td rowspan="2">独立基础垫层构造的确定</td></tr>
<tr><td></td><td>C10 现浇混凝土独立基础垫层（定额）</td><td></td><td></td><td></td></tr>
<tr><td colspan="8">C10 现浇混凝土独立基础垫层工程量的计算（以 J-2 为例）：
分析：混凝土独立基础垫层是按照设计图示尺寸以体积计算。
J-2 共 5 个：$V_{独基垫层}=L_{垫层长}\times B_{垫层宽}\times H_{垫层厚}$
$=(1.8+0.1\times2)^2\times0.1\times5=2.00m^3$</td></tr>
<tr><td rowspan="3">9</td><td>010501002001</td><td>C25 现浇混凝土带形基础（清单）</td><td>m^3</td><td></td><td>$V_{带基}=S_{带基剖面}\times L_{带基}$</td><td rowspan="2">按设计图示尺寸以体积计算</td><td rowspan="2">按设计图示尺寸以体积计算</td><td rowspan="2">1. 条基垫层构造的确定
2. 条基垫层剖面的确定
3. 条基垫层长度的确定</td></tr>
<tr><td></td><td>C25 现浇混凝土带形基础（定额）</td><td></td><td></td><td></td></tr>
<tr><td colspan="8">C25 现浇混凝土带形基础工程量的计算（以①轴带形基础为例）：
分析：该工程在主墙下设有带形基础。
（1）计算剖面面积：
$S_{带形基础剖面}=0.8\times0.3=0.24m^2$
（2）计算带形基础长度。该工程中，既设有独立基础，又设有带形基础，要注意带形基础对独立基础和其垫层的扣减。该工程中，J-2 和 J-3 的基础底标高和带形基础底标高一致，所以，带形基础的长度算至独基边缘。
$L_{带形基础}=12.30-0.98-2.10-1.8=7.42m$
（3）计算带形基础的工程量：
$V_{带形基础}=S_{带形基础剖面}\times L_{带形基础}=0.24\times7.42=1.78m^3$</td></tr>
</table>

续表

序号	项目编码 定额编号	项目名称	计量单位	工程量	计算式（计算公式）	清单工程量计算规则 定额工程量计算规则	知识点	技能点
10	010501003001	C25 现浇混凝土独立基础（清单）	m^3		$V_{独基}=\Sigma(L_{每阶垫层长}\times B_{每阶垫层宽}\times H_{每阶垫层厚})$	按设计图示尺寸以体积计算	按设计图示尺寸以体积计算	1. 独立基础构造的确定 2. 独立基础阶数的确定
		C25 现浇混凝土独立基础（定额）						
	C25 现浇混凝土独立基础工程量的计算（以 J-2 为例）： 分析：混凝土独立基础是按照设计图示尺寸以体积计算，独基与其上面的柱的分界线是基础平台上表面，以下为基础，以上为柱。 J-2 共 5 个：$V_{独基}=\Sigma(L_{每阶垫层长}\times B_{每阶垫层宽}\times H_{每阶垫层厚})$ $=(1.8^2\times 0.3+1.1^2\times 0.3)\times 5=6.68m^3$							
11	010503001001	C25 现浇混凝土基础梁（清单）	m^3		$V_{基础梁}=S_{剖面}\times L_{梁}$		1. 按设计图示尺寸以体积计算 2. 梁与柱连接时，梁长算至柱侧面 3. 主梁与次梁连接时，次梁算至主梁侧面	1. 基础梁构造的确定 2. 剖面尺寸的确定 3. 基础梁长的确定
		C25 现浇混凝土基础梁（定额）						
	C25 现浇混凝土基础梁工程量的计算（以 KL8 为例）： 分析：KL8 的高度为 450mm，与它相交的其他梁的高度均比它小，故 KL8 算全，与它相交的梁均算至 KL8 的侧面。 （1）KL8 的剖面面积： $S_{剖面}=0.25\times 0.45=0.113m^2$ （2）KL8 的长度，要扣除中间的框架柱： $L_{梁长}=11.7+0.12\times 2-0.4\times 3=10.74m$ （3）KL8 的工程量为剖面面积乘以长度： $V_{KL8}=S_{剖面}\times L_{梁长}$ $=0.113\times 10.74=1.21m^3$							

续表

<table>
<tr><th rowspan="2">序号</th><th>项目编码</th><th rowspan="2">项目名称</th><th rowspan="2">计量单位</th><th rowspan="2">工程量</th><th rowspan="2">计算式（计算公式）</th><th>清单工程量计算规则</th><th rowspan="2">知识点</th><th rowspan="2">技能点</th></tr>
<tr><th>定额编号</th><th>定额工程量计算规则</th></tr>
<tr><td rowspan="3">12</td><td>010502001001</td><td>C25 现浇混凝土矩形框架柱（清单）</td><td>m^3</td><td></td><td>$V_{矩形柱}=S_{截面面积}\times H_{柱高}$</td><td rowspan="2">1. 按设计图示尺寸以体积计算
2. 柱高：应自柱基上表面至柱顶高度计算</td><td rowspan="2">1. 按设计图示尺寸以体积计算
2. 框架柱的柱高应自柱基上表面至柱顶高度计算</td><td rowspan="2">1. 矩形柱构造的确定
2. 柱截面尺寸的确定
3. 柱高的确定</td></tr>
<tr><td></td><td>C25 现浇混凝土矩形框架柱（定额）</td><td></td><td></td><td></td></tr>
<tr><td colspan="8">C25 现浇混凝土矩形框架柱工程量的计算（以Ⓐ轴线与①轴相交的一根 KZ1 为例）：
分析：（1）KZ1 的截面面积：
$S_{截面面积}=0.4^2=0.16m^2$
（2）KZ1 的高度，KZ1 为框架柱，柱高应自柱基上表面至柱顶高度。注意：该柱的顶部为斜面，所以应该计算柱截面中心点处的高度，才是最准确的。
$H_{柱截面中心点}=11.95+0.28/(2.1+3.9+0.12+0.25/2)\times(14.15-11.95)=12.049m$
$H_{柱高}=(4-0.6)+12.049=15.449m$
（3）KZ1 的工程量为截面面积乘以高度：
$V_{KZ1}=S_{截面面积}\times H_{柱高}$
$=0.16\times15.449=2.47m^3$</td></tr>
<tr><td rowspan="3">13</td><td>010502003001</td><td>C25 现浇混凝土异形框架柱（清单）</td><td>m^3</td><td></td><td>$V_{异形柱}=S_{异柱截面}\times L_{异柱高度}$</td><td rowspan="2">1. 按设计图示尺寸以体积计算
2. 柱高：应自柱基上表面至柱顶高度计算</td><td rowspan="2">1. 按设计图示尺寸以体积计算
2. 框架柱的柱高应自柱基上表面至柱顶高度计算</td><td rowspan="2">1. 异形柱构造的确定
2. 柱截面尺寸的确定
3. 柱高的确定</td></tr>
<tr><td></td><td>C25 现浇混凝土异形框架柱（定额）</td><td></td><td></td><td></td></tr>
<tr><td colspan="8">C25 现浇混凝土异形框架柱工程量的计算（以Ⓐ轴与④轴相交的一根 KZ5 为例）：
分析：（1）KZ5 的截面为圆形，非矩形，要与矩形框架柱区分，单独列项。
$S_{异柱截面}=\pi R^2=3.14\times0.175^2=0.096m^2$
（2）计算 KZ5 的高度，按照规则，框架柱的柱高，应自柱基上表面至柱顶高度计算。
$L_{异柱高度}=4.0-0.5+2.95=6.45m$
（3）KZ5 的工程量为截面面积乘以高度：
$V_{异形柱}=S_{异柱截面}\times L_{异柱高度}$
$=0.096\times6.45=0.62m^3$</td></tr>
</table>

续表

序号	项目编码 定额编号	项目名称	计量单位	工程量	计算式（计算公式）	清单工程量计算规则 定额工程量计算规则	知识点	技能点
14	010502002001	C25 现浇混凝土构造柱（清单）	m^3		$V_{构造柱}=S_{截面}\times H_{柱高}+V_{马牙槎}$	1. 按设计图示尺寸以体积计算 2. 构造柱按全高计算，嵌接墙体部分（马牙槎）并入柱身体积	1. 按设计图示尺寸以体积计算 2. 构造柱的柱高按全高计算，嵌接墙体的马牙槎并入柱身体积	1. 构造柱构造的确定 2. 构造柱高度的确定 3. 马牙槎体积的确定
		C25 现浇混凝土构造柱（定额）						
	C25 现浇混凝土构造柱工程量的计算（以Ⓐ轴线上的 GZ1 为例） 分析：（1）计算 GZ1 的截面面积： $S_{截面}=0.24^2=0.058m^2$ （2）计算构造柱主体部分高度。按照规范，构造柱应当按照全高计算。该工程中，构造柱 GZ1 的高度应当从条形基础底算至地基梁底。 $H_{柱高}=4.00-0.25-0.05-0.5=3.20m$ （3）计算马牙槎的体积。马牙槎凹凸尺寸不宜小于 60mm，高度不应超过 300mm，应先退后进，对称砌筑。所以在计算时，有砖砌墙或条基与构造柱接触的部分，才浇筑马牙槎，且马牙槎的计算长度采用互补原理，为 30mm，宽度同构造柱接触边宽，高度按全高计算。该工程中，Ⓐ轴线上的 GZ1，两边与砖砌条基接触，故只有两侧有马牙槎。 $V_{马牙槎}=0.03\times0.24\times3.20\times2$ 侧 $=0.046m^3$ （4）构造柱 GZ1 的工程量，等于主体部分体积加上马牙槎的体积。 $V_{构造柱}=S_{截面}\times H_{柱高}+V_{马牙槎}$ $=0.058\times3.2+0.046=0.23m^3$							
15	010505001001	C25 现浇混凝土有梁板（不含坡屋面）（清单）						
		C25 现浇混凝土有梁板（不含坡屋面）（定额）						

续表

序号	项目编码/定额编号	项目名称	计量单位	工程量	计算式（计算公式）	清单工程量计算规则/定额工程量计算规则	知识点	技能点
16	010505001002	C25 现浇混凝土坡屋面有梁板（清单）			$V_{倾斜LB}=V_{水平LB}\times K_{倾斜/水平}$	按设计图示尺寸以体积计算，不扣除单个面积≤0.3m²的柱垛以及孔洞所占体积。有梁板（包括主、次梁与板）按梁、板体积之和计算	1. 按设计图示尺寸以体积计算 2. 不扣除单个面积≤0.3m²的柱垛以及孔洞所占体积 3. 有梁板按梁、板体积之和计算	1. 有梁板构造的确定 2. 板尺寸的确定 3. 梁尺寸的确定 4. 扣减的确定 5. 比例系数的确定
		C25 现浇混凝土坡屋面有梁板（定额）						

C25 现浇混凝土倾斜屋面有梁板工程量的计算（以结施 22 页，Ⓒ、Ⓓ轴线和①、③轴围成的区域为例）

分析：该屋面板外部有挑檐，按照规范要求，现浇挑檐与屋面板连接时，以外墙外边线为分界线，外边线以内为屋面板。该工程的这块屋面为斜屋面，先计算出其水平时的工程量，再利用三角函数计算出斜屋面的工程量。

（1）水平情况下，板的工程量计算，依照规范，按设计图示尺寸以体积计算，不扣除单个面积≤0.3m²的柱、垛以及孔洞所占的体积。

$V_B=(8.40+0.12+0.25/2)\times(2.4+0.12+0.125)\times0.1=2.287m^3$

（2）水平情况下，梁的工程量计算，依照规范，梁与柱相连时，梁长算至柱侧面。梁的高度，应当为标注的梁高，减去板厚，以免出现重复计算的情况。

$V_{KL-1}=0.25\times(0.4-0.1)\times(2.4\times3-0.28-0.2-0.2\times2-0.18-0.175)=0.447m^3$

$V_{KL-2}=0.25\times(0.45-0.1)\times(8.4-0.28-0.4-0.15)\times2=1.325m^3$

$V_{KL}=V_{KL-1}+V_{KL-2}=0.447+1.325=1.772m^3$

（3）有梁板按梁、板体积之和计算。

$V_{水平LB}=V_B+V_{KL}=2.287+1.772=4.059m^3$

（4）计算倾斜的屋面有梁板与水平的有梁板的比例关系。该工程中，已知Ⓒ、Ⓓ轴线高度和两轴线间水平距离，根据三角函数，可以计算出斜面与水平面的比例系数。

$K_{倾斜/水平}=\sqrt{(14.96-14.13)^2+2.4^2}/2.4=1.058$

（5）计算倾斜的屋面有梁板，用水平的有梁板的体积乘以倾斜的屋面有梁板与水平的有梁板的比例系数。

$V_{倾斜LB}=V_{水平LB}\times K_{倾斜/水平}=4.059\times1.058=4.29m^3$

续表

序号	项目编码 定额编号	项目名称	计量单位	工程量	计算式（计算公式）	清单工程量计算规则 定额工程量计算规则	知识点	技能点
	010505007001	C25 现浇混凝土挑檐板（清单）	m^3		$V_{倾斜挑檐}=V_{水平挑檐}\times K_{倾斜/水平}$	按设计图示尺寸以体积计算	1. 按设计图示尺寸以体积计算 2. 现浇挑檐与板（包括屋面板、楼板）连接时，以外墙外边线为分界线。外墙以外为挑檐	1. 挑檐板与屋面板分界线的确定 2. 挑檐板构造的确定 3. 挑檐板尺寸的确定 4. 比例系数的确定
		C25 现浇混凝土挑檐板（定额）						

17　C25 现浇混凝土倾斜挑檐板工程量的计算（以结施 22 页，①轴上的Ⓐ和Ⓒ轴线之间的挑檐板为例）

分析：挑檐板的工程量按照规范要求，是按照设计图示尺寸以体积计算。该工程中，此处的挑檐板为一块斜板，计算时应先计算出水平挑檐板的工程量，再运用三角函数计算出倾斜挑檐板的工程量。

（1）计算出水平挑檐板的工程量：

$V_{水平挑檐}=(2.1+3.9+0.25/2+0.72)\times(0.72-0.12)\times0.1=0.411m^3$

（2）根据图上给定的数据算出倾斜面与水平面的系数关系。

$K_{倾斜/水平}=\sqrt{(14.15-11.95)^2+(2.1+3.9+0.12+0.25/2)^2}/(2.1+3.9+0.12+0.25/2)$

$=1.06$

（3）根据水平挑檐板的工程量和系数关系计算出倾斜挑檐板的工程量：

$V_{倾斜挑檐}=V_{水平挑檐}\times K_{倾斜/水平}$

$=0.411\times1.06=0.44m^3$

续表

序号	项目编码 定额编号	项目名称	计量单位	工程量	计算式（计算公式）	清单工程量计算规则 定额工程量计算规则	知识点	技能点
18	010505007002	C25 现浇混凝土檐沟（清单）						
		C25 现浇混凝土檐沟（定额）						
19		C10 现浇混凝土地面垫层（清单）						
		C10 现浇混凝土地面垫层（定额）						

续表

序号	项目编码 定额编号	项目名称	计量单位	工程量	计算式（计算公式）	清单工程量计算规则 定额工程量计算规则	知识点	技能点
20		C15 现浇混凝土散水（清单）						
		C15 现浇混凝土散水（定额）						
21		C25 预制混凝土过梁（清单）						
		C25 预制混凝土过梁（定额）						

续表

序号	项目编码 定额编号	项目名称	计量单位	工程量	计算式（计算公式）	清单工程量计算规则 定额工程量计算规则	知识点	技能点
22	010506001001	C25 现浇混凝土楼梯（清单）	m^2		$S_{楼梯}=\Sigma S_{每层水平投影}$ $=\Sigma(L_{每层水平投影}\times B_{每层水平投影})$	1. 以平方米计量，按设计图示尺寸以水平投影面积计算。不扣除宽度≤500mm 的楼梯井伸入墙内部分不计算 2. 以立方米计量，按设计图示尺寸以体积计算	1. 现浇混凝土楼梯有两种计量单位，也就有两种计算方法，选择何种方法，由工程量清单编制人自定 2. 整体楼梯（包括直行楼梯、弧形楼梯）水平投影面积包括休息平台、平台梁、斜梁和楼梯的连接梁。当整体楼梯与现浇楼板无梯梁连接时，以楼梯的最后一个踏步边缘加 300mm 为界	1. 楼梯构造的确定 2. 楼梯层数的确定 3. 楼梯水平投影面积的确定
		C25 现浇混凝土楼梯（定额）						

现浇 C25 混凝土楼梯工程量的计算（以一楼至二楼的楼梯为例）：

分析：按照规范要求，现浇混凝土楼梯既可以按平方米计算，也可以按立方米计算。这里选择以平方米计量（具体选哪个计量单位，应当以各省、直辖市和自治区的建设行政主管部门规定的为准），按设计图示尺寸以水平投影面积计算。不扣除宽度≤500mm 的楼梯井，伸入墙内部分不计算。要注意的是，整体楼梯水平投影面积包括休息平台、平台梁、斜梁和楼梯的连接梁，如果整体楼梯与现浇楼板无梯梁连接时，以楼梯的最后一个踏步边缘加 300mm 为界。

$S_{楼梯}=\Sigma S_{每层水平投影}=\Sigma（L_{每层水平投影}\times B_{每层水平投影}）$

$=（1.42+2.24+0.3-0.2/2）\times（2.4-0.12\times2）=8.34m^2$

续表

序号	项目编码 定额编号	项目名称	计量单位	工程量	计算式（计算公式）	清单工程量计算规则 定额工程量计算规则	知识点	技能点
23	010507004001	C15 现浇混凝土台阶（清单）			$S_{台阶}=L_{水平投影}\times B_{水平投影}$	1. 以平方米计量，按设计图示尺寸水平投影面积计算 2. 以立方米计量，按设计图示尺寸以体积计算	现浇混凝土台阶有两种计量单位，也就有两种计算方法，选择何种方法，由工程量清单编制人自定	1. 台阶构造的确定 2. 台阶阶梯数的确定 3. 台阶水平投影面积的确定
		C15 现浇混凝土台阶（定额）						
	C15 现浇混凝土台阶工程量的计算（以Ⓕ轴线上的台阶为例）： 分析：按照规范要求，现浇混凝土台阶既可以按平方米计算，也可以按立方米计算。这里选择以平方米计量（具体选哪个计量单位，应当以各省、直辖市和自治区的建设行政主管部门规定的为准），按设计图示尺寸水平投影面积计算。此台阶所在的室内外高差为 0.6m，按照西南 04J812 图集第 7 页 3a 图示，可知，该工程Ⓕ轴线上的台阶为 3 阶，每阶宽度为 320mm，且最后一个踏步边缘加 300mm。 $S_{台阶}=L_{水平投影}\times B_{水平投影}$ $=1.8\times(3.2\times2+0.3)=12.06m^2$							
24		C15 现浇混凝土坡道（清单）						
		C15 现浇混凝土坡道（定额）						

续表

序号	项目编码 定额编号	项目名称	计量单位	工程量	计算式（计算公式）	清单工程量计算规则 定额工程量计算规则	知识点	技能点
25		C20 现浇混凝土止水带（清单）						
		C20 现浇混凝土止水带（定额）						
26		C20 预制混凝土其他构件（清单）						
		C20 预制混凝土其他构件（定额）						

续表

序号	项目编码 定额编号	项目名称	计量单位	工程量	计算式（计算公式）	清单工程量计算规则 定额工程量计算规则	知识点	技能点
27		预埋铁件（清单）						
		预埋铁件（定额）						
H. 门窗工程								
28		防盗门（清单）	樘	1	樘数	1. 以樘计量，按设计图示数量计算 2. 以平方米计量，按设计图示洞口尺寸以面积计算		1. 门数量的确定 2. 门洞口面积的确定
			m^2	3.15	$S=\sum$（门洞口高×门洞口宽×数量）			
		防盗门（定额）						

工程量计算分析及示例：

分析：(1) 按“樘”计算工程量时，应区别门洞口尺寸与种类分别列项计算。

FDM1521：防盗门按“樘”计算工程量为1樘

(2) 按面积计算工程量时，应注意区别门的种类分别列项计算。

$S=\sum$（门洞口宽×门洞口高×数量）

$S_{半玻镶板门}=1.5\times2.10\times1$

$=3.15m^2$

续表

序号	项目编码/定额编号	项目名称	计量单位	工程量	计算式（计算公式）	清单工程量计算规则/定额工程量计算规则	知识点	技能点
29		防盗对讲门（清单）	樘		樘数			
			m^2		$S=\sum$（门洞口高×门洞口宽×数量）			
		防盗对讲门（定额）						
30		平开铝合金门（清单）						
		平开铝合金门（定额）						

续表

序号	项目编码 定额编号	项目名称	计量单位	工程量	计算式（计算公式）	清单工程量计算规则 定额工程量计算规则	知识点	技能点
31		铝合金卷帘门（清单）						
		铝合金卷帘门（定额）						
32		彩铝单玻平开窗（清单）						
		彩铝单玻平开窗（定额）						
33		彩铝单玻推拉窗（清单）						
		彩铝单玻推拉窗（定额）						

续表

<table>
<tr><th rowspan="2">序号</th><th>项目编码</th><th rowspan="2">项目名称</th><th rowspan="2">计量单位</th><th rowspan="2">工程量</th><th rowspan="2">计算式（计算公式）</th><th>清单工程量计算规则</th><th rowspan="2">知识点</th><th rowspan="2">技能点</th></tr>
<tr><th>定额编号</th><th>定额工程量计算规则</th></tr>
<tr><td colspan="9">J. 屋面及防水工程</td></tr>
<tr><td rowspan="3">34</td><td></td><td>瓦屋面（清单）</td><td>m^2</td><td></td><td>$S=L_{斜高}\times$屋面长</td><td rowspan="2">按设计图纸尺寸以斜面积计算</td><td rowspan="2">1. 不扣除放上烟囱、风帽底座、风道、小气窗、斜沟等所占面积
2. 小气窗的出檐部分不增加</td><td rowspan="2">坡屋面斜高或斜率的确定</td></tr>
<tr><td></td><td>瓦屋面（定额）</td><td></td><td></td><td></td></tr>
<tr><td colspan="8">工程量计算分析及示例：
瓦屋面面积应按设计图示净面积计算，计算时应注意女儿墙与轴线的关系。14.130～15.250m 标高处坡屋面结构板的斜面与水平面的比例系数计算如有梁板介绍，$K=1.058$；14.130～15.250m 标高处坡屋面结构板工程量为：
$S_{斜}=S_{水平}\times$斜率
$=(8.40+0.72\times2)\times(2.40+0.72\times2)$
$=37.79m^2$</td></tr>
<tr><td rowspan="3">35</td><td></td><td>墙面改性沥青一布四涂防水层（清单）</td><td>m^2</td><td></td><td>$S=S_{涂膜面积}-S_{门窗洞口}+S_{门侧}$</td><td rowspan="2">按设计图示尺寸以面积计算</td><td rowspan="2">1. 扣除所有门窗洞口面积；
2. 门窗侧边应增加</td><td rowspan="2">涂膜防水高度的确定</td></tr>
<tr><td></td><td>墙面改性沥青一布四涂防水层（定额）</td><td></td><td></td><td></td></tr>
<tr><td colspan="8">工程量计算分析及示例：
墙面涂膜防水应扣除门窗洞口所占面积，窗距地 1.2m 安装，故窗所占面积不扣除。四层卫生间墙面涂膜防水工程量如下：
$S=[(3.0-0.24+1.9-0.12)\times2+(2.40-0.12)\times2+(5.40-1.74-0.12)]\times1.20-0.80\times1.20$
$=19.66m^2$</td></tr>
</table>

续表

序号	项目编码 定额编号	项目名称	计量单位	工程量	计算式（计算公式）	清单工程量计算规则 定额工程量计算规则	知识点	技能点
36		楼地面改性沥青一布四涂防水层（清单）	m^2		$S_{楼地面}$＝主墙间净长×净宽＋$S_{泛水}-S_{门洞}$	1. 按设计图纸尺寸以面积计算 2. 楼（地）面涂膜防水：按主墙间净空面积计算，扣除凸出地面的构筑物、设备基础等所占面积，不扣除间壁墙及单个面积≤0.3m^2柱、垛、烟囱和孔洞所占面积	1. 楼（地）面防水反边高度≤300mm 按墙面防水计算 2. 防水搭接及附加层用量不另行计算，在综合单价中考虑	1. 楼（地）面防水水平面积的确定 2. 300mm 以内反边面积的确定
		楼地面改性沥青一布四涂防水层（定额）						

工程量计算分析及示例：

图纸建施 3 的设计说明中明确，厨卫楼地面防水层均由 SBC120 聚乙烯丙纶复合防水卷材为改性沥青一布四涂防水层。防水反边高度为 1.20m，楼（地）面防水反边高度≤300mm 时，工程量应并入墙面防水工程量内。四楼卫生间防水卷材工程量如下：

S＝主墙间净长×净宽

＝(3.0－0.24)×(1.9－0.12)＋(2.40－0.12)×(5.40－1.74－0.12)

＝12.98m^2

序号	项目编码 定额编号	项目名称	计量单位	工程量	计算式（计算公式）	清单工程量计算规则 定额工程量计算规则	知识点	技能点
37		屋面 SBC 聚乙烯丙纶复合卷材防水（清单）						
		屋面 SBC 聚乙烯丙纶复合卷材防水（定额）						

续表

序号	项目编码 定额编号	项目名称	计量单位	工程量	计算式（计算公式）	清单工程量计算规则 定额工程量计算规则	知识点	技能点
38		屋面排水管（清单）	m		L = 檐口标高＋室内外高差	按设计图示尺寸以长度计算	如设计未标注尺寸，以檐口至设计室外散水上表面垂直距离计算	檐口高度的确定
		屋面排水管（定额）						
	工程量计算分析及示例： Ⓔ轴上的水落管从天沟延伸到室外标高－0.600m处，工程量如下： L＝12.00－0.60＋0.60 ＝12.00m							
L. 楼地面工程								
39	011101002001	水泥砂浆楼地面（清单）	m^2		$S=S_{净}=$	按设计图示尺寸以面积计算	1. 扣除凸出地面构筑物、设备基础、室内铁道、地沟等所占面积 2. 不扣除间壁墙及单个面积≤0.3m^2柱、垛、附墙烟囱及孔洞所占面积 3. 门洞、空圈、暖气包槽、壁龛的开口部分不增加面积	1. 主墙间净面积 2. 不增加门洞口面积
		水泥砂浆楼地面（定额）						

续表

<table>
<tr><th rowspan="2">序号</th><th>项目编码</th><th rowspan="2">项目名称</th><th rowspan="2">计量单位</th><th rowspan="2">工程量</th><th rowspan="2">计算式（计算公式）</th><th>清单工程量计算规则</th><th rowspan="2">知识点</th><th rowspan="2">技能点</th></tr>
<tr><th>定额编号</th><th>定额工程量计算规则</th></tr>
<tr><td rowspan="3">40</td><td></td><td>黑色花岗石楼梯面（清单）</td><td>m^2</td><td></td><td>$S=S_{平}$</td><td rowspan="2">按设计图示尺寸以楼梯（包括踏步、休息平台及≤500mm 的楼梯井）水平投影面积计算</td><td rowspan="2">1. 楼梯与楼地面相连时算至梯口梁内侧边缘
2. 无梯口梁者算至最上一层踏步边沿加 300mm</td><td rowspan="2">1. 主墙间净面积
2. 不扣除柱所占面积
3. 平台柱工程量单独计算
4. 梯口梁投影面积并入楼梯面积</td></tr>
<tr><td></td><td>黑色花岗石楼梯面（定额）</td><td></td><td></td><td></td></tr>
<tr><td colspan="8">工程量计算分析及示例：
1 号楼梯：
$S_{水平}=(2.4-0.24)\times(5.4-0.12-1.74+0.2)=8.08m^2$</td></tr>
<tr><td rowspan="3">41</td><td></td><td>块料踢脚线（清单）</td><td>m^2</td><td></td><td></td><td></td><td></td><td></td></tr>
<tr><td></td><td>块料踢脚线（清单）</td><td>m^2</td><td></td><td></td><td></td><td></td><td></td></tr>
<tr><td colspan="8"></td></tr>
<tr><td rowspan="3">42</td><td></td><td>水泥砂浆台阶面（清单）</td><td>m^2</td><td></td><td>$S=S_{平}$</td><td rowspan="2">按设计图示尺寸以台阶（包括最上层踏步边沿加 300mm）水平投影面积计算</td><td rowspan="2">1. 以水平投影面积计算
2. 取至踏步上边缘加 300mm</td><td rowspan="2">平台部分按楼地面计算</td></tr>
<tr><td></td><td>水泥砂浆台阶面（定额）</td><td></td><td></td><td></td></tr>
<tr><td colspan="8">工程量计算分析及示例：
正门：$S_{水平}=(3+0.2+0.28)\times(0.32\times11+0.3)=13.29m^2$</td></tr>
</table>

续表

序号	项目编码 定额编号	项目名称	计量单位	工程量	计算式（计算公式）	清单工程量计算规则 定额工程量计算规则	知识点	技能点
M. 墙、柱面装饰与隔断、幕墙工程								
43	011201001001	内墙面抹灰（清单）	m^2		$S=L_{净长}\times H_{净高}-$内墙面门窗洞口所占面积	按设计图示尺寸以面积计算	1. 扣除墙裙、门窗洞口及单个面积>$0.3m^2$的孔洞面积 2. 不扣除踢脚线、挂镜线和墙与构件交接处的面积，门窗洞口和孔洞的侧壁及顶面不增加面积 3. 附墙柱、梁、垛、烟囱侧壁并入相应的墙面面积内	1. 内墙抹灰面按主墙间净长乘以高度计算 2. 净长：设计图示尺寸（不考虑抹灰厚度） 3. 净高：扣除墙裙高度 4. 内墙上门窗口双面
		内墙面抹灰（定额）						
44	011201004001	外墙立面砂浆找平层（清单）	m^2		$S=L_{外}\times H_{外}-$门窗洞口所占面积	按设计图示尺寸以面积计算	1. 扣除墙裙、门窗洞口及单个面积>$0.3m^2$的孔洞面积 2. 不扣除踢脚线、挂镜线和墙与构件交接处的面积，门窗洞口和孔洞的侧壁及顶面不增加面积 3. 附墙柱、梁、垛、烟囱侧壁并入相应的墙面面积内	1. 外墙抹灰面按外墙垂直投影面积计算 2. 净长：设计图示尺寸（不考虑抹灰厚度） 3. 高度：取至室外地坪 4. 山墙部分按实计算
		外墙立面砂浆找平层（定额）						

续表

序号	项目编码 定额编号	项目名称	计量单位	工程量	计算式（计算公式）	清单工程量计算规则 定额工程量计算规则	知识点	技能点
45		外墙面贴瓷砖（清单）	m^2		$S = L_{表} \times H_{表}$ －门窗洞口所占面积＋门窗洞口侧面	按镶贴表面积计算	1. 扣除墙裙、门窗洞口及单个面积＞$0.3m^2$ 的孔洞面积 2. 不扣除踢脚线、挂镜线和墙与构件交接处的面积 3. 门窗洞口和孔洞的侧壁及顶面、附墙柱、梁、垛、烟囱侧壁并入相应的墙面面积内	1. 按瓷砖表面积计算 2. 长度：考虑立面砂浆找平层、结合层、面砖厚度，柱两侧面积并入抹灰工程量 3. 高度：取至室外地坪
		外墙面贴瓷砖（定额）						

续表

序号	项目编码 定额编号	项目名称	计量单位	工程量	计算式（计算公式）	清单工程量计算规则 定额工程量计算规则	知识点	技能点
46		楼梯间墙面抹灰（清单）	m^2		$S = L \times H_{平均高度}$ − 楼梯间门窗洞口面积	按设计图示尺寸以面积计算	1. 扣除墙裙、门窗洞口及单个面积＞0.3m^2 的孔洞面积 2. 不扣除踢脚线、挂镜线和墙与构件交接处的面积 3. 门窗洞口和孔洞的侧壁及顶面、附墙柱、梁、垛、烟囱侧壁并入相应的墙面面积内	1. 踏步、休息平台与墙交接部分面积不扣除 2. 扣除门洞、窗洞所占面积
		楼梯间墙面抹灰（定额）						

工程量计算分析及示例：

2 号楼梯：

L=3.3×2+2.4−0.24=8.76m

H = H 平均高度 = (13.5 − 3 + 12.5 − 3)/2 = 10m

楼梯间门窗洞口面积=1.8×1.5×2+0.9×2.1=7.29m^2

S=8.76×10−7.29=80.31m^2

续表

序号	项目编码 定额编号	项目名称	计量单位	工程量	计算式（计算公式）	清单工程量计算规则 定额工程量计算规则	知识点	技能点
N. 天棚工程								
47		天棚抹灰（清单）	m^2		$S = S_{净} +$ 梁两侧面积	按设计图示尺寸以水平投影面积计算	1. 不扣除间壁墙、垛、柱、附墙烟囱、检查口和管道所占的面积 2. 天棚的梁两侧抹灰面积并入天棚面积内	1. 墙上梁侧面抹灰并入墙体抹灰 2. 梁两侧抹灰面积并入天棚面积内 3. 柱所占面积不扣除 4. 坡形天棚按斜面积计算
		天棚抹灰（定额）						
48		楼梯底面抹灰（清单）	m^2		$S = S_{水平} \times \cos(坡角) + S_{休息平台}$	按设计图示尺寸以水平投影面积计算	1. 板式楼梯底面抹灰按斜面积计算 2. 锯齿形楼梯底板抹灰按展开面积计算	1. 板式楼梯底面抹灰按斜面积计算 2. 锯齿形楼梯底板抹灰按展开面积计算 3. 不扣除柱、检查口和管道所占的面积
		楼梯底面抹灰（定额）						
	工程量计算分析及示例： 1号楼梯： $S = 2.24 \times 1.05 \times 2 \times 325/280 + (1.42 - 0.12) \times (2.4 - 0.24) = 8.27m^2$							

续表

序号	项目编码 定额编号	项目名称	计量单位	工程量	计算式（计算公式）	清单工程量计算规则 定额工程量计算规则	知识点	技能点
P. 油漆、涂料、裱糊工程								
49		顶棚仿瓷涂料两遍（清单）						
		顶棚仿瓷涂料两遍（定额）						
50		内墙面仿瓷涂料两遍（清单）						
		内墙面仿瓷涂料两遍（定额）						

续表

<table>
<tr><th rowspan="2">序号</th><th>项目编码</th><th rowspan="2">项目名称</th><th rowspan="2">计量单位</th><th rowspan="2">工程量</th><th rowspan="2">计算式（计算公式）</th><th>清单工程量计算规则</th><th rowspan="2">知识点</th><th rowspan="2">技能点</th></tr>
<tr><th>定额编号</th><th>定额工程量计算规则</th></tr>
<tr><td colspan="9">Q其他装饰工程</td></tr>
<tr><td rowspan="3">51</td><td></td><td>屋面金属扶手、栏杆（清单）</td><td>m</td><td></td><td>L=弯头长+水平段长</td><td rowspan="2">按设计图示以扶手中心线长度（包括弯头长度）计算</td><td rowspan="2"></td><td rowspan="2">1. 楼梯栏杆斜长的计算
2. 楼梯安全栏杆长度的计算
3. 弯头长度的计算</td></tr>
<tr><td></td><td>屋面金属扶手、栏杆（定额）</td><td></td><td></td><td></td></tr>
<tr><td colspan="8">工程量计算分析及示例：
栏杆按长度计算，当金属栏杆高度不同时时应分别列项计算工程量，材质、花型不同时也应分别列项。三层平面图中屋面金属栏杆工程量如下：
L =3.0+3.3−0.12+3.9−0.12
=9.96m</td></tr>
<tr><td rowspan="3">52</td><td></td><td>客厅飘窗护窗金属扶手、栏杆（清单）</td><td>m</td><td></td><td>L=弯头长+水平段长</td><td rowspan="2">按设计图示以扶手中心线长度（包括弯头长度）计算</td><td rowspan="2"></td><td rowspan="2">1. 楼梯栏杆斜长的计算
2. 楼梯安全栏杆长度的计算
3. 弯头长度的计算</td></tr>
<tr><td></td><td>客厅飘窗护窗金属扶手、栏杆（定额）</td><td></td><td></td><td></td></tr>
<tr><td colspan="8">工程量计算分析及示例：
飘窗护窗栏杆的高度为900mm，高度、花型与屋面金属栏杆均不同应单独列项计算。四层平面图中金属栏杆工程量如下：
L =2.10+（0.65−0.12）×2
=3.16m</td></tr>
</table>

续表

<table>
<tr><th rowspan="2">序号</th><th>项目编码</th><th rowspan="2">项目名称</th><th rowspan="2">计量单位</th><th rowspan="2">工程量</th><th rowspan="2">计算式（计算公式）</th><th>清单工程量计算规则</th><th rowspan="2">知识点</th><th rowspan="2">技能点</th></tr>
<tr><th>定额编号</th><th>定额工程量计算规则</th></tr>
<tr><td rowspan="3">53</td><td></td><td>玻璃栏板
（清单）</td><td></td><td></td><td>L＝弯头长＋水平段长</td><td rowspan="2">按设计图示以扶手中心线长度（包括弯头长度）计算</td><td rowspan="2"></td><td rowspan="2">1. 楼梯栏杆斜长的计算
2. 楼梯安全栏杆长度的计算
3. 弯头长度的计算</td></tr>
<tr><td></td><td>玻璃栏板
（定额）</td><td></td><td></td><td></td></tr>
<tr><td colspan="8">工程量计算分析及示例：
玻璃栏板设置在阳台板周边，高度为1050mm，二楼阳台玻璃栏板工程量如下：
L＝（1.30×2＋3.30）×2
＝11.80m</td></tr>
<tr><td rowspan="3">54</td><td></td><td>楼梯金属栏板
（清单）</td><td></td><td></td><td>L＝斜长＋弯头长＋水平段长</td><td rowspan="2">按设计图示以扶手中心线长度（包括弯头长度）计算</td><td rowspan="2"></td><td rowspan="2">1. 楼梯栏杆斜长的计算
2. 楼梯安全栏杆长度的计算
3. 梯井处弯头长度的计算</td></tr>
<tr><td></td><td>楼梯金属栏板
（定额）</td><td></td><td></td><td></td></tr>
<tr><td colspan="8">分析：楼梯栏杆分为踏步上的斜长部分、梯井的弯头部分和安全水平栏杆三部分。图③～④轴之间的楼梯工程量如下：
（1）栏杆斜长＝2.73×4
＝10.92m
（2）弯头长＝0.60×4＝2.40m
（3）水平长＝1.05m
L＝10.92＋2.40＋1.05
＝14.37m</td></tr>
</table>

续表

序号	项目编码/定额编号	项目名称	计量单位	工程量	计算式（计算公式）	清单工程量计算规则/定额工程量计算规则	知识点	技能点
					S. 措施项目			
55	011701001001	综合脚手架（清单）	m^2		$S=S_{建筑面积}$		1. 按建筑面积计算 2. 按照《建筑工程建筑面积计算规范》GB/T 50353—2013要求计算建筑面积	1. 计算建筑面积的范围及建筑面积的确定 2. 不计算面积的范围
		综合脚手架（定额）						
56	011703001001	垂直运输机械（清单）	m^2		$S=S_{建筑面积}$		1. 按建筑面积计算 2. 按照《建筑工程建筑面积计算规范》GB/T 50353—2013计算建筑面积	1. 计算建筑面积的范围及建筑面积的确定 2. 不计算面积的范围
		垂直运输机械（定额）						

工程量计算分析及示例：

垂直运输机械按照本住宅工程的建筑面积计算工程量。按照《建筑工程建筑面积计算规范》GB/T 50353—2013要求计算本工程的建筑面积。

例如：本工程的地下车库应按规范要求按其结构外围水平面积计算。车库的层高 2.4－0.05＝2.35m＞2.2m，故应计算全面积。

$S_{车库}=(3.3+0.24)\times(6+0.24)=22.090m^2$

按照规范要求将本工程涉及计算面积范围的面积按照规范要求全部计算出来然后累加即可得到垂直运输机械的工程量。

续表

<table>
<tr><th rowspan="2">序号</th><th>项目编码</th><th rowspan="2">项目名称</th><th rowspan="2">计量单位</th><th rowspan="2">工程量</th><th rowspan="2">计算式（计算公式）</th><th>清单工程量计算规则</th><th rowspan="2">知识点</th><th rowspan="2">技能点</th></tr>
<tr><th>定额编号</th><th>定额工程量计算规则</th></tr>
<tr><td rowspan="3">57</td><td>011702025001</td><td>现浇混凝土独立基础垫层模板支架（清单）</td><td>m^2</td><td></td><td>$S_{基础垫层模板}=L_{基础垫层周长}\times H_{模板高}$</td><td rowspan="2">按模板与现浇构件的接触面积计算</td><td rowspan="2">按模板与现浇构件的接触面积计算</td><td rowspan="2">模板与现浇构件接触面的确定</td></tr>
<tr><td></td><td>现浇混凝土独立基础垫层模板支架（定额）</td><td></td><td></td><td></td></tr>
<tr><td colspan="8">现浇混凝土独立基础垫层模板支架工程量的计算（以J-2为例）。
分析：独立基础垫层与模板的接触面只有四周，底面和顶面不需要做模板。
$S_{基础垫层模板}=L_{基础垫层周长}\times H_{模板高}$
$=(1.8+0.1\times 2)\times 4\times 0.1\times 5个=4.00m^2$</td></tr>
<tr><td rowspan="3">58</td><td>011702025002</td><td>现浇混凝土条形基础垫层模板支架（清单）</td><td></td><td></td><td>$S_{条基垫层模板}=L_{垫层中心线}\times H_{垫层}\times 2侧$</td><td rowspan="2">按模板与现浇构件的接触面积计算</td><td rowspan="2">按模板与现浇构件的接触面积计算</td><td rowspan="2">1. 模板长度的确定
2. 扣除构件相交面积的确定</td></tr>
<tr><td></td><td>现浇混凝土条形基础垫层模板支架（定额）</td><td></td><td></td><td></td></tr>
<tr><td colspan="8">现浇混凝土条形基础垫层模板支架工程量的计算（以①轴条基垫层为例）。
分析：按模板与现浇构件的接触面计算，对于条形基础垫层，只有两侧有模板。①轴上的条基垫层的模板长度可以用条基垫层中心线来计算，但要扣除中间的独立基础的尺寸。
$S_{条基垫层模板}=L_{垫层中心线}\times H_{垫层}\times 2侧$
$=(12.30-0.98-2.1-1.8)\times 0.25\times 2$
$=3.71m^2$</td></tr>
</table>

续表

序号	项目编码 定额编号	项目名称	计量单位	工程量	计算式（计算公式）	清单工程量计算规则 定额工程量计算规则	知识点	技能点
59	011702001001	现浇混凝土独立基础模板支架（清单）			$S_{独基模板}=L_{独基每阶周长}\times H_{独基每阶模板高}$	按模板与现浇构件的接触面积计算	按模板与现浇混凝土构件的接触面积计算	模板与现浇构件接触面的确定
		现浇混凝土独立基础模板支架（定额）						
	现浇混凝土独立基础模板支架工程量的计算（以 J-2 为例）。 分析：该工程采用的是二阶独立基础，其与模板的接触面只有每阶基础的四周。 $S_{独基模板}=L_{独基每阶周长}\times H_{独基每阶模板高}$ $=(1.8\times4\times0.3+1.1\times4\times0.3)\times5$ 个 $=17.40\text{m}^2$							
60	011702005001	现浇混凝土基础梁模板支架（清单）			$S_{地梁模板}=S_{地梁侧模}+S_{地梁底模}$	1. 按模板与现浇混凝土构件的接触面积计算 2. 柱、梁、墙、板相互连接重叠部分，均不计算模板面积	1. 按模板与现浇构件的接触面积计算 2. 现浇框架分别按梁、板、柱有关规定计算 3. 柱、梁、墙、板相互连接重叠部分，均不计算模板面积	1. 构件划分的确定 2. 模板与现浇构件接触面的确定 3. 连接面重叠面积扣减的确定
		现浇混凝土基础梁模板支架（定额）						
	现浇混凝土基础梁模板支架工程量的计算（以 KL8 为例） 分析：(1) 地梁模板的主要接触面为两侧面，梁与柱的模板分界与混凝土构件的分界是一样的。这里还要注意，梁与梁交界面没有模板，应当扣除。 $S_{地梁侧模}=(11.70+0.12\times2-0.4\times3)-(0.25\times0.3+0.25\times0.35+0.2\times0.3+0.25\times0.35)$ $=10.43\text{m}^2$ (2) 而底面是否有模板，要根据施工方案确定。如果挖地槽时，地槽底标高与地梁底标高一致，则不需要做底模板，如果地槽底标高比地梁底标高低，则需要安装底模板。而地梁的两端头，因为和柱相连，不需要模板。此处按地槽底标高与地梁底标高一致考虑。 $S_{地梁底模}=0.00\text{m}^2$ (3) 现浇混凝土地梁的模板安拆工程量就等于侧模与底模之和： $S_{地梁模板}=S_{地梁侧模}+S_{地梁底模}$ $=10.43+0=10.43\text{m}^2$							

续表

序号	项目编码 定额编号	项目名称	计量单位	工程量	计算式（计算公式）	清单工程量计算规则 定额工程量计算规则	知识点	技能点
61	011702002001	现浇混凝土框架矩形柱模板支架（清单）			$S_{柱模}=S_{柱侧模}-S_{构件连接面}$	1. 按模板与现浇混凝土构件的接触面积计算 2. 现浇框架分别按梁、板、柱有关规定计算 3. 柱、梁、墙、板相互连接重叠部分，均不计算模板面积	1. 按模板与现浇构件的接触面积计算 2. 现浇框架分别按梁、板、柱有关规定计算 3. 柱、梁、墙、板相互连接重叠部分，均不计算模板面积	1. 构件划分的确定 2. 模板与现浇构件接触面的确定 3. 连接面重叠面积扣减的确定
		现浇混凝土框架矩形柱模板支架（定额）						

现浇混凝土框架矩形柱模板支架工程量的计算（以Ⓐ轴与①轴相交的 KZ1 为例）。

分析：(1) 框架柱与模板的接触面主要是侧面，底面和顶面不需要模板。侧模为柱截面周长乘以柱高，这里的柱高是柱基上表面至柱顶高度。注意这里的 KZ1 柱顶是斜面，应当算至柱截面中心点的高度是最准确的。

$H_{柱截面中心点}=11.95+0.28/(2.1+3.9+0.12+0.25/2)\times(14.15-11.95)=12.049\text{m}$

$S_{柱侧模}=L_{柱截面周长}\times H_{柱高}=0.4\times4\times(4-0.6+12.049)=24.718\text{m}^2$

(2) 要扣除柱与地梁、有梁板、挑檐板等构件连接面：

$S_{柱模}=S_{柱侧模}-S_{构件连接面}$

$=24.718-(0.25\times0.4+0.25\times0.5)-(0.25\times0.5\times2)-[0.15\times0.4\times2+0.25\times(0.5-0.15)\times2]\times2-[0.15\times0.4\times2+0.1\times0.4+0.25\times(0.5-0.15)+0.25\times(0.3-0.1)+0.25\times(0.3-0.15)]$

$=23.32\text{m}^2$

续表

序号	项目编码 定额编号	项目名称	计量单位	工程量	计算式（计算公式）	清单工程量计算规则 定额工程量计算规则	知识点	技能点
62	011702004001	现浇混凝土框架异形柱模板支架（清单）				1. 按模板与现浇混凝土构件的接触面积计算 2. 现浇框架分别按梁、板、柱有关规定计算 3. 柱、梁、墙、板相互连接重叠部分，均不计算模板面积		
		现浇混凝土框架异形柱模板支架（定额）						
63	011702003001	现浇混凝土构造柱模板支架（清单）	m^2		$S_{构造柱模} = S_{主体模板} + S_{马牙槎模板}$	1. 按模板与现浇混凝土构件的接触面积计算 2. 柱、梁、墙、板相互连接重叠部分，均不计算模板面积	1. 按模板与现浇构件的接触面积计算 2. 构造柱按图示外露部分计算模板面积	1. 模板与构造柱主体接触面的确定 2. 模板与马牙槎接触面的确定
		现浇混凝土构造柱模板支架（定额）				3. 构造柱按图示外露部分计算模板面积		
63	现浇混凝土构造柱模板支架工程量的计算（以Ⓐ轴上的 GZ1 为例）： 分析：按照规范要求，构造柱的模板按图示尺寸外露部分计算模板面积。 （1）计算构造柱主体部分的模板，其接触面只有与墙面平行的两侧有，高度按构造柱全高计算。 $S_{主体模板} = 0.24 \times (4.00 - 0.25 - 0.05 - 0.5) \times 2 = 1.536m^2$ （2）计算马牙槎的模板，其接触面只有与墙面平行的两侧有，马牙槎凹凸尺寸不宜小于 60mm，高度不应超过 300mm，应先退后进，对称砌筑。所以在计算时，长度采用互补原理，为 30mm，高度按全高计算。该工程中，Ⓐ轴上的 GZ1，两边与砖砌条基接触，故只有两侧有马牙槎。 $S_{马牙槎模板} = 0.03 \times (4.00 - 0.25 - 0.05 - 0.5) \times 2侧 \times 2面 = 0.384m^2$ （3）构造柱的模板支架工程量就等于构造柱主体部分和马牙槎部分的模板之和： $S_{构造柱模} = S_{主体模板} + S_{马牙槎模板} = 1.536 + 0.384 = 1.92m^2$							

续表

序号	项目编码 定额编号	项目名称	计量单位	工程量	计算式（计算公式）	清单工程量计算规则 定额工程量计算规则	知识点	技能点
64	011702014001	现浇混凝土有梁板模板支架（不含屋面板）（清单）						
		现浇混凝土有梁板模板支架（不含屋面板）（定额）						
65	011702014002	现浇混凝土屋面有梁板模板支架（清单）	m^2		$S_{有梁板}=S_{底模}+S_{侧模}$	1. 按模板与现浇混凝土构件的接触面积计算 2. 现浇钢筋混凝土墙、板单口面积≤$0.3m^2$的孔洞不予扣除，洞侧壁模板亦不增加：单孔面积>$0.3m^2$时应予以扣除，洞侧壁模板面积并入墙、板工程量内计算 3. 现浇框架分别按梁、板、柱有关规定计算 4. 柱、梁、墙、板相互连接重叠部分，均不计算模板面积	1. 按模板与现浇构件的接触面积计算 2. 现浇框架分别按梁、板、柱有关规定计算 3. 柱、梁、墙、板相互连接重叠部分，均不计算模板面积	1. 构件划分的确定 2. 模板与现浇构件接触面的确定 3. 连接面重叠面积扣减的确定 4. 比例系数的确定
		现浇混凝土屋面有梁板模板支架（定额）						

续表

<table>
<tr><th rowspan="2">序号</th><th>项目编码</th><th rowspan="2">项目名称</th><th rowspan="2">计量单位</th><th rowspan="2">工程量</th><th rowspan="2">计算式（计算公式）</th><th>清单工程量计算规则</th><th rowspan="2">知识点</th><th rowspan="2">技能点</th></tr>
<tr><th>定额编号</th><th>定额工程量计算规则</th></tr>
<tr><td>65</td><td colspan="8">现浇 C25 混凝土倾斜屋面有梁板模板支架工程量的计算（以结施 22 页，Ⓒ、Ⓓ轴和①、③轴围成的区域为例）。
分析：该屋面板外部有挑檐，按照规范要求，现浇挑檐与屋面板连接时，以外墙外边线为分界线，外边线以内为屋面板。该工程的这块屋面为斜屋面，先计算出倾斜面与水平面的系数关系，再计算出水平时的工程量，在判断那些部位需要乘以系数计算出斜屋面的模板支架工程量。
（1）计算倾斜面与水平面的系数：
$K_{倾斜/水平} = \sqrt{(14.96-14.13)^2+2.4^2}/2.4 = 1.058$
（2）计算有梁板的底模工程量，要扣除和柱相交处的模板。这里要注意的是，KL-2 的底模是水平的，无需乘以系数，而板底模和 KL-1 的底模均是倾斜的，需要乘以系数。
$S_{要乘系数底模} = (8.4+0.12+0.25/2)\times[2.4-(0.25-0.12)-0.25/2]-[0.4\times(0.4-0.25)+0.4\times(0.2-0.25/2)\times3+0.3\times(0.175-0.25/2)+(0.15+0.25/2)\times(0.18-0.25/2)]\times1.058 = 18.353m^2$
$S_{不乘系数底模} = 0.25\times(8.4-0.28-0.4-0.15)\times2$ 根 $= 3.785m^2$
$S_{底模} = S_{要乘系数底模}+S_{不乘系数底模} = 18.353+3.785 = 22.138m^2$
（3）计算有梁板的侧模工程量，要扣除与板相交处的模板。这里要注意的是，KL-2 的侧模模是水平的，无需乘以系数，而 KL-1 的侧模是倾斜的，需要乘以系数。
$S_{要乘系数侧模} = (0.4-0.1)\times[(2.4-0.28-0.2)\times2$ 侧 $+(2.4-0.2\times2)\times2$ 侧 $+(2.4-0.18-0.175)\times2$ 侧$]\times1.058 = 3.787m^2$
$S_{不乘系数侧模} = (0.4-0.1)\times(8.4-0.28-0.4-0.15)\times2$ 侧 $\times2$ 根 $= 9.084m^2$
$S_{侧模} = S_{要乘系数侧模}+S_{不乘系数侧模} = 3.787+9.084 = 12.871m^2$
（4）倾斜的有梁板模板支架工程量等于底面模板与侧模模板之和：
$S_{有梁板} = S_{底模}+S_{侧模} = 22.138+12.871 = 35.01m^2$</td></tr>
</table>

续表

<table>
<tr><th rowspan="2">序号</th><th>项目编码</th><th rowspan="2">项目名称</th><th rowspan="2">计量单位</th><th rowspan="2">工程量</th><th rowspan="2">计算式（计算公式）</th><th>清单工程量计算规则</th><th rowspan="2">知识点</th><th rowspan="2">技能点</th></tr>
<tr><th>定额编号</th><th>定额工程量计算规则</th></tr>
<tr><td rowspan="3">66</td><td>011702023001</td><td>现浇混凝土挑檐板模板支架（清单）</td><td></td><td></td><td>$S_{斜挑檐模板} = S_{水平投影} \times K_{倾斜/水平}$</td><td rowspan="2"></td><td rowspan="2">1. 按图示外挑部分尺寸的水平投影面积计算
2. 挑出墙外的悬臂梁及板边不另计算</td><td rowspan="2">1. 挑檐板与屋面板分界线的确定
2. 外挑部分水平投影面积的确定
3. 比例系数的确定</td></tr>
<tr><td></td><td>现浇混凝土挑檐板模板支架（定额）</td><td></td><td></td><td></td></tr>
<tr><td colspan="8">现浇混凝土倾斜挑檐板模板支架工程量的计算（结施 22 页，①轴上的Ⓐ和Ⓒ轴之间的挑檐板为例）。
分析：挑檐板的工程量应按外挑部分尺寸的水平投影面积计算，挑出墙外的悬臂梁及板边不另计算。要注意，这里的挑檐板是一块倾斜的挑檐板，所以应当先算出倾斜面与水平面的系数关系，再计算出水平时的工程量，再乘以系数，得到倾斜的挑檐板工程量。
$K_{倾斜/水平} = \sqrt{(14.15-11.95)^2+(2.1+3.9+0.12+0.25/2)^2}/(2.1+3.9+0.12+0.25/2)$
$= 1.06$
$S_{斜挑檐模板} = S_{水平投影} \times K_{倾斜/水平}$
$= (2.1+3.9+0.72+0.25/2)\times(0.72-0.12)\times 1.06 = 4.35m^2$</td></tr>
<tr><td rowspan="3">67</td><td>011702022001</td><td>现浇混凝土檐沟模板支架（清单）</td><td></td><td></td><td></td><td rowspan="2">按图示外挑部分尺寸的水平投影面积计算，挑出墙外的悬臂梁及板边不另计算</td><td rowspan="2"></td><td rowspan="2"></td></tr>
<tr><td></td><td>现浇混凝土檐沟模板支架（定额）</td><td></td><td></td><td></td></tr>
<tr><td colspan="8"></td></tr>
</table>

续表

序号	项目编码 定额编号	项目名称	计量单位	工程量	计算式（计算公式）	清单工程量计算规则 定额工程量计算规则	知识点	技能点
68	011702024001	现浇混凝土楼梯模板支架（清单）	m^2		$S_{楼梯模板}=\sum S_{水平投影}=\sum(L_{水平投影}\times B_{水平投影})$	按楼梯（包括休息平台、平台梁、斜梁和楼层板的连接梁）的水平投影面积计算，不扣除宽度≤500mm的楼梯井所占面积，楼梯踏步、踏步板、平台梁等侧面模板不另计算，伸入墙内部分亦不增加	1. 按楼梯水平投影面积计算 2. 不扣除≤500mm的楼梯井所占面积 3. 楼梯踏步、踏步板、平台梁等侧面模板不另计算 4. 伸入墙内部分亦不增加	1. 楼梯构造和组成的确定 2. 楼梯水平投影面积的确定
		现浇混凝土楼梯模板支架（定额）						

现浇混凝土楼梯模板支架工程量的计算（以一楼到二楼的楼梯为例）。

分析：根据规范要求，按楼梯（包括休息平台、平台梁、斜梁和楼层板的连接梁）的水平投影面积计算，不扣除宽度≤500mm的楼梯井所占面积，楼梯踏步、踏步板、平台梁等侧面模板不另计算，伸入墙内部分亦不增加。

$$S_{楼梯模板}=\sum S_{水平投影}=\sum(L_{水平投影}\times B_{水平投影})$$

$$=(1.42+2.24+0.3-0.2/2)\times(2.4-0.12\times 2)=8.34m^2$$

续表

<table>
<tr><th rowspan="2">序号</th><th>项目编码</th><th rowspan="2">项目名称</th><th rowspan="2">计量单位</th><th rowspan="2">工程量</th><th rowspan="2">计算式（计算公式）</th><th>清单工程量计算规则</th><th rowspan="2">知识点</th><th rowspan="2">技能点</th></tr>
<tr><th>定额编号</th><th>定额工程量计算规则</th></tr>
<tr><td rowspan="3">69</td><td>011702027001</td><td>现浇混凝土台阶模板支架（清单）</td><td>m^2</td><td></td><td>$S_{台阶模板}=S_{水平投影}$
$=L_{水平投影}\times B_{水平投影}$</td><td rowspan="2">按图示台阶水平投影面积计算，台阶端头两侧不另计算模板面积</td><td rowspan="2">1. 按图示台阶水平投影面积计算
2. 台阶端头两侧不另计算模板面积</td><td rowspan="2">1. 台阶阶梯数的确定
2. 台阶水平投影面积的确定</td></tr>
<tr><td></td><td>现浇混凝土台阶模板支架（定额）</td><td></td><td></td><td></td></tr>
<tr><td colspan="8">现浇混凝土台阶模板支架工程量的计算（以Ⓕ轴上的台阶为例）：
分析：根据规范要求，按图示台阶水平投影面积计算，台阶端头两侧不另计算模板面积。
$S_{台阶模板}=S_{水平投影}=L_{水平投影}\times B_{水平投影}=1.8\times(3.2\times2+0.3)=12.06m^2$</td></tr>
<tr><td rowspan="3">70</td><td></td><td>现浇混凝土坡道模板支架（清单）</td><td></td><td></td><td></td><td></td><td></td><td></td></tr>
<tr><td></td><td>现浇混凝土坡道模板支架（定额）</td><td></td><td></td><td></td><td></td><td></td><td></td></tr>
<tr><td colspan="8"></td></tr>
</table>

续表

序号	项目编码 定额编号	项目名称	计量单位	工程量	计算式（计算公式）	清单工程量计算规则 定额工程量计算规则	知识点	技能点
71		现浇混凝土止水带模板支架（清单）						
		现浇混凝土止水带模板支架（定额）						

4.5 “某游泳池工程”课堂与课外实训项目

进阶3的建筑工程量计算实训内容讲解和实训结束后，就要安排一定的时间进行课堂与课外实训。

4.5.1 施工图选用

该实训项目选用本系列实训教材之一的《工程造价实训用图集》中的“某游泳池工程”施工图。

4.5.2 实训内容及要求

1. 按计价定额和某游泳池工程施工图列出全部分部分项工程定额项目。
2. 按房屋建筑与装饰工程工程量计算规范和游泳池工程施工图列出全部分部分项工程清单项目。
3. 计算土石方工程定额项目的分部分项工程量。
4. 计算土石方工程分部分项工程项目清单工程量。
5. 计算砌筑定额项目的分部分项工程量。
6. 计算砌筑工程分部分项工程项目清单工程量。
7. 计算混凝土及钢筋混凝土工程定额项目的分部分项工程量。
8. 计算混凝土及钢筋混凝土工程分部分项工程项目清单工程量。
9. 计算门窗工程定额项目的分部分项工程量。
10. 计算门窗工程分部分项工程项目清单工程量。
11. 计算屋面及防水工程定额项目的分部分项工程量。
12. 计算屋面及防水工程分部分项工程项目清单工程量。
13. 计算保温、隔热、防腐工程定额项目的分部分项工程量。
14. 计算保温、隔热、防腐工程分部分项工程项目清单工程量。
15. 计算楼地面装饰工程定额项目的分部分项工程量。
16. 计算楼地面装饰工程分部分项工程项目清单工程量。
17. 计算墙、柱面装饰与隔断、幕墙工程定额项目的分部分项工程量。
18. 计算墙、柱面装饰与隔断、幕墙工程分部分项工程项目清单工程量。
19. 计算天棚工程定额项目的分部分项工程量。
20. 计算天棚工程分部分项工程项目清单工程量。
21. 计算油漆、涂料、裱糊工程定额项目的分部分项工程量。
22. 计算油漆、涂料、裱糊工程分部分项工程项目清单工程量。
23. 计算措施项目定额工程量。
24. 计算单价措施项目清单工程量。

说明：工程量计算表格由任课老师选定后交给学生。

5　建筑工程量计算进阶 4

5.1　建筑工程量计算进阶 4 主要训练内容

进阶 4 是多层教学楼框架结构建筑工程量计算，主要训练内容见表 5-1。

建筑工程量计算进阶四主要训练内容表　　**表 5-1**

训练能力	训练进阶	主要训练内容	选用施工图
1. 分项工程项目列项 2. 清单工程量计算 3. 定额工程量计算	进阶 4	1. 土石方工程清单及定额工程量计算 2. 砌筑工程清单及定额工程量计算 3. 混凝土及钢筋混凝土工程清单及定额工程量计算 4. 门窗工程清单及定额工程量计算 5. 屋面及防水工程清单及定额工程量计算 6. 保温、隔热、防腐工程清单及定额工程量计算 7. 楼地面工程清单及定额工程量计算 8. 墙、柱面装饰与隔断、幕墙工程清单及定额工程量计算 9. 天棚工程清单及定额工程量计算 10. 油漆、涂料、裱糊工程清单及定额工程量计算 11. 其他装饰工程清单及定额工程量计算 12. 措施工程清单及定额工程量计算	$4000m^2$ 以内的多层框架结构建筑物施工图

5.2　建筑工程量计算进阶 4——5 号教学楼工程施工图

该实训项目选用本系列实训教材之一的《工程造价实训用图集》中的“某学院 5 号教学楼工程”施工图。

5.3　5 号教学楼工程分部分项工程项目和单价措施项目列项

按照房屋建筑与装饰工程工程量计算规范和 5 号教学楼工程施工图，将列出的全部分部分项工程、单价措施项目填写在表 5-2 中。

5 号教学楼分部分项工程项目和单价措施项目列项表　　**表 5-2**

序号	项目编码	项目名称	计量单位	项目特征描述
		A. 土石方工程		
1		挖一般土方		

续表

序号	项目编码	项目名称	计量单位	项目特征描述
2		室内回填土		
3		基础回填土		
4		余方弃置		
		D. 砌筑工程		
5		M10 混合砂浆砖基础		
6		M5 混合砂浆砌空心砖墙		
7		M5 混合砂浆砌加气混凝土块砌块墙		
		E 混凝土及钢筋混凝土工程		
8		现浇混凝土垫层		
9		现浇混凝土独立基础		
10		现浇混凝土满堂基础		
11		现浇混凝土基础连梁		
12		现浇混凝土圈梁		
13		现浇混凝土矩形框架柱		
14		现浇混凝土构造柱		
15		现浇混凝土有梁板（不含坡屋面）		
16		现浇混凝土屋面有梁板（坡屋面）		
17		现浇混凝土直形女儿墙		
18		现浇混凝土雨棚		
19		现浇混凝土后浇带		
20		现浇混凝土地面垫层		
21		现浇混凝土散水		
22		预制混凝土过梁		
23		现浇混凝土楼梯		
24		现浇混凝土台阶		
25		现浇混凝土坡道		
26		现浇混凝土带（外墙窗台处）		

续表

序号	项目编码	项目名称	计量单位	项目特征描述
27		现浇混凝土止水带		
28		预埋铁件		
		H. 门窗工程		
29		防火门		
30		防火窗		
31		木门		
32		铝合金门		
33		塑钢窗		
		J. 屋面及防水工程		
34		瓦屋面		
35		屋面卷材防水		
36		楼地面丙纶卷材防水		
37		墙面丙纶卷材防水		
38		屋面排水管		
39		塑料吐水管		
		K. 保温、隔热、防腐工程		
40		保温隔热屋面		
41		保温隔热墙面		
		L. 楼地面工程		
42		水泥砂浆楼地面		
43		块料楼地面		
44		块料楼梯面层		
45		块料坡道面层		
46		块料台阶面		
		M. 墙、柱面装饰与隔断、幕墙工程		
47		内墙面抹灰		
48		外墙立面砂浆找平层		

续表

序号	项目编码	项目名称	计量单位	项目特征描述
49		外墙面贴瓷砖		
50		内墙贴砖（卫生间）		
N. 天棚工程				
51		天棚抹灰		
52		楼梯底面抹灰		
53		耐潮纸面石膏板吊顶		
P. 油漆、涂料、裱糊工程				
54		顶棚涂料		
55		内墙乳胶漆		
56		外墙无机建筑涂料		
57		门油漆		
58		金属栏杆油漆		
Q. 其他装饰工程				
59		楼梯栏杆		
60		洗漱台		
S. 单价措施项目				
61		综合脚手架		
62		垂直运输		
63		现浇混凝土独立基础垫层模板支架		
64		现浇混凝土独立基础模板支架		
65		现浇混凝土条形基础垫层模板支架		
66		现浇混凝土基础梁模板支架		
67		现浇混凝土框架矩形柱模板支架		
68		现浇混凝土框架异形柱模板支架		
69		现浇混凝土构造柱模板支架		
70		现浇混凝土有梁板模板支架（不含屋面板）		
71		现浇混凝土屋面有梁板模板支架		
72		现浇混凝土挑檐板模板支架		
73		现浇混凝土檐沟模板支架		
74		现浇混凝土楼梯模板支架		
75		现浇混凝土台阶模板支架		

5.4 5号教学楼工程工程量计算

5号教学楼工程工程量计算的示例及要求：请同学们完成表中空白处的作业内容，见表5-3。

根据5号教学楼工程施工图和《房屋建筑与装饰工程工程量计算规范》GB 50854—2013，按照表中的示例要求，请同学们完成表5-3中空白处的工程量计算分析、计算式、清单编码、定额编号、计量单位、工程量、计算式、工程量计算规则空缺的内容。

5号教学楼分部分项工程项目和单价措施项目工程量计算表（空白处要求学生填写完成） 表5-3

序号	项目编码 定额编号	项目名称	计量单位	工程量	计算式（计算公式）	清单工程量计算规则 定额工程量计算规则	知识点	技能点
					A. 土石方工程			
1		挖一般土方（清单）	m^3		设：四面放坡系数 $K=0.25$，工作面为300mm 坑底边长分别为 a，b $V=(a+KH)(b+KH)H+1/3K^2H^3=$	按设计图示尺寸以基础垫层底面积乘以挖土深度计算	挖一般土方：坑底面积＞150m^2	根据土壤类别、挖土深度、施工方法考虑四面放坡及其系数
		挖一般土方（定额）						

续表

序号	项目编码 定额编号	项目名称	计量单位	工程量	计算式（计算公式）	清单工程量计算规则 定额工程量计算规则	知识点	技能点
2	010103001001	室内回填土（清单）	m^3	11.67	$V=S_{净}\times h_{厚}=$	按主墙间面积乘以回填土厚度	室内回填土：地面垫层以下素土夯填	1. 回填土厚度扣除垫层、面层 2. 间壁墙、凸出墙面的附墙柱不扣除 3. 门洞开口部分不增加 4. 卫生间室内地坪标高降 0.2m
		室内回填土（定额）						
3	010103001002	基础回填土（清单）	m^3		$V=V_{挖}-V_{垫}-V_{砖基(室外地坪以下)}$	按挖方清单项目工程量减去自然地坪以下埋设的基础体积（包括基础垫层及其他构筑物）	基础回填土：基础工程后回填至室外地坪标高	1. 室外地坪以下埋入构筑物有垫层、独基及部分砖基础 2. 砖基础工程量应扣除自然地坪以下部分
		基础回填土（定额）						

续表

序号	项目编码 定额编号	项目名称	计量单位	工程量	计算式（计算公式）	清单工程量计算规则 定额工程量计算规则	知识点	技能点
4	010103002001	余方弃置（清单）	m^3		$V=V_{挖}-V_{回}$	按挖方清单项目工程量减利用回填方体积（正数）计算	1. 回填后多余土方运走 2. 挖方不够买土回填	1. 正数为余方弃置 2. 负数为买土回填
		余方弃置（定额）						
D. 砌筑工程								
5	010401001001	砖基础（清单）	m^3		$V=b\times H\times L-V_{构造柱}$	按设计图示尺寸以体积计算	1. 基础长度：取至独立基础侧面 2. 基础高度：从基础连系梁上表面取至±0.000 3. 基础墙厚度的确定 4. 砖基础中应扣除和不扣除的内容，砖基础外应增加和不增加的内容参照进阶一知识点	1. 砖基础厚度的确定 2. 砖基础高度的确定 3. 砖基础长度的计算 4. 砖基础的截面面积计算 5. 构造柱体积计算
		砖基础（定额）	m^3					

工程量计算分析及示例：

① 轴所在 M10 混合砂浆砌砖基础的工程量。

本工程是框架结构，砖墙从－0.500 层基础连系梁上开始砌筑，故从－0.500～±0.000 为砖墙基础，±0.000 以上为砖墙，基础长取至独立基础侧面。

（1）①轴的基础长＝7.2＋3＋7.2－0.4－0.15－3.9－0.4－0.15＝12.4m

（2）①轴的基础高＝0.5m

（3）①轴的砖基础工程量＝12.4×0.5×0.24＝1.49m^3

按照上述方法将其他各轴线处的砖基础工程量（例如可按从左到右，从上到下的顺序）计算出来后扣除所有构造柱体积即可，构造柱体积计算方法见混凝土部分举例。

续表

序号	项目编码 定额编号	项目名称	计量单位	工程量	计算式（计算公式）	清单工程量计算规则 定额工程量计算规则	知识点	技能点
6	010401005001	空心砖墙（清单）	m^3		$V=(L_{墙}\times H_{墙}-S_{洞口})\times b_{墙厚}-V_{梁、柱}$	1. 框架间墙：不分内外墙按墙体净尺寸以体积计算 2. 砖墙长度：墙长取至框架柱侧面 3. 砖墙高度的确定 4. 砖墙厚度：按设计图示尺寸确定 5. 砖墙内应扣：门窗洞口、过人洞、空圈、单个孔洞面积＞$0.3m^2$所占的、嵌入墙身的钢筋混凝土柱、梁（包括圈梁、挑梁、过梁）和暖气槽、管槽、消火栓箱、壁龛等所占的体积	1. 不扣：梁头、板头、梁垫、檩头、垫木、木楞头、沿椽木、木砖、门窗走头、砖墙内的加固钢筋，木筋、铁件、钢管、单个孔洞≤$0.3m^2$等所占体积 2. 砖墙外应增加突出墙面的砖垛体积；凸出墙面的腰线、挑檐、压顶、窗台线、虎头砖、门窗套等体积不增加	1. 砖墙高度的确定 2. 砖墙长度的计算 3. 墙体厚度的确定 4. 门窗洞口的面积计算 5. 过梁体积计算
		空心砖墙（定额）	m^3					

工程量计算分析及示例：

本工程为框架结构，墙体为框架结构间的填充墙，故墙体应按框架结构柱梁间的净面积减去门窗洞口面积，乘以墙厚计算，如果墙体中除了门窗洞口外，还有过梁、构造柱等构件时也应该按照前面讲过的计算方法扣除。

本工程有四层，且屋面为坡屋面，故墙体应该分层分别计算体积。坡屋面所在楼层，无檐口顶棚者外墙高度取至屋面板底，有框架梁者外墙墙高取至屋面框架梁底；内墙墙高取至屋面框架梁底。其他楼层内外墙墙体高度均取至框架梁底。空心砖墙墙厚按设计图示尺寸确定。

举例：二层①轴墙体工程量（①轴墙体中有窗洞、构造柱、过梁、窗台下面的混凝土带等构件。假设窗台下面的混凝土带两端各伸入砌体内 180mm）。

（1）①轴墙长＝7.2＋3＋7.2－0.4×2－0.5×2＝15.6m

（2）①轴墙高＝7.75－3.85－0.7＝3.2m

（3）①轴墙厚＝0.2m

（4）①轴墙体上门窗面积 S＝1.2×2.25×6＝16.2m^2

（5）①轴墙体门窗上过梁工程量 V＝0.2×0.12×（1.2＋0.24×2）×6＝0.242m^3

（6）①轴墙体上构造柱工程量 V＝（0.2×0.2＋0.2×0.03×2）×3.2×2＝0.333m^3

（7）①轴墙体中混凝土带工程量 V＝0.2×0.06×（1.2＋0.18×2）×6＝0.112m^3

（8）①轴空心砖墙工程量 V＝（15.6×3.2－16.2）×0.2－0.242－0.333－0.112＝6.06m^3

按照上述方法将每一层其他各轴线处的砖墙工程量（例如可按从左到右，从上到下的顺序）分层全部计算出来后汇总即可，构造柱、圈梁、过梁、混凝土带等构件体积的计算方法详见混凝土部分举例。

续表

序号	项目编码 定额编号	项目名称	计量单位	工程量	计算式（计算公式）	清单工程量计算规则 定额工程量计算规则	知识点	技能点
7	010402001001	砌块墙（清单）	m^3		$V_{墙}=(L_{墙}\times H_{墙}-S_{洞口})\times b_{墙厚}-V_{梁、柱}$	1. 框架间墙：不分内外墙按墙体净尺寸以体积计算 2. 砖墙长度：墙长取至框架柱侧面 3. 砖墙高度：取至框架梁底面 4. 砖墙厚度：按设计图示尺寸确定 5. 砖墙内应扣：门窗洞口、过人洞、空圈、单个孔洞面积＞$0.3m^2$所占的、嵌入墙身的钢筋混凝土柱、梁（包括圈梁、挑梁、过梁）和暖气槽、管槽、消火栓箱、壁龛等所占的体积	1. 不扣：梁头、板头、梁垫、檩头、垫木、木楞头、沿椽木、木砖、门窗走头、砌块墙内的加固钢筋，木筋、铁件、钢管、单个孔洞≤$0.3m^2$等所占体积 2. 砖墙外应增加突出墙面的砖垛；凸出墙面的腰线、挑檐、压顶、窗台线、虎头砖、门窗套等体积不增加	1. 砖墙高度的确定 2. 砖墙长度的确定 3. 墙体厚度的确定 4. 门窗洞口的面积计算 5. 过梁体积计算方法
		砌块墙（定额）	m^3					

工程量计算分析及示例：

本工程中的内墙及分户墙均为200mm厚加气混凝土砌块墙，墙体为框架结构间的填充墙，故墙长取至框架柱侧面，墙高取至框架梁底。

举例：二层©轴墙体工程量（©轴墙体中有门洞、过梁、消火栓箱等构件）。

（1）©轴墙长＝9.6×5＋3.6×2－0.4×2－0.5×6＝51.4m

（2）©轴墙高＝7.75－3.85－0.7＝3.2m

（3）©轴墙厚＝0.2m

（4）©轴墙体上门洞面积 $S=1.0\times2.1\times12=25.2m^2$

（5）©轴墙体门上过梁工程量 $V=0.2\times0.12\times(1.2+0.18\times2)\times12=0.449m^3$

（6）©轴墙体中消火栓箱所占的体积 $V=0.5\times0.8\times0.12\times2=0.096m^3$

（7）©轴砌块墙工程量 $V=(51.4\times3.2-25.2)\times0.2-0.449-0.096=27.31m^3$

按照上述方法将每一层其他各轴线处的砌块墙工程量（例如可按从左到右，从上到下的顺序）分层全部计算出来后汇总即可。

续表

序号	项目编码 定额编号	项目名称	计量单位	工程量	计算式（计算公式）	清单工程量计算规则 定额工程量计算规则	知识点	技能点
E 混凝土及钢筋混凝土工程								
8		现浇混凝土基础垫层（清单）						
		现浇混凝土基础垫层（定额）						
9		现浇混凝土独立基础（清单）			$V_{独基}=\Sigma(V_{上部}+V_{中部}+V_{下部})$		按设计图示尺寸以体积计算	1. 独立基础构造的确定 2. 独立基础棱台体尺寸的确定
		现浇混凝土独立基础（定额）						

现浇 C30 混凝土独立基础工程量的计算（以一个 DJ-1 为例）：

分析：该基础由三部分几何图形组成。

（1）上部是立方体柱墩，在设计上，为使基础更好地承受柱所传来的荷载，而对基础进行的局部处理，所以这里将柱墩并入独立基础计算：

$V_{上部}=(0.5+0.15\times2)^2\times2.3=1.472m^3$

（2）中部为正棱台体，可以直接用棱台体公式计算：

$V_{中部}=(S_{上底}+S_{下底}+\sqrt{S_{上底}\times S_{下底}})\times H/3$

$=(0.9^2+3.4^2+\sqrt{0.9^2\times3.4^2})\times0.3/3$

$=1.543m^3$

（3）下部为正立方体，可用截面面积乘以高：

$V_{下部}=3.4^2\times0.3=3.468m^3$

（4）将三部分求和，可得到该独基的工程量：

$V_{独基}=\Sigma(V_{上部}+V_{中部}+V_{下部})$

$=1.472+1.543+3.468=6.48m^3$

续表

<table>
<tr><td rowspan="2">序号</td><td>项目编码</td><td rowspan="2">项目名称</td><td rowspan="2">计量单位</td><td rowspan="2">工程量</td><td rowspan="2">计算式（计算公式）</td><td>清单工程量计算规则</td><td rowspan="2">知识点</td><td rowspan="2">技能点</td></tr>
<tr><td>定额编号</td><td>定额工程量计算规则</td></tr>
<tr><td rowspan="3">10</td><td>010501004001</td><td>现浇混凝土满堂基础（清单）</td><td></td><td></td><td>$V_{满堂基础}=V_{筏板}+V_{柱墩}+V_{肋梁}$</td><td rowspan="2">按设计图示尺寸以体积计算</td><td rowspan="2">按设计图示尺寸以体积计算</td><td rowspan="2">满堂基础构造和组成的确定</td></tr>
<tr><td></td><td>现浇混凝土满堂基础（定额）</td><td></td><td></td><td></td></tr>
<tr><td colspan="8">现浇 C30 混凝土满堂基础工程量的计算：
分析：该工程的满堂筏板基础上部有梁，为带肋筏板基础，按照规定，肋应当并入满堂基础计算，并且该筏板基础上部有柱墩，在设计上，为基础更好地承受柱所传来的荷载，而对基础进行的局部处理，所以这里将柱墩并入满堂基础计算。
（1）计算下部的筏板工程量：
$V_{筏板}=(3.6+1.9\times2)\times(3.0+1.9\times2)\times0.4=20.128m^3$
（2）计算柱墩的工程量：
$V_{柱墩}=(0.5+0.15\times2)^2\times(2.0-0.5)\times4$ 个 $=3.84m^3$
（3）计算基础梁的工程量：
$V_{JL3}=[3.0+1.9\times2-(0.5+0.15\times2)\times2]\times0.6\times(0.7-04)\times2$ 根 $=1.872m^3$；
$V_{JL4}=[3.6+1.9\times2-(0.5+0.15\times2)\times2]\times0.6\times(0.7-04)\times2$ 根 $=2.088m^3$；
$V_{肋梁}=V_{JL3}+V_{JL4}=1.872+2.088=3.96m^3$
（4）带肋满堂基础的工程量等于下部的筏板工程量与柱墩的工程量以及基础梁的工程量之和：
$V_{满堂基础}=V_{筏板}+V_{柱墩}+V_{肋梁}=20.128+3.84+3.96=27.93m^3$</td></tr>
<tr><td rowspan="3">11</td><td></td><td>现浇混凝土基础梁（清单）</td><td></td><td></td><td></td><td rowspan="2"></td><td rowspan="2"></td><td rowspan="2"></td></tr>
<tr><td></td><td>现浇混凝土基础梁（定额）</td><td></td><td></td><td></td></tr>
<tr><td colspan="8"></td></tr>
</table>

续表

序号	项目编码 定额编号	项目名称	计量单位	工程量	计算式（计算公式）	清单工程量计算规则 定额工程量计算规则	知识点	技能点
12		现浇混凝土基础连梁（清单）						
		现浇混凝土基础连梁（定额）						
13		现浇混凝土圈梁（清单）						
		现浇混凝土圈梁（定额）						
14		现浇混凝土过梁（清单）						
		现浇混凝土过梁（定额）						

续表

序号	项目编码 定额编号	项目名称	计量单位	工程量	计算式（计算公式）	清单工程量计算规则 定额工程量计算规则	知识点	技能点
15		现浇混凝土矩形框架柱（清单）						
		现浇混凝土矩形框架柱（定额）						
16		现浇混凝土构造柱（清单）						
		现浇混凝土构造柱（定额）						

续表

序号	项目编码 定额编号	项目名称	计量单位	工程量	计算式（计算公式）	清单工程量计算规则 定额工程量计算规则	知识点	技能点
17		现浇混凝土有梁板（不含坡屋面板）（清单）						
		现浇混凝土有梁板（不含坡屋面板）（定额）						
18		现浇混凝土有梁板（坡屋面）（清单）						
		现浇混凝土有梁板（坡屋面）（定额）						
19		现浇混凝土雨篷（清单）						
		现浇混凝土雨篷（定额）						

续表

序号	项目编码 定额编号	项目名称	计量单位	工程量	计算式（计算公式）	清单工程量计算规则 定额工程量计算规则	知识点	技能点
20	010508001001	现浇混凝土后浇带（清单）			$V_{后浇带}=V_{板}+V_{梁}$	按设计图示尺寸以体积计算	按设计图示尺寸以体积计算	后浇带构造的确定
		现浇混凝土后浇带（定额）						

现浇 C30 混凝土后浇带工程量的计算（以二层楼板为例）：

分析：后浇带是为适应环境温度变化、混凝土收缩、结构不均匀沉降等因素影响，在梁、板（包括基础底板）、墙等结构中预留的具有一定宽度且经过一定时间后再浇筑的混凝土带。所以，该工程二层楼板后浇带处在两侧施工时，此处梁和板完全断开，等到两侧混凝土强度达到设计要求时，才能浇筑后浇带。按照规范，应按设计图示尺寸以体积计算。

（1）板后浇带的工程量：

$V_{板}=(18.9+1.5\times2+0.2)\times0.8\times0.1=1.768m^3$

（2）梁后浇带的工程量，注意，算板时已经把梁的上部与板相交接部分算过了，不能重复计算。

$V_{梁}=0.3\times(0.7-0.1)\times0.8\times4$ 根 $+0.2\times(0.5-0.1)\times0.8\times2$ 根 $=0.704m^3$

（3）此处后浇带的工程量等于板后浇带和梁后浇带的工程量之和：

$V_{后浇带}=V_{板}+V_{梁}=1.768+0.704=2.47m^3$

续表

序号	项目编码 定额编号	项目名称	计量单位	工程量	计算式（计算公式）	清单工程量计算规则 定额工程量计算规则	知识点	技能点
21	010504001001	现浇混凝土直形女儿墙(清单)	m^3	0.35	$V_{女儿墙}=S_{剖面}\times L_{墙长}$	1. 按设计图示尺寸以体积计算 2. 扣除门窗洞口及单个面积＞0.3m^2的孔洞所占体积，墙垛及凸出墙面部分并入墙体体积计算内	1. 按设计图示尺寸以体积计算 2. 扣除门窗洞口及单个面积＞0.3m^2的孔洞所占体积 3. 墙垛及凸出墙面部分并入墙体体积计算	1. 混凝土墙剖面的确定 2. 混凝土墙长度的确定 3. 扣除量的确定 4. 增加量的确定
		现浇混凝土直形女儿墙（定额）	m^3					
	现浇C30混凝土直行女儿墙工程量的计算（以Ⓐ轴线上⑥～⑦轴间的女儿墙为例）： 分析：（1）计算女儿墙剖面的面积： $S_{剖面}=0.12\times0.7+0.12\times0.1=0.096m^2$ （2）女儿墙剖面面积乘以长度得到体积： $V_{女儿墙}=S_{剖面}\times L_{墙长}=0.096\times3.6=0.35m^3$							
22		现浇混凝土楼梯（清单）						
		现浇混凝土楼梯（定额）						

续表

序号	项目编码 定额编号	项目名称	计量单位	工程量	计算式（计算公式）	清单工程量计算规则 定额工程量计算规则	知识点	技能点
23		浇混凝土地面（清单）						
		现浇混凝土地面（定额）						
24		现浇混凝土台阶（清单）						
		现浇混凝土台阶（定额）						
25		现浇混凝土坡道（清单）						
		现浇混凝土坡道（定额）						
26		现浇混凝土带（外墙窗台处）（清单）						
		现浇混凝土带（外墙窗台处）（定额）						

续表

序号	项目编码 定额编号	项目名称	计量单位	工程量	计算式（计算公式）	清单工程量计算规则 定额工程量计算规则	知识点	技能点
27		现浇混凝土止水带（清单）						
		现浇混凝土止水带（定额）						
28		预埋铁件（清单）						
		预埋铁件（定额）						
H. 门窗工程								
29		防火门（清单）	樘					
			m^2					
		防火门（定额）						

续表

<table>
<tr><th rowspan="2">序号</th><th>项目编码</th><th rowspan="2">项目名称</th><th rowspan="2">计量单位</th><th rowspan="2">工程量</th><th rowspan="2">计算式（计算公式）</th><th>清单工程量计算规则</th><th rowspan="2">知识点</th><th rowspan="2">技能点</th></tr>
<tr><th>定额编号</th><th>定额工程量计算规则</th></tr>
<tr><td rowspan="4">30</td><td rowspan="2"></td><td rowspan="2">防火门
（清单）</td><td>樘</td><td>1</td><td>樘数</td><td rowspan="3">1. 以樘计量，按设计图示数量计算
2. 以平方米计量，按设计图示洞口尺寸以面积计算</td><td rowspan="3"></td><td rowspan="3">1. 门数量的确定
2. 门洞口面积的确定</td></tr>
<tr><td>m^2</td><td>1.8</td><td>$S=\Sigma$(门洞口高×门洞口宽×数量)</td></tr>
<tr><td></td><td>防火窗
（定额）</td><td></td><td></td><td></td></tr>
<tr><td colspan="8">工程量计算分析及示例：
分析：(1) 按“樘”计算工程量时，应区别门（窗）洞口尺寸与种类分别列项计算。
$GC_{甲}-1$：防火窗按“樘”计算工程量为1樘。
(2) 按面积计算工程量时，应注意区别门（窗）的防火级等级以及材质等分别列项计算。
$S=\Sigma$(门洞口宽×门洞口高×数量)
$S_{防火窗}=1.20\times1.50\times1=1.80m^2$</td></tr>
<tr><td rowspan="4">31</td><td rowspan="2"></td><td rowspan="2">防火门
（清单）</td><td>樘</td><td></td><td></td><td rowspan="3"></td><td rowspan="3"></td><td rowspan="3"></td></tr>
<tr><td>m^2</td><td></td><td></td></tr>
<tr><td></td><td>防火门
（定额）</td><td></td><td></td><td></td></tr>
<tr><td colspan="8"></td></tr>
</table>

续表

序号	项目编码/定额编号	项目名称	计量单位	工程量	计算式（计算公式）	清单工程量计算规则/定额工程量计算规则	知识点	技能点
32		铝合金门（清单）	樘					
			m^2					
		铝合金门（定额）						
33		塑钢窗（清单）	樘					
			m^2					
		塑钢窗（定额）						
J. 屋面及防水工程								
34		瓦屋面（清单）	m^2		$S=L_{斜高}\times$屋面长			
		瓦屋面（定额）						

续表

序号	项目编码/定额编号	项目名称	计量单位	工程量	计算式（计算公式）	清单工程量计算规则/定额工程量计算规则	知识点	技能点
35		屋面卷材防水（清单）	m^2					
		屋面卷材防水（定额）						
36		楼地面丙纶卷材防水（清单）	m^2					
		楼地面丙纶卷材防水（定额）						
37		墙面丙纶卷材防水（清单）	m^2					
		墙面丙纶卷材防水（定额）						

续表

序号	项目编码 定额编号	项目名称	计量单位	工程量	计算式（计算公式）	清单工程量计算规则 定额工程量计算规则	知识点	技能点
38		屋面排水管（清单）						
		墙面丙纶卷材防水（定额）						
39		塑料吐水管（清单）						
		塑料吐水管（定额）						
K. 保温、隔热、防腐工程								
40		保温隔热屋面（清单）						
		保温隔热屋面（定额）						

续表

序号	项目编码/定额编号	项目名称	计量单位	工程量	计算式（计算公式）	清单工程量计算规则/定额工程量计算规则	知识点	技能点
41		保温隔热墙面（清单）						
		保温隔热墙面（定额）						
L. 楼地面工程								
42	011101002001	水泥砂浆楼地面（清单）	m^2		$S=S_{净}=$	按设计图示尺寸以面积计算	1. 扣除凸出地面构筑物、设备基础、室内铁道、地沟等所占面积 2. 不扣除间壁墙及单个面积$\leqslant 0.3m^2$柱、垛、附墙烟囱及孔洞所占面积 3. 门洞、空圈、暖气包槽、壁龛的开口部分不增加面积	1. 主墙间净面积 2. 不增加门洞口面积
		水泥砂浆楼地面（定额）						

续表

序号	项目编码 定额编号	项目名称	计量单位	工程量	计算式（计算公式）	清单工程量计算规则 定额工程量计算规则	知识点	技能点
43		块料楼地面（清单）	m^2		$S=S_{净}=$	按设计图示尺寸以面积计算	门洞、空圈、暖气包槽、壁龛的开口部分并入相应的工程量内	门洞口面积按门关闭时划分内外
		块料楼地面（定额）						
	工程量计算分析及示例： 二层系副职办公室（门居中）： $S=(9.6-0.2)\times(7.2-0.1+0.05)+1\times0.1\times2=67.41m^2$							
44		块料楼梯面层（清单）	m^2		$S=S_{平}$	按设计图示尺寸以楼梯（包括踏步、休息平台及≤500mm 的楼梯井）水平投影面积计算	1. 楼梯与楼地面相连时算至梯口梁内侧边缘 2. 无梯口梁者算至最上一层踏步边沿加 300mm	1. 主墙间净面积 2. 不扣除柱所占面积 3. 平台柱工程量单独计算 4. 梯口梁投影面积并入楼梯面积 5. 清单工作内容包含防滑条安装
		块料楼梯面层（定额）						

续表

序号	项目编码 定额编号	项目名称	计量单位	工程量	计算式（计算公式）	清单工程量计算规则 定额工程量计算规则	知识点	技能点
45		块料坡道面层（清单）	m^2		$S=S_{平}$	按设计图示尺寸以面积计算	以水平投影面积计算	
		块料坡道面层（定额）						
46		块料台阶面（清单）	m^2		$S=S_{平}$	按设计图示尺寸以台阶（包括最上层踏步边沿加 300mm）水平投影面积计算	1. 以水平投影面积计算 2. 取至踏步上边沿加 300mm	平台部分并入楼地面工程
		块料台阶面（定额）						

续表

序号	项目编码 定额编号	项目名称	计量单位	工程量	计算式（计算公式）	清单工程量计算规则 定额工程量计算规则	知识点	技能点
M. 墙、柱面装饰与隔断、幕墙工程								
47	011201001001	内墙面抹灰（清单）	m^2		$S=L_{净长}\times H_{净高}$－内墙面门窗洞口所占面积	按设计图示尺寸以面积计算	1. 扣除墙裙、门窗洞口及单个面积＞0.3m^2的孔洞面积 2. 不扣除踢脚线、挂镜线和墙与构件交接处的面积 3. 门窗洞口和孔洞的侧壁及顶面不增加面积 4. 附墙柱、梁、垛、烟囱侧壁并入相应的墙面面积内	1. 内墙抹灰面按主墙间净长乘以高度计算 2. 净长：设计图示尺寸（不考虑抹灰厚度） 3. 净高：扣除墙裙高度
		内墙面抹灰（定额）						

续表

序号	项目编码 定额编号	项目名称	计量单位	工程量	计算式（计算公式）	清单工程量计算规则 定额工程量计算规则	知识点	技能点
48	011201004001	外墙立面砂浆找平层（清单）	m^2		$S=L_{外}\times H_{外}$－门窗洞口所占面积	按设计图示尺寸以面积计算	1. 扣除墙裙、门窗洞口及单个面积＞0.3m^2的孔洞面积 2. 不扣除踢脚线、挂镜线和墙与构件交接处的面积 3. 门窗洞口和孔洞的侧壁及顶面不增加面积 4. 附墙柱、梁、垛、烟囱侧壁并入相应的墙面面积内	1. 外墙抹灰面按外墙垂直投影面积计算 2. 净长：设计图示尺寸（不考虑抹灰厚度） 3. 高度：取至室外地坪 4. 山墙部分取平均高度
		外墙立面砂浆找平层（定额）						

续表

序号	项目编码 定额编号	项目名称	计量单位	工程量	计算式（计算公式）	清单工程量计算规则 定额工程量计算规则	知识点	技能点
49		外墙面贴瓷砖（清单）	m^2		$S=L_{表}\times H_{表}$－门窗洞口所占面积＋门窗洞口侧面	按镶贴表面积计算	1. 扣除墙裙、门窗洞口及单个面积＞0.3m^2 的孔洞面积 2. 不扣除踢脚线、挂镜线和墙与构件交接处的面积 3. 门窗洞口和孔洞的侧壁及顶面、附墙柱、梁、垛、烟囱侧壁并入相应的墙面面积内	1. 按瓷砖表面积计算 2. 长度：考虑立面砂浆找平层、结合层、面砖厚度，柱两侧面积并入抹灰工程量 3. 高度：取至室外地坪
		外墙面贴瓷砖（定额）						
50		内墙贴砖（卫生间）（清单）						
		内墙贴砖（卫生间）（定额）						

续表

序号	项目编码 定额编号	项目名称	计量单位	工程量	计算式（计算公式）	清单工程量计算规则 定额工程量计算规则	知识点	技能点
					N. 天棚工程			
51		天棚抹灰（清单）	m^2		$S=S_{净}+$梁两侧面积	按设计图示尺寸以水平投影面积计算	1. 不扣除间壁墙、垛、柱、附墙烟囱、检查口和管道所占的面积 2. 天棚的梁两侧抹灰面积并入天棚面积内	1. 墙上梁侧面抹灰并入墙体抹灰 2. 梁两侧抹灰面积并入天棚面积内 3. 柱所占面积不扣除
		天棚抹灰（定额）						
52		楼梯底面抹灰（清单）	m^2		$S=S_{水平}\times\cos(坡角)+S_{休息平台}$	按设计图示尺寸以水平投影面积计算	板式楼梯底面抹灰按斜面积计算，锯齿形楼梯底板抹灰按展开面积计算	1. 板式楼梯底面抹灰按斜面积计算 2. 锯齿形楼梯底板抹灰按展开面积计算 3. 不扣除柱、检查口和管道所占的面积
		楼梯底面抹灰（定额）						

续表

序号	项目编码 定额编号	项目名称	计量单位	工程量	计算式（计算公式）	清单工程量计算规则 定额工程量计算规则	知识点	技能点
53		耐潮纸面石膏板吊顶（清单）	m^2		$S=S_{净}$	按设计图示尺寸以水平投影面积计算	1. 天棚面中的灯槽及跌级、锯齿形、吊挂式、藻井式天棚面积不展开计算 2. 不扣除间壁墙、柱垛和管道所占的面积 3. 扣除单个面积 $>0.3m^2$ 的孔洞、独立柱及与天棚相连的窗帘盒所占的面积	以水平投影面积计算
		耐潮纸面石膏板吊顶（定额）						
	一层女卫生间： $S=S_{净}=(5.1-0.1)\times(3.6-0.1\times2)=17m^2$							
	P. 油漆、涂料、裱糊工程							
54		顶棚涂料（清单）						
		顶棚涂料（定额）						

续表

序号	项目编码 定额编号	项目名称	计量单位	工程量	计算式（计算公式）	清单工程量计算规则 定额工程量计算规则	知识点	技能点
55		内墙乳胶漆（清单）						
		内墙乳胶漆（定额）						
56		外墙无机建筑涂料（清单）						
		外墙无机建筑涂料（定额）						
57		门油漆（清单）						
		门油漆（定额）						

续表

序号	项目编码 / 定额编号	项目名称	计量单位	工程量	计算式（计算公式）	清单工程量计算规则 / 定额工程量计算规则	知识点	技能点
58		金属栏杆油漆（清单）						
		金属栏杆油漆（定额）						
Q. 其他装饰工程								
59		楼梯栏杆（清单）	m					
		楼梯栏杆（定额）						
60		洗漱台（清单）	m					
		洗漱台（定额）						

续表

序号	项目编码 定额编号	项目名称	计量单位	工程量	计算式（计算公式）	清单工程量计算规则 定额工程量计算规则	知识点	技能点
S. 单价措施项目								
61		综合脚手架（清单）						
		综合脚手架（定额）						
62		垂直运输（清单）						
		垂直运输（定额）						
63		现浇混凝土基础垫层模板及支架（清单）						
		现浇混凝土基础垫层模板及支架（定额）						

续表

<table>
<tr><th rowspan="2">序号</th><th>项目编码</th><th rowspan="2">项目名称</th><th rowspan="2">计量单位</th><th rowspan="2">工程量</th><th rowspan="2">计算式（计算公式）</th><th>清单工程量计算规则</th><th rowspan="2">知识点</th><th rowspan="2">技能点</th></tr>
<tr><th>定额编号</th><th>定额工程量计算规则</th></tr>
<tr><td rowspan="3">64</td><td></td><td>现浇混凝土独立基础模板及支架（清单）</td><td></td><td></td><td></td><td></td><td></td><td></td></tr>
<tr><td></td><td>现浇混凝土独立基础模板及支架（定额）</td><td></td><td></td><td></td><td></td><td></td><td></td></tr>
<tr><td colspan="8">现浇混凝土独立基础模板支架工程量的计算（以一个 DJ-1 为例）：
分析：该独立基础采用棱台体结构，模板设在下部的立方体四周以及上部柱墩四周。而中部的棱台体斜面，是否有模板要根据施工组织设计决定，一般情况下，坡度不大时，可以不设。这里采用不设斜面模板的情况。
（1）基础下部为立方体，四周的模板工程量，等于立方体的周长乘以接触面高：
$S_{下部侧面}=3.4\times4\times0.3=4.08m^2$
（2）基础中部为棱台体，四个斜面的几何图形为梯形，这里考虑不设斜面模板：
$S_{棱台斜面}=0.00m^2$
（3）基础上部为立方体的柱墩，只有四周立面有模板：
$S_{柱墩侧面}=0.5\times4\times2.3=4.60m^2$
（4）独立基础模板的工程量为三部分模板工程量之和：
$S_{棱台独基模板}=S_{下部侧面}+S_{棱台斜面}+S_{柱墩侧面}=4.08+0+4.6=8.68m^2$</td></tr>
</table>

续表

<table>
<tr><th rowspan="2">序号</th><th>项目编码</th><th rowspan="2">项目名称</th><th rowspan="2">计量
单位</th><th rowspan="2">工程量</th><th rowspan="2">计算式（计算公式）</th><th>清单工程量计算规则</th><th rowspan="2">知识点</th><th rowspan="2">技能点</th></tr>
<tr><th>定额编号</th><th>定额工程量计算规则</th></tr>
<tr><td rowspan="3">65</td><td></td><td>现浇混凝土满堂基础模板及支架（清单）</td><td>m^2</td><td>64.08</td><td>$S_{满堂基础}=S_{筏板}+S_{肋梁}+S_{柱墩}-S_{构件相交面}$</td><td></td><td></td><td></td></tr>
<tr><td></td><td>现浇混凝土满堂基础模板及支架（定额）</td><td></td><td></td><td></td><td></td><td></td><td></td></tr>
<tr><td colspan="8">现浇混凝土满堂基础模板支架工程量的计算：
分析：该满堂基础由一块筏板和四根肋梁以及四个柱墩组成，在计算模板支架时，要注意扣减这些部分交接处的模板以及与其他构件交接处的模板。
（1）该满堂基础下部是一块筏板，模板接触面为筏板四周侧面的周长乘以高度。
$S_{筏板}=(3.9+1.9\times2+3+1.9\times2)\times2\times0.4=11.600m^2$
（2）该满堂基础中部是四根肋梁，模板接触面为肋梁两侧，但要扣除肋梁相交处的模板，两端头因为要和其他的基础连梁连接，所以也不需要模板。
$S_{肋梁}=(0.7-0.4)\times(3.9+1.9\times2-0.6)\times2$ 侧 $\times2$ 根 $+(0.7-0.4)\times(3.0+1.9\times2-0.6)\times2$ 侧 $\times2$ 根 $=15.960m^2$
（3）该满堂基础上部是四个柱墩，模板接触面为柱墩凸出的四周侧面。
$S_{柱墩}=0.5\times4\times0.8\times4$ 个 $=6.400m^2$
（4）该满堂基础模板支架工程量等于下部的筏板和中部的肋梁以及上部的柱墩模板之和，再扣除与其他基础连梁交接面的模板量。
$S_{满堂基础}=S_{筏板}+S_{肋梁}+S_{柱墩}-S_{构件相交面}$
$=(11.600+15.960+6.4-0.6\times0.4\times8$ 处 $)\times2$ 块 $=32.040\times2$ 块 $=64.08m^2$</td></tr>
<tr><td rowspan="2">66</td><td></td><td>现浇混凝土基础梁模板及支架（清单）</td><td></td><td></td><td></td><td></td><td></td><td></td></tr>
<tr><td></td><td>现浇混凝土基础梁模板及支架（定额）</td><td></td><td></td><td></td><td></td><td></td><td></td></tr>
<tr><td></td><td colspan="8"></td></tr>
</table>

续表

序号	项目编码 定额编号	项目名称	计量单位	工程量	计算式（计算公式）	清单工程量计算规则 定额工程量计算规则	知识点	技能点
67		现浇混凝土基础连梁模板及支架（清单）						
		现浇混凝土基础连梁模板及支架（定额）						
68		现浇混凝土圈梁模板及支架（清单）						
		现浇混凝土圈梁模板及支架（定额）						
69		现浇混凝土过梁模板及支架（清单）						
		现浇混凝土过梁模板及支架（定额）						

续表

序号	项目编码/定额编号	项目名称	计量单位	工程量	计算式（计算公式）	清单工程量计算规则/定额工程量计算规则	知识点	技能点
70		现浇混凝土矩形框架柱模板及支架(清单)						
		现浇混凝土矩形框架柱模板及支架(定额)						
71		现浇混凝土构造柱模板及支架（清单）						
		现浇混凝土构造柱模板及支架（定额）						
72		现浇混凝土有梁板（不含屋面板）模板及支架(清单)						
		现浇混凝土有梁板（不含屋面板）模板及支架(定额)						

续表

序号	项目编码 定额编号	项目名称	计量单位	工程量	计算式（计算公式）	清单工程量计算规则 定额工程量计算规则	知识点	技能点
73		现浇混凝土屋面有梁板模板及支架（清单）						
		现浇混凝土屋面有梁板模板及支架（定额）						
74		现浇混凝土雨篷模板及支架（清单）						
		现浇混凝土雨篷模板及支架（定额）						
75		现浇混凝土后浇带模板及支架（清单）						
		现浇混凝土后浇带模板及支架（定额）						

5.5 "2号教学楼工程"课堂与课外实训项目

进阶4的建筑工程量计算实训内容讲解和实训结束后，就要安排一定的时间进行课堂与课外实训。

5.5.1 施工图选用

该实训项目选用本系列实训教材之一的《工程造价实训用图集》中的"2号教学楼工程"施工图。

5.5.2 实训内容及要求

1. 按计价定额和2号教学楼工程施工图列出全部分部分项工程定额项目。
2. 按房屋建筑与装饰工程工程量计算规范和2号教学楼工程施工图列出全部分部分项工程清单项目。
3. 计算土石方工程定额项目的分部分项工程量。
4. 计算土石方工程分部分项工程项目清单工程量。
5. 计算砌筑定额项目的分部分项工程量。
6. 计算砌筑工程分部分项工程项目清单工程量。
7. 计算混凝土及钢筋混凝土工程定额项目的分部分项工程量。
8. 计算混凝土及钢筋混凝土工程分部分项工程项目清单工程量。
9. 计算门窗工程定额项目的分部分项工程量。
10. 计算门窗工程分部分项工程项目清单工程量。
11. 计算屋面及防水工程定额项目的分部分项工程量。
12. 计算屋面及防水工程分部分项工程项目清单工程量。
13. 计算保温、隔热、防腐工程定额项目的分部分项工程量。
14. 计算保温、隔热、防腐工程分部分项工程项目清单工程量。
15. 计算楼地面装饰工程定额项目的分部分项工程量。
16. 计算楼地面装饰工程分部分项工程项目清单工程量。
17. 计算墙、柱面装饰与隔断、幕墙工程定额项目的分部分项工程量。
18. 计算墙、柱面装饰与隔断、幕墙工程分部分项工程项目清单工程量。
19. 计算天棚工程定额项目的分部分项工程量。
20. 计算天棚工程分部分项工程项目清单工程量。
21. 计算油漆、涂料、裱糊工程定额项目的分部分项工程量。
22. 计算油漆、涂料、裱糊工程分部分项工程项目清单工程量。
23. 计算措施项目定额工程量。
24. 计算单价措施项目清单工程量。

说明：工程量计算表格由任课老师选定后交给学生。

第2篇　软件计算建筑工程量

6　软　件　概　述

《三维算量 3DA》（以下简称“三维算量”）是一套图形化建筑项目工程量计算软件。它利用计算机“图形可视化技术”，采用“虚拟施工”的方式将工程项目进行虚拟三维建模，从而生成计算工程量的预算图。经过对图形中各构件进行清单、定额挂接，再根据清单、定额所规定的工程量计算规则，结合钢筋标准及规范规定，由计算机对相关构件的空间关系自动进行分析加减，从而得到工程项目的各类工程量。

6.1　工　作　原　理

6.1.1　虚拟施工似的建模

利用计算机进行建筑工程量计算，是在计算机中采用“虚拟施工”的方式，建立精确的工程模型，称之为“预算图”，并以此来进行工程量计算的。这个工程模型的平面图与设计部门提供的施工图相似，它不仅包含工程量计算所需的所有几何信息也包含构件的材料及施工做法，同时也包含《混凝土结构施工图平面整体表示方法制图规则和构造详图》标准图集（以下简称“平法”）要求的构件结构以及钢筋的所有信息。

在“预算图”中布置的柱、梁、板、墙、门窗、楼梯等构件，其构件名称同样与建筑专业一致。通过在计算机中对柱、梁、墙、门窗等构件准确布置和定位，使工程中所有的构件都具有精确的形体和尺寸。

生成各类构件的方式同样也遵循工程的特点和习惯。例如，楼板是由墙体或梁、柱围成的封闭形区域形成的，当墙体或梁等支撑构件精确定位后，楼板的位置和形状也就确定了。同样，楼地面、天棚、屋面、墙面装饰也是通过墙体、门窗、柱围成的封闭区域生成的轮廓构件，从而获得楼地面、天棚、屋面、墙面装饰工程量。对于“轮廓、区域型”构件，软件可以自动找到这些构件的边界，计算机能够自动生成这些构件。

6.1.2　使用 CAD 平台

为了让三维算量操作起来方便简单易用，数据计算准确，满足异形构件模型的建立；另据调查，现在高校工科学生学习计算机工程制图课程几乎全部都是用 AutoCAD 软件，故三维算量也选用这一国际最权威最成熟且使用最广泛的 AutoCAD 作为平台，并拥有正版 Autodesk 开发商授权。这一做法也是迎合中国几乎所有设计企业都用 AutoCAD 出图的实际情况。同时为了促成学生对业界新兴的 BIM（Building Information Modeling）建筑信息模型的了解和实践，要完成 BIM，三维算量从源头就与专业设计进行了信息共享。

6.1.3　内置的工程量计算规则

三维算量软件按照全国各地区定额，研发时就已经定制好工程量计算规则。在软件“计算依据”中选择一套定额，就表示选择好了一套工程量计算的输出规则。如果觉得软件内已定义的计算规则不适用或个别构件需要特殊输出，只需对计算规则进行重定义或对构件工程量指定就可以按新的定义输出工程量。

在算量模型中，我们将一栋建筑细分为无数个不同类型的构件，并赋予每个构件所有工程量算量方面的属性，将每个构件在工程量计算中所能用到信息都通过相关属性记录下来，然后通过计算机的工程量输出指定机制，将工程量按照用户的需要模式输出，完成工程量的计算。

对于每个构件在工程量计算中所能用到信息，软件会根据构件的相关属性和特点，正常情况下软件都会通过多种方式自动生成。例如：在计算梁、柱相接柱的模板面积时，软件会自动分析出梁、柱相接触部位的面积值，并自动保存到相关的数据表中。当用户需要得到该柱的模板面积值时，程序只需将该柱的全“侧面积值”按照工程量计算规则加减梁、柱相“接触面积值”，从而得出柱的模板工程量。

软件提供了灵活的清单和定额挂接以及工程量输出机制，保障了工程量统计的方便、快捷。

在创建的预算图中，三维算量是以每个构件作为组织对象，分别赋予相关的属性，为后面的模型分析计算、统计和报表提供充足的信息来源。

构件属性是指构件在预算图中被赋予的与工程量计算相关的信息。主要分为六类：

(1) 物理属性（主要是构件的标识信息，如构件编号、类型、特征等）；

(2) 几何属性（主要指与构件本身几何尺寸有关的数据信息，如长度、高度、厚度等）；

(3) 施工属性（是指构件在施工过程中产生的数据信息，如混凝土的搅拌制作、浇捣，所用材料等）；

(4) 计算属性（是指构件在预算图中，经过程序的处理产生的数据结果，如构件的左右侧面积，钢筋锚固长度、加密区长度等）；

(5) 其他属性（所有不属于上面四类属性之列的属性均属于其他属性，可以用来扩展输出换算条件，如：用户自定义的属性，轴网信息，构件中的备注等）；

(6) 钢筋属性（钢筋属性，是在进行钢筋布置和计算时所用的信息，如：环境类别，混凝土保护层厚度等）。

以上构件的这六类属性，有些是系统自动生成，而有些需要用户手动指定。在预算图中可以使用“构件查询”功能，对选中的构件进行属性值查询和修改相关属性值。

在同一工程、同一楼层的预算图中，名称相同的构件应该具有相同的属性值，不同楼层里可以有相同的构件编号，如柱随层高而变截面；但门窗、洞口编号除外，它的编号所有楼层通用，不按楼层区别编号。有关各构件的具体属性以及关系，请阅读三维算量用户手册。

6.1.4 构件种类分类

在利用计算机进行建筑工程量计算时，实际计算机的构件只有条形、板块、个体和轮廓（区域型）这四类。归类如下：

(1) 条形构件：条基、各种梁；

(2) 板块构件：墙体；

(3) 个体构件：柱、独立基础、柱帽、楼梯段等；

（4）轮廓（区域型）构件：板、筏板、楼地面、天棚、墙面装饰等。

了解了上述四类构件，就可以很方便地利用计算机进行布置和自动生成构件。例如，楼板是由墙体或梁、柱围成的封闭形区域形成的，当墙体或梁精确定位以后，楼板的位置和形状也就确定了。同样，楼地面、天棚、屋面、墙面装饰也是通过墙体、门窗、柱围成的封闭区域生成的轮廓构件，从而获得楼地面、天棚、屋面、墙面装饰工程量。对于“轮廓、区域型”构件，软件可以自动找到这些构件的边界，从而自动形成这些构件。

6.1.5 软件计算工程量遵循的原则

进行工程量计算“建模”步骤包括以下三个方面：

（1）建模时的各类构件：首先是确定柱、墙、梁、基础等结构骨架形构件在预算图中的位置，然后根据这些骨架构件所处位置和封闭区域，确定门窗洞口、过梁、板、房间装饰等其他区域构件和寄生类构件，如遮阳板、装饰性腰线等。

（2）定义每种构件的清单和定额属性。实质上，我们在预算图中绘制的各类构件，其实就是将所属构件的工程量属性值录入到预算图中。而给每个构件指定施工做法（即清单和定额）就是定义一种工程量的输出规则。将构件按照要求给定归并条件，通过计算分析之后，有序地将构件工程量进行统计汇总，最终得到所需的工程量清单。

上述两方面的工作可独立进行也可交叉进行。①可以完全不考虑构件的做法信息，先进行构件预算图建模，之后再定义构件的做法（挂接清单或定额）；②在定义构件属性值过程的同时，定义构件的做法，布置构件时同时将做法信息一同布置。

（3）给钢筋混凝土构件布置钢筋。钢筋在软件中的计算原理是通过在构件中关联钢筋描述和钢筋名称，然后结合钢筋描述中的钢筋直径、等级和分布情况，再利用钢筋名称中指定的长度和数量计算式变量，直接关联到构件的尺寸信息、抗震等级、材料等属性信息来计算构件钢筋工程量。构件尺寸和属性一旦发生改变，钢筋工程量也自动跟着改变。在预算图中钢筋表现为两种形式：图形钢筋和描述钢筋。板和筏板钢筋是图形钢筋，以图形分布的形式在预算图中表现；梁、柱、墙等构件的钢筋叫描述钢筋，预算图以设计图中钢筋描述的表现形式反映在构件中。

在进行预算图建模的过程中，需要遵循以下三个原则：

（1）电子图文档识别构件或构件定义与布置

应充分利用软件中的电子图文档智能识别功能，快速完成建模工作。如果没有电子图文档，则要按施工图模拟布置构件。在布置构件时，需要先定义构件的一些相关属性值，如构件的编号，所用材料，构件的截面尺寸等，然后再到界面上布置相应的构件，具体做法请参照后续有关章节的内容。

（2）用图形法计算工程量的构件，必须绘制到预算图中

在计算工程量时，预算图中找不到的构件是不会计算工程量的，尽管之前的操作可能已经定义了它的有关属性值。

（3）工程量分析统计前，应进行合理性检查

为保证构件模型的正确性、合理性，软件提供有强大的检查功能，可以检查出模型中可能存在的错误，如：应当连接的构件没有连接上、应当断开的没有断开，重复布置的构件等，以减小人为因素造成的工程量精度误差。

6.2 专 业 配 合

6.2.1 土建专业配合

工程造价确定，主要的工作就是计算分部分项构件的工程量。用软件计算构件工程量与手工计算工程量是不一样的；手工计算工程量，由于人脑的记忆力有限，加上有些构件的数据是重复性的，为了减少这种高强度的用脑和重复性计算劳动，我们会将大量的重复使用数据用基数的形式先计算出来，之后遇到该数据时就直接拿来使用，而不需再次计算，如统筹法的“三线一面”、门窗分楼层，分内外墙上的面积等基数统计，都是利用基数来提高算量工作效率和准确度的方式。另外，相关部门为了减少造价人员用手工算量的工作强度，编制定额工程量计算规则时会将不需要详细计算的内容，做出不增减或不考虑来处理。虽然规定这些内容不增减或不考虑，但这些项目在实际施工中是会消耗一定数量的人工、材料或机械使用台班，解决这个问题的方法就是让定额子目来包含相关内容。所以我们在学习工程量计算的过程中要对定额子目详细理解，特别是每子项的工作内容，工料机构成中的含量，搞清楚这些内容就知道为什么工程量计算规则要这样规定，计算工程量时就知道哪些内容需要或哪些是不需要计算的。

用计算机进行工程量计算，不需要考虑高强度的用脑和重复性计算这些人工操作时的复杂因素。在软件中将计算规则设置成什么样，软件就会计算和判定出对应的结果。

我们知道，计算机的运行主要是数据的输入和输出，在输入输出的中间有一个数据处理的过程，数据处理是计算机的主要工作，它是根据相关条件来判定和计算的。这些用于计算和判定的条件，有的是我们手动指定，有些是软件根据构件所处房屋中的位置、方向、体量等自动判定出来的。

对于不能自动判定的条件我们必须人为地手工输入，手工输入的内容在软件中一般是直接在栏目单元格中输入对应的内容，分文本格式和数值格式。输入方式分为两类，一类是任意输入内容，文本任意输入的内容一般不会作为判定的原条件，因为软件识别不了任意的文本数据，这种任意的文本输入只作为结果数据输出时的备注和说明，如清单的“项目特征”或定额的“换算信息”中就有一些是将任意输入内容直接输出的。数值格式输入的内容可作为判定内容的原条件，因为数值数据软件程序可以对应识别。对应的是选择输入，选择输入的内容一般在软件中固定好，如构件的“结构类型”，这种数据会作为判定钢筋计算的原条件，如果任意输入“结构类型”，软件将不能识别。另一类是对于输入数据条目不多，且不允许修改的内容，软件中就将输入内容固定下来，如工程设置中计算依据是用清单或定额就只能选择，这种选择我们称之为“单选”，单选项不能并列，只能是唯一；对于固定的内容一次需多选，如算量选项中的输出设置就是多选内容，可以对选中的构件指定要输出“体积、面积、长度”等多项内容。

为了节省建立算量模型时的工作量，软件中大部分条件都是依据手动输入条件和已有计算条件，让软件自动进行判定的。如软件中的自动套挂（清单或定额）做法，就是将手工输入的条件和构件经过软件分析后得出的条件，根据输出的结果，计算机会给构件的实物工程量套挂上相关的定额。如需给一个混凝土柱套模板定额，在定额中有柱的截面形状、用什么材料的模板和支撑、柱子的支模高度，有了这三个条件软件就可以自动将定额套挂上。其输入方式：第一步在定义柱子编号时，对柱子的截面形状和用什么材料的模板和支撑用手工指定，软件直接从布置好的柱子上提取；第二步对于柱子的高度，是通过软件对柱子上下构件的位置分析，自动得出柱子的高度，再与软件内置的超高条件相比较，如果柱子在非超高条件以内，则直接套挂基本定额，如果柱子超过超高条件，则会加套一条每增加 1m 的定额条目或在换算信息栏内输出超高数据，以便使用者在套价时手工调整。

钢筋部分的判定，见《钢筋翻样与算量实训》教程。

6.2.2 软件符合的专业算量要求

为了让输出的工程量符合建筑工程专业要求，包括项目名称、单位、项目特征（换算信息）等，软件内置有一套输出机制。软件数据库中设置有下列内容见表 6-1。

软件内工程量输出与专业相关的汇总表 **表 6-1**

序号	表名称	内容	作用
1	工程量项目表	构件名称、属于什么材料结构、一般情况下输出哪些内容的工程量（如侧面积、底面积、体积等）	用于归类一种名称构件的输出内容
2	属性分组表	分为物理属性、几何属性、施工属性、计算属性、进度属性、其他属性、钢筋属性	将构件的七类属性归类，便于查询和编辑构件
3	计算规则表	构件名称、计算规则解释、规则列表、属于清单的计算规则还是定额的计算规则、规则值、阈值和参数值	用于记录各种名称的构件与另外的构件的扣减关系和在什么条件时扣减和扣减多少
4	构件编辑表	构件名称、构件的位置预设、确定位置的顺序	用于记录构件在模型中的位置，如内外墙、角部柱、梁段跨号等
5	结构类型表	构件名称、构件的结构类型、结构类型代号	用于区分每类同名称构件的结构类型，如柱是一类构件的名称，框架柱、普通柱就是柱的结构类型区分，而框架柱的代号是 KZ，普通柱的代号是 Z
6	措施分类表	措施项目名称、清单编码代号	用于自动归类工程项目中的脚手架、混凝土、钢筋混凝土模板及支架等措施类算量内容
7	属性表	构件名称和 ID、代码、属性名称、属性值的数据类型、属性值所用单位、对于属性用途的说明、属于哪个属性分组、由什么方式得到这个属性、是否在软件中显示属性、其他内容	构件的属性在此表中统一管理，特别是表中的属性值由什么方式得到，如编号确定、布置确定、分析确定、手工录入等，关系到软件的自动判定能力
8	构件分组表	构件分类名称，是否在项目中使用选择	用于将构件归类建筑、结构、装饰、钢筋、基础等类别，便于工程分类统计

续表

序号	表名称	内　容	作　用
9	项目信息表	项目名称、项目名称代码、定义单位、数据类型、可选择的项目、预设项目值、是否输出为清单的项目特征、是否必须输入或输出内容	用于管理构件的输入输出信息，此表中设置的内容如果是预设的项目值，则在软件界面的相关栏目中可以看到，可选项目在定义构件时用于可以在下拉列表中选择，是否必须输入输出内容界定了此值在建模操作时是否必须定义，包括手动和自动
10	优先顺序说明表	构件扣减排序	当模型中有众多各类构件时，其扣减关系的顺序，如混凝土墙与砌体墙相交，软件会优先考虑扣减砌体墙，上下层柱相交时，优先扣减上层的柱等
11	工料机系数表	分人工系数、材料系数、机械系数、判定系数的属性、构件名称、工程量名称	用于自动套挂定额时，软件根据构件输出的属性值，自动调整给出定额条目需要调整的工料机系数
12	换算信息表	构件名称、属性名称、属性变量名称、属性表达式、属性类型、施工方式、表达式是否可改、平面位置等	很重要的一张表，工程量输出不只是一个数据，对于计价来说，项目的换算与构件的材料、位置、体量、施工方式等内容均有关系。表中的属性表达式用于界定输出内容的归类，符合条件则输出为什么内容，大于、小于或等于则输出为另外的内容

从表 6-1 中看到，几乎所有内容均与我们专业理论课上学习的内容一致，也就是说学习者只要对建筑专业的内容有所了解，对软件的掌握就不算困难。

表中第 7 项中对于“属性值”的获取方式，是我们建模时要注意的内容，其中的“编号确定”，指的是在工程设置内和编号定义时就需要将相关信息定义好的；“布置确定”是指构件布置到界面中而得到的信息，如梁和墙体的长度，定义构件时我们只给出了梁和墙体的截宽和截高，其长度是布置到界面中得到的，就是光标在界面中画多长算多长；“分析确定”是指模型中的构件通过软件运行分析后得到的数据，如墙体中需要扣减的门窗洞口，在模型未进行分析计算之前，布置的墙体中是没有扣减的门窗信息的（虽然已经在墙体中布置有门窗洞口），只有通过分析计算后门窗洞口的面积才会加入到墙体之中，所以软件中构件的扣减或增加内容属于分析得到的内容；“手工录入”是指直接在相关栏目中直接输入的属性值，而且此类属性值一般作为指定扣减或备注说明等内容，其他内容依此类推。

6.2.3　属性归类

在软件中对构件的属性分为物理属性、几何属性、施工属性、计算属性、进度属性、其他属性、钢筋属性共七类，分别说明如下：

（1）物理属性：记录的是构件的编号、位置、构件类型、计算输出控制等内容；

（2）几何属性：记录的是构件的大小尺寸等内容；

（3）施工属性：记录的是该构件用什么方式制作、施工等内容；

（4）计算属性：记录的是构件通过分析计算后得出的结果，此部分有两个方面，在对构件没有分析前，这时由于构件还不知道与什么构件有扣减或增加的内容，故显示的是构件自身的数量信息，通过分析计算后，显示的就是根据计算规则定义的信息；

（5）进度属性：用于对进度进行控制的信息，根据版本不同，软件的"企业版"含有进度控制功能，即可以对构件挂接时间，在某个时间段对应的构件会以三维的形式显示在界面中，可以指导项目中的工期、报量等管理工作；

（6）其他属性：上述属性中不包含的内容均放置于本归类中，如说明、备注、自定义属性；

（7）钢筋属性：用于记录钢筋部分的属性，软件中钢筋与构件是一体的，钢筋的计算离不开构件的材料、位置、大小、抗震等级等内容，故构件布置时一定要将构件的钢筋属性定义好，这也符合"平法"规则。

属性中的属性值有很多是软件根据相关的条件判定出来的，"构件查询"对话框中蓝色字体的属性值是可以指定、修改或选择的。

6.3 软件特点

三维算量3DA软件集专业、易用、智能、可视化于一体，主要特点如下：

（1）三维可视：三维模型超级仿真，多视图观察，三维状态下动态修改与核对，填补国内算量软件空白。

（2）集成一体：共享建筑模型数据，一图五用，快速、准确计算清单、定额、构件实物量、钢筋和进度工程量。

（3）操作易用：系统功能高度集成，操作统一，流水性的工作流程。

（4）系统智能：首创识别设计院CAD电子文档，加快建模速度。

（5）界面友好：全面采用WinXP风格，使用方便、简洁，操作统一易上手。

（6）计算准确：根据各地计算规则，分析构件三维搭接关系，准确自动扣减。

（7）输出规范：报表设计灵活，提供全国各地常用报表格式，按需导出计价或Excel。

（8）标准一致：建筑与钢筋建模一体，与现行"混凝土结构施工图平面整体表示方法制图规则和构造详图"一致，对各院校讲授此课程有极大帮助。

（9）专业性强：软件中的内容全部来自现行国家规范和标准，理论与实际结合，非常利于学生学习，学生可以利用软件建模操作验证理论知识中的难点。

7 常用操作方法

7.1 流　程

运用三维算量 3DA 计算一栋房屋的工程量大致为以下几个步骤：

（1）为该工程建立一个新的工程文件名称；

（2）设置工程的计算模式和依据，建立楼层信息；

（3）定义该工程的构件、钢筋工程量计算规则以及其他选项；

（4）定义各构件的相关属性值，选择是否同时给构件指定做法；

（5）有电子图文档的用户，可导入电子图文档进行构件识别；没有电子图文档的，则通过系统提供的构件布置功能，进行手工布置构件，包括构件定位轴网、柱、梁、墙、板房间侧壁等“骨架”和“区域”构件；

（6）为构件指定相应的施工做法，如果在第（4）步定义了构件做法的，此步跳过；

（7）对钢筋混凝土构件布置钢筋，此步可在定义构件时同时进行，对于简单工程建议这样做，复杂工程应该视钢筋的调整难度而选择布置钢筋的先后方式；

（8）分析计算和统计构件和钢筋工程量，校核、调整工程量结果；

（9）报表输出、打印。

快速操作流程如图 7-1 所示。

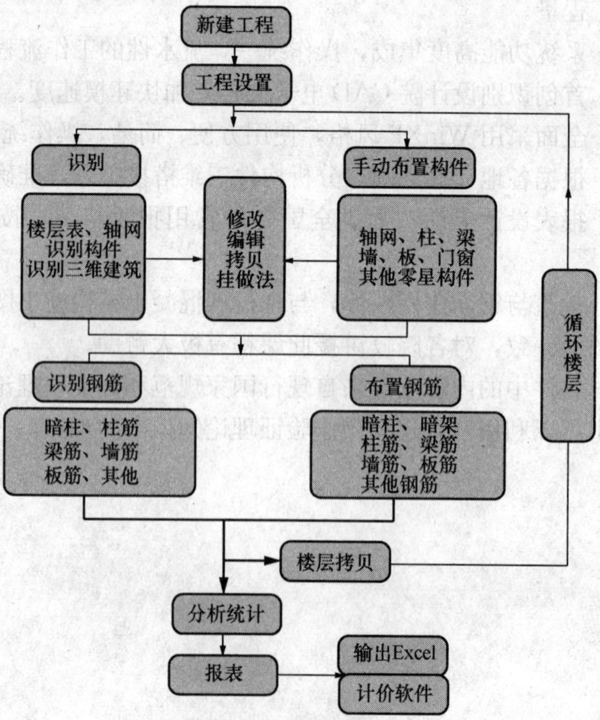

图 7-1　快速操作流程图

7.2 启 动 软 件

通过鼠标左键单击 Windows 菜单："开始"→"所有程序"→"斯维尔软件"→"三维算量 3DA2014（个人）单机版"→"三维算量 3DA2014（个人）单机版"。

7.3 构 件 定 义

构件定义包括：①新建工程、工程设置；②构件编号定义；③计算规则设置。读者可通过扫描本书封面的二维码观看部分软件操作视频，相关 CAD 图纸和软件操作说明可登录本教材版权页的对应链接下载。

7.4 构 件 布 置

软件计算建筑工程量，首先是建模，也就是将房屋中需要计算工程量的每个构件，均用三维形式在计算机的界面中以视图的形式进行表达。通过建模（构件布置），让这个模型中的每个构件都带有工程造价方面的专业属性，计算机才能正确、准确地计算出我们需要的工程量来。

构件布置包括：

（1）识别 CAD 电子图，将平面二维图转换为三维计算模型图。

（2）条形构件布置。房屋中的条形构件有条基、基础梁、墙体、梁、圈梁等构件，这些构件在现实中和在计算机界面内都呈长条形状。条形构件可以是单独的一段也可以是由支座（柱、墙）构件，将构件打断成多跨的形式构成。

条形构件定义时，只定义构件的截面形状和尺寸，墙体的高度如果是同层高则不需定义，软件会自动用楼层高作为墙体的高度。

条形构件的布置在软件中一般都是用光标从起点至终点进行绘制而成，也有选线（CAD 图元线）自动生成的，还有是选界面中已有的构件进行自动生成的，如砌体墙上的圈梁，因为圈梁都是布置在砌体墙上的，所以布置方式就选砌体墙布置即可。

（3）单个构件布置。所谓单个构件是指房屋中的独立基础、承台、坑基、柱、梯段等即有长宽高形体的独立构件，这些构件在现实中和在计算机界面内都呈单个形状。单个构件定义时必须将整个构件的形状和尺寸都定义好，柱子的高度如果是同层高则不需要定义，软件会自动用层高作为柱子的高度。

（4）区域构件布置。区域构件是指房屋中的筏板、楼板、建筑面积、楼地面、天棚、墙面、脚手架、屋面等构件，这些构件在现实中和在计算机界面内都是以一个区域形式存在。顾名思义区域构件就是有周边构件的，但在软件中也不是这样严格规定，软件中的板、筏板、楼地面、天棚、建筑面积和计算平面面积的脚手架一定要用线条围出一块区域才能形成构件，才能计算出工程量，而墙面、立面脚手架构件则只要有单根线条就可以形成构件；墙面线条必须与相关构件紧密贴合才能计算出工程量，否则软件将视为空白处，给予扣减掉；筏板、楼板构件定义时要给定厚度，楼地面、天棚、建筑面积脚手架只需定义做法（套挂清单或定额），墙面、脚手架要给出装饰高度和搭设高度，墙面、脚手架不给出高度，软件默认楼层高度。

（5）特殊构件布置。在工程造价专业中有一些需要特殊计算的内容，如我们经常见到的阳台、雨篷、楼梯等，它们一般按水平投影面积计算工程量，而阳台、雨篷楼梯在施工图中还是由梁、板、梯段等构件组成。在软件中我们就将这些单独的梁、板、梯段构件进行组合形成阳台、雨篷、楼梯，来满足计算要求。另外还有一些构件是依附在其他构件上的构件，如过梁、构造柱、圈梁，这些构件是依附在砌体墙上的，一般情况下可以将布置条件设置好后，由软件自动判定就会在满足条件的区域生成构件。

7.5 构件编辑

构件布置到界面中后，往往很多方面是与设计不相符的，如构件与定位轴网线的偏离、顶高或底高不在楼层范围内，还有同编号的构件中个别材料不一样，数据输出需要单独输出某种工程量等，这时我们就需要用到构件编辑，从而让布置在界面中的构件输出与我们需要的内容相符合。

软件中对于构件的修改编辑有下列内容：

（1）定义编号：构件编号的定义、删除，修改。

（2）图形管理：分楼层、构件、编号统计图形构件的数量及截面特征，方便对构件检查与核对。

（3）分组编号：用于将一组构件集中设置为一个组编号，便于出量过滤和进度管理。

（4）成块布置：用于将选中区域的构件组合成块，之后布置到其他楼层和跨工程布置。

（5）组合布置：此功能主要方便用于不同类型条形构件的组合情况下一次性布置。

（6）拷贝楼层：在楼层之间进行构件实体的复制，包括构件、做法、钢筋。

（7）构件筛选：根据选择条件对当前图面上的构件进行查找。

（8）布置参考：用于快速布置某一类构件。

（9）编号修改：用于直接在图形上选取构件修改其编号属性信息。

（10）原位编辑：执行本命令对界面中构件上显示的内容直接进行相关内容修改。

（11）构件转换：相似构件之间的相互转换，如将柱转换为构造柱，将框架柱转换为暗柱。

（12）构件分解：将成整体的构件分解成每个单独的构件，方便单独修改和套挂不同的做法。

（13）合并拆分：将板构件进行合并和拆分，将板进行合并和拆分后用于钢筋布置。

（14）斜体编辑：实现梁、板、筏板、条基、板洞、墙体、压顶、屋面、栏板的变斜编辑。

（15）构件编辑：批量修改和查询构件属性。

（16）调整夹点：调整区域构件的夹点数量，方便将构件的外形按需要拖拽变化。

（17）构件查询：查看与编辑选中构件和相关属性值。

（18）梁、板变拱：实现对梁、过梁、板构件变拱。

（19）筏板编辑：实现筏板边缘不同造型的要求，同时提供删除“筏板连接”所生成的连接构造。

（20）屋面编辑：为单个屋面构件满足工程算量要求对其进行属性的调整或修改。

（21）复制做法：将源构件的做法复制到目标构件上，此功能只能对同类构件使用。

（22）构件加腋：实现对有腋部的构件进行加腋。

（23）筏板连接：实现两筏板的连接，也就是高低筏板厚度的筏板连接。

（24）指定输出：对单独构件进行出量设置，对选中的构件指定特定的工程量输出。

（25）高度设置：功能用于修改折梁、栏杆、扶手和挑檐天沟的高度。

7.5.1 位置调整

所谓位置调整，就是对布置到界面中的构件进行水平或垂直方向的调整修改，构件水平方向的“偏移、拉伸、剪切、打断、镜像、旋转、对齐、倒角”等可用CAD软件自带的功能处理，构件垂直方向的修改就要在“构件查询”和“定义编号”内进行调整。

7.5.2 单个修改

构件的单个修改，是针对一类构件或同编号的构件中的某几个构件的修改而言。对于构件的修改，在进行软件操作时，我们会发现有时选择的构件是同类构件，但我们在“构件查询”中就不能修改对应的内容，这是由于有编号控制了这个属性。如一个雨篷下面有两根柱子支撑，但两根柱子的编号不同时（编号不同必定是两根柱子有不同属性的地方），这时同属性值的内容可以修改，不同属性值的内容就要分开来进行单个构件修改。

对于单个构件，进行“单个修改”时，一般在“构件查询、构件编辑”中进行。

对于多跨度的梁、墙构件，我们有时需要调整梁、墙构件中的某单跨和多跨段，这时我们就只有在“构件编辑”中进行修改。

7.5.3 群体修改

群体修改是针对同一类构件和同编号构件而言，如要将“墙”此类构件要输出“墙长”的工程量，则就要到软件的输出设置内进行修改，

软件中的换算信息很重要，软件主要以换算信息为工程量的归并条件。特别是没有挂接清单或定额的构件工程量（实物量）输出，在没有换算信息的情况下，我们将会束手无策，不知道工程数据来自什么构件，用什么材料，定额步距是多少，施工方式是什么等，最后导致不能套价。

读者可通过扫描本书封面的二维码观看部分软件操作视频，相关CAD图纸和软件操作说明可登录本教材版权页的对应链接下载。

8 案　　例

8.1 案 例 工 程 概 况

本案例是某学院的北门门房工程，建筑面积 24.42m^2，为框架结构。共计一层，屋顶为平屋面，屋面上有一轻钢玻璃遮盖。首层的地坪与室外地坪高差 100mm。图 8-1 所示是利用三维算量软件建立的门房算量模型。

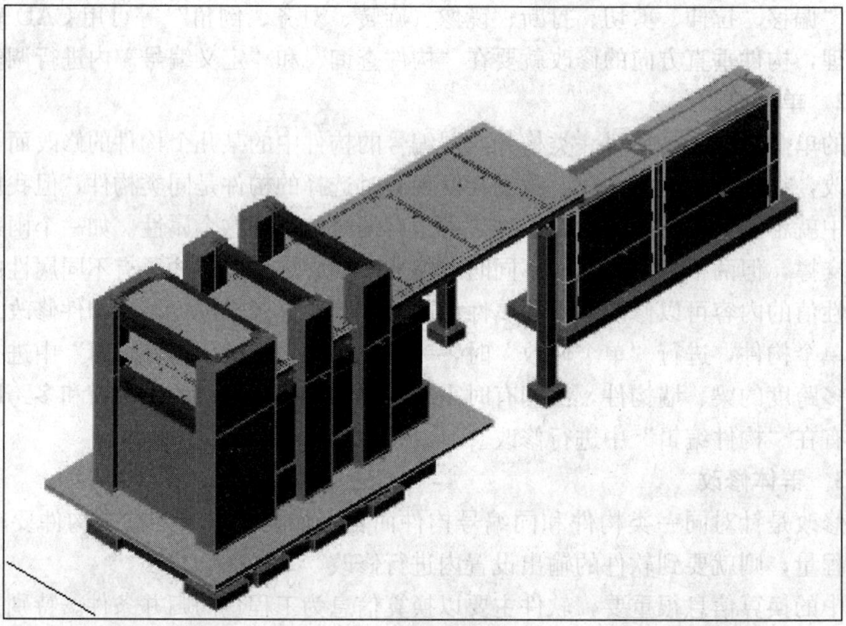

图 8-1　门房模型

该门房由建筑施工图与结构施工图两份图纸组成，其中建筑施工图 4 张，结构施工图 3 张，教材提供的电子版施工图可在版权页标注的链接下载。在创建工程模型时，可以用手工建模的方式逐步建立各个构件，也可以利用智能识别功能，对施工图中可以识别的构件进行识别建模。

为了获得更好的教学效果，在讲解过程中，对于图纸中没有但在实际工程中经常会遇到的构件和问题，教程中会作为“其他场景”来讲解。超出本教程范围的一些内容，可参考其他帮助文档，例如常见问题解答等，或者是登录www.thsware.com 网址上的“技术论坛”寻求帮助。

8.2 案 例 工 程 分 析

案例工程共由 3 个层面组成，分别是基础、首层，二层。案例工程各楼层包含的构件见表 8-1。

表 8-1

构件类型 / 楼层	基础	主体结构	装饰	其他
基础层	独立基础、条形基础、筏板			
首层		柱、梁、砌体墙、板、门窗、过梁	外墙面、内墙面、独立柱装饰、地面、天棚	散水、脚手架、台阶
二层（屋面）		柱、梁、板、砌体墙	外墙面、屋面、装饰钢架玻璃遮棚、预埋件、独立梁面抹灰	脚手架

案例工程除基础层有基础外还有部分墙体，注意±0.000 下的墙体要按基础定义材料和套用定额。

用手工建工程模型时，本教程遵循以下流程：

（1）遵循先定义编号后布置构件的原则。

（2）布置构件注意构件在预算图中的位置。

（3）门房主体与④轴外处的伸缩围墙门的装饰墙，由于中间没有构件，可以不考虑中间 12m 的间隔，将围墙门装饰墙与门房主体拉拢布置即可。

（4）基础的垫层、坑槽土方是依附在基础主体构件上的，注意定义编号时应一同进行定义。

（5）如果不会挂做法，可以暂时不挂做法，用实物量输出工程量，待分析出结果后，再根据工程量的换算信息，挂接对应的清单和定额。

（6）布置其他零星构件，主要是场地平整预埋铁件等不属于房屋的主要构件。

练 习 题

1. 运用三维算量软件计算建筑物工程量的步骤是什么？
2. 在软件中，哪些构件可以用识别电子图的方式创建？
3. 案例工程的构件类型有哪些？
4. 手工建模时应遵循的原则是什么？

8.3 新 建 工 程 项 目

8.3.1 新建工程

运行三维算量软件，弹出“启动提示”对话框，如图 8-2 所示，在对话框中选择启动软件使用的 CAD 版本。如果不想下次启动时出现此对话框，可将“下次不再提问”前面的方框中打上钩，下次就不再出现此窗口。这里我们选择 CAD2006 版本作为平台。

选择完成后，点击确定按钮，显示三维算量操作界面，同时弹出“欢迎使用三维算

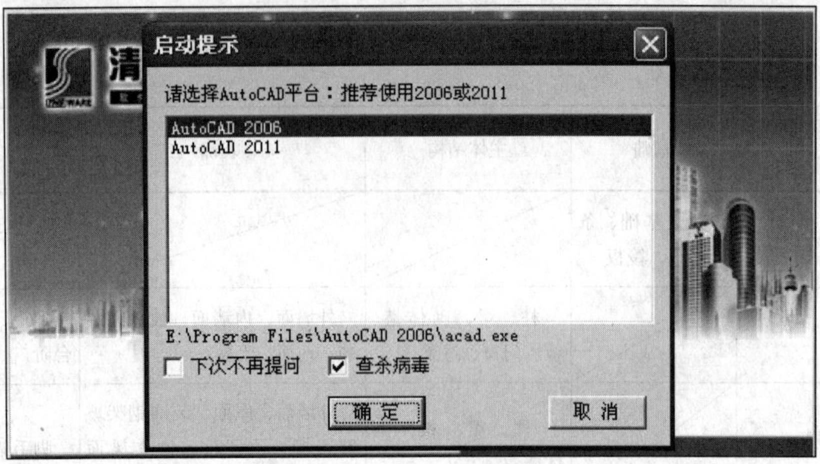

图 8-2　CAD 版本选择

量”对话框，如图 8-3 所示。

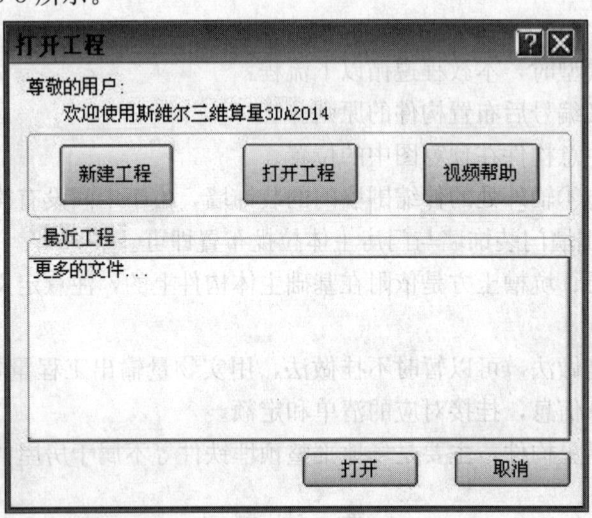

图 8-3　欢迎使用三维算量对话框

对话框中的“最近工程”栏目内显示的是以前创建的工程文件，光标选中一个文件，点击〖打开〗即可打开这个文件的工程模型。栏目内可以保存 5 个以前创建的工程。

点击〖新建工程〗按钮，软件提示“是否保存当前工程”，选择“是”。软件弹出新建工程对话框，用于指定将创建的工程文件存储在哪个路径下，软件默认的保存路径是软件安装路径下的 User \ 2006 文件夹内。在文件名栏中输入“教材案例工程”，如图 8-4 所示。

工程模板栏中的内容是经常使用的工程设置，一般情况下一个造价人员会固定在一个地方工作，设置好的模板是该地区经常使用的内容，选择模板会节省大量的设置工作，如果不需要模板，则选择“空白模板”即可。

点击“确定”按钮，一个新的工程项目就建立好了，这时软件会进入“工程设置”对话框。

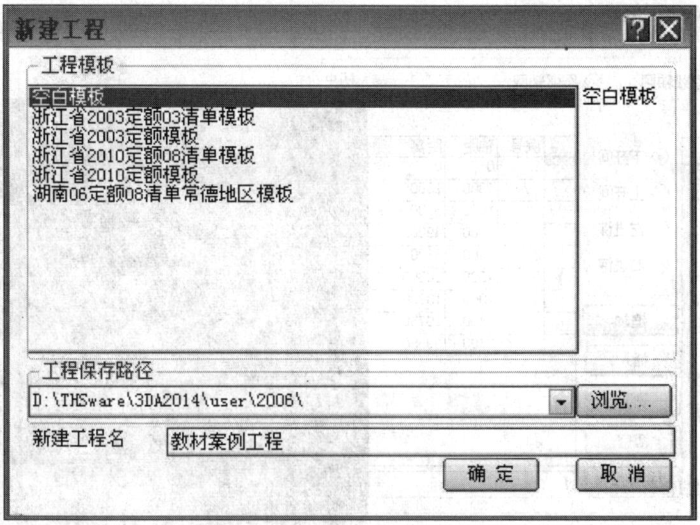

图 8-4　新建工程

工程设置中几个关键设置内容：清单选用“国标清单 2013”、定额选用“全国统一建筑工程基础定额”，实物量选“按定额规则计算”、土方开挖按“三类土”，土方运距“按人工运 50 米”。

8.3.2　建立轴网

参考图纸：某学院北门建筑结构施工图；依据基础、柱平面布置图来建立轴网。万丈高楼平地起，基础是一栋房屋的根本，基础层的轴网定位，基本上也确定了上部构件的位置，所以布置轴网从基础开始。通过分析图纸，得出主体轴网数据（除辅轴外）如表 8-2 所示。

主体轴网数据表　　**表 8-2**

开间 （上、下开间）	①～②	②～③	③～④	④～外
	6300	4000	12000	6050
右进深	Ⓐ～Ⓑ			
	3000			

依据上表的数据，首先录入开间。考察轴网，没有上下开间的错位尺寸，只用下开间定义即可。将楼层切换到“基础层”，执行【轴网】→〖绘制轴网〗命令，参照表 8-2 在弹出的“阵列轴网”对话框中录入开间的相关尺寸，如图 8-5 所示。

注意轴网编号的录入，因为①～②轴线中间有三条周线和④轴外的两条轴线没有编号，在编号栏中就要将编号设为空白，之后定义进深轴网。

切换到〖右进深〗，考察进深轴网，没有错位尺寸，只用左进深定义即可，如图 8-6 所示。

设置好轴网数据后，点击〖确定〗按钮，返回图形界面，在图面上点击插入点，就可以将轴网布置到界面上，如图 8-7 所示。

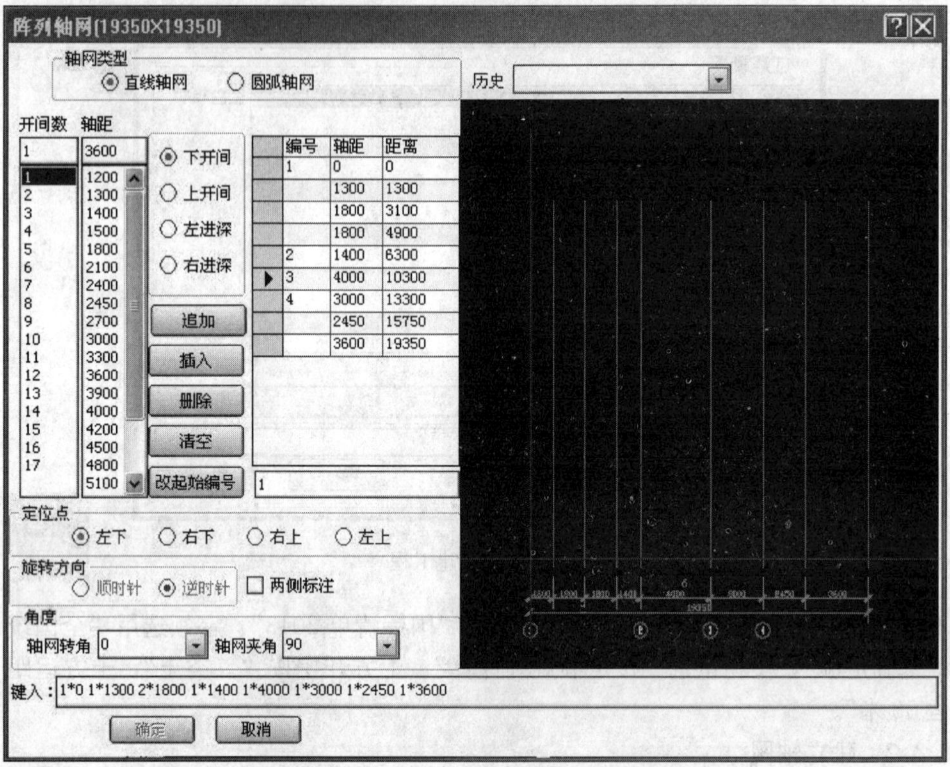

图 8-5　录入轴网开间

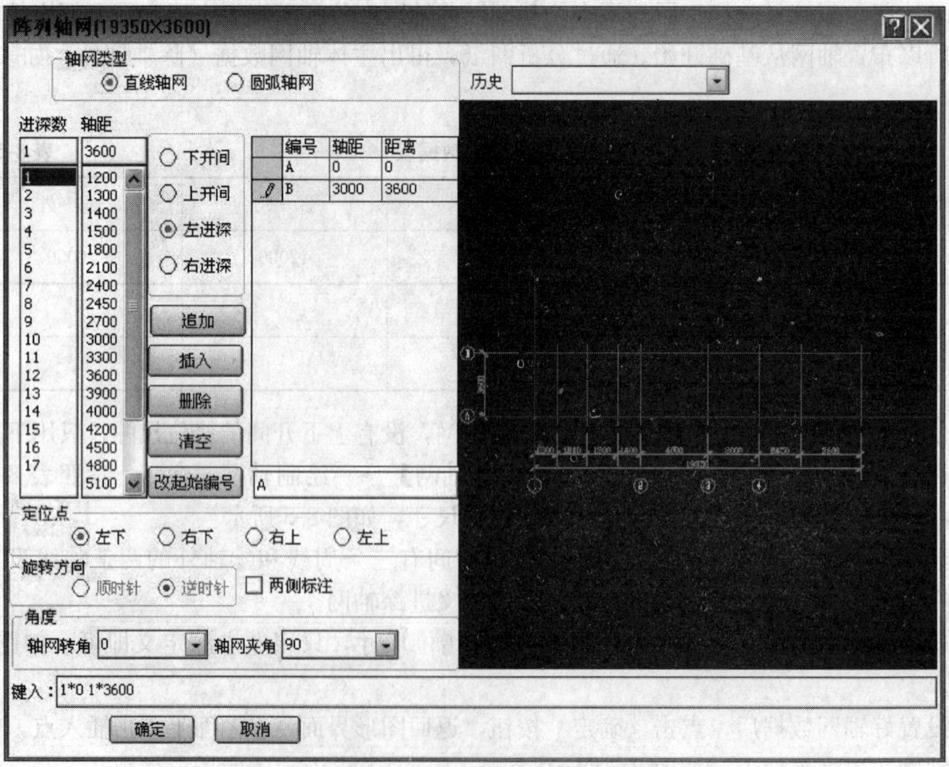

图 8-6　录入轴网进深

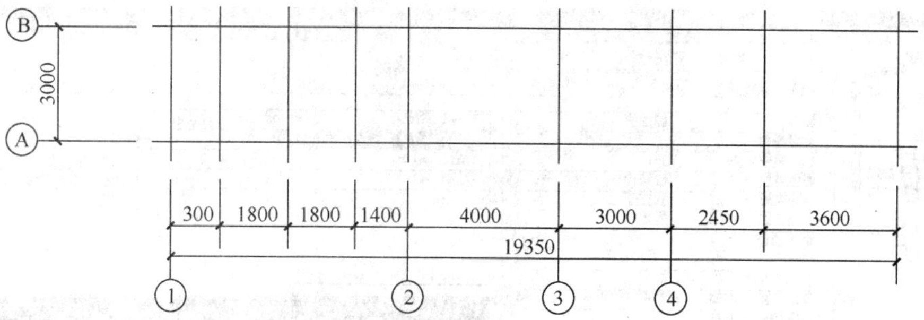

图 8-7　轴网

温馨提示：

辅助轴线用专门的辅轴命令来绘制，也可以用 CAD 的“偏移”命令来利用原轴线偏移一定距离生成辅助轴线，在绘制完构件后再将辅轴删除，依据需要选择即可。

想一想

1. 录入轴线数据时，轴号是否可以修改？
2. 如何绘制辅助轴线？
3. 请练习圆弧轴网的绘制。
4. 如果轴网绘制错了，该如何修改？

8.4　基　础　工　程

8.4.1　独基

参考图纸：某学院北门建筑结构施工图。

1. 属性定义

手工建模的操作流程是：定义编号（含做法定义）→布置构件。在软件中，布置构件应首先定义构件编号，只有定义了编号才能进行构件布置。定义编号时可同时进行做法（清单、定额）挂接，也可以将构件布置完成后再挂接做法。建议手工建模采用前者，识别建模采用后者。

执行【基础】→〖基础承台〗命令，弹出导航器，在导航器中，点击编号按钮，进入“定义编号”界面，如图 8-8 所示。依据独基详图，需定义 2 个独基编号。

点击工具栏上的〖新建〗按钮，在独基节点下新建一个编号。每个基础编号下都会带有相关的垫层、砖模与坑槽的定义，例子工程的基础不采用砖胎模，因此将砖模节点删除。光标选中“砖模”，点击工具栏的〖删除〗按钮即可将砖模子项删除。其他内容的工程量，例如木模板，已经在包含在独基的属性中，无需单独定义。

新建好编号后，接着进行属性的定义。首先将软件默认的构件编号改成 J-1，根据基础的形状在“基础名称”中选择“矩形”，在示意图窗口中便可以看到矩形独基的图形，参照示意图与施工图内的基础详图，填写各种尺寸参数值，如图 8-9 所示。

查看施工属性，其中“材料名称”、“混凝土强度等级”、“浇捣方法”、“搅拌制作”是

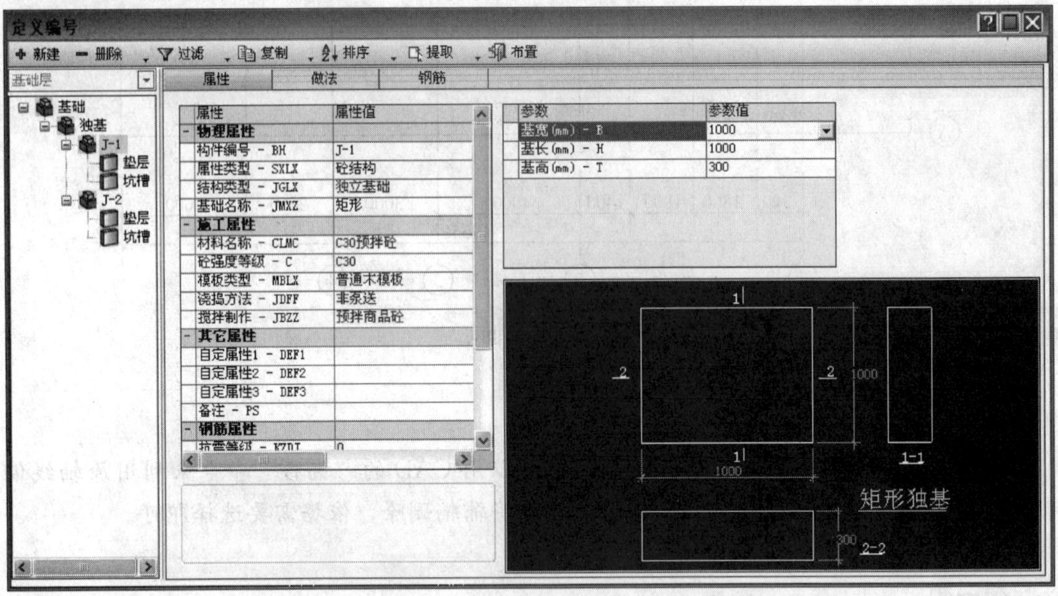

图 8-8　独基编号定义

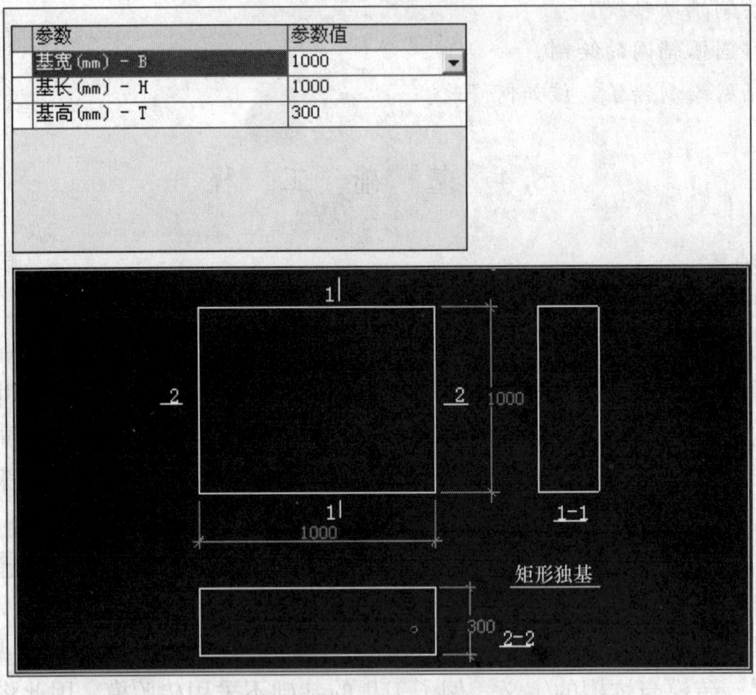

图 8-9　基础参数设置

从工程设置的结构说明中自动获取属性值的。这里只需设置“模板类型”。在例子工程中，独立基础都采用木模板，无需每个编号都设置一次，只需在编号树中选择“独基”节点，如图 8-10 所示；然后设置“模板类型”为木模板即可。编号中凡是用蓝色文字显示的属性都是公共属性，可以在其上一级节点上设置，子节点自动继承这些属性值。设置好后，切换到 J-1 节点，便会看到施工属性和钢筋属性中的属性值与基础节点的是一样的，并且

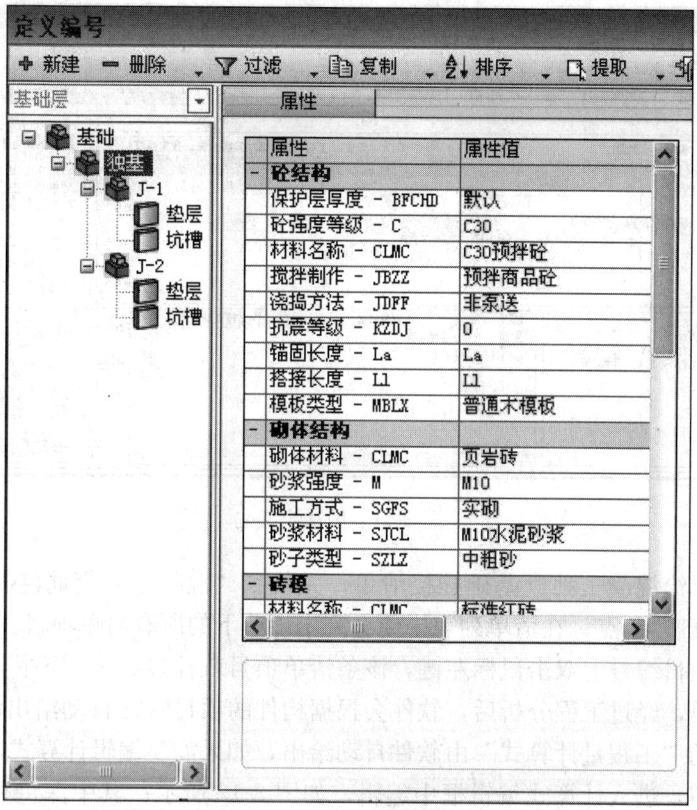

图 8-10 公共属性的设置

以后所有基础编号的属性都会继承这些公共属性的设置。这便是公共属性在定义编号时的使用技巧。

做法挂接：一般情况下，独基需要计算的项目有下列内容见表 8-3。

独立基础计算内容 **表 8-3**

构件名称	计算项目		变量名	计算规则
独 基	基坑土方	挖土方体积	KV	依所选择的清单或定额计算规则计算
	垫层	混凝土体积	VDC	
		垫层模板面积	SCDC	
	独基	混凝土体积	V	
		模板面积	S	
	回填土	填土体积	VT	
	土方运输	运土体积	KV	

定义好 J-1 的各类参数后，点击〖做法〗按钮，切换到做法页面。根据表 8-3 独基的计算项目，对需要输出的计算项挂接做法。表中计算项目，其变量名是软件提供的工程量组合式或属性变量，挂接做法时可以从计算式编辑对话框中选择。例如实际工程中土方需要运输，则应给独基坑槽挂接土方运输的做法子目，如图 8-11 所示。

在右侧的“清单、定额”列表栏中切换相应页面选择对应的清单、定额章节和子目进

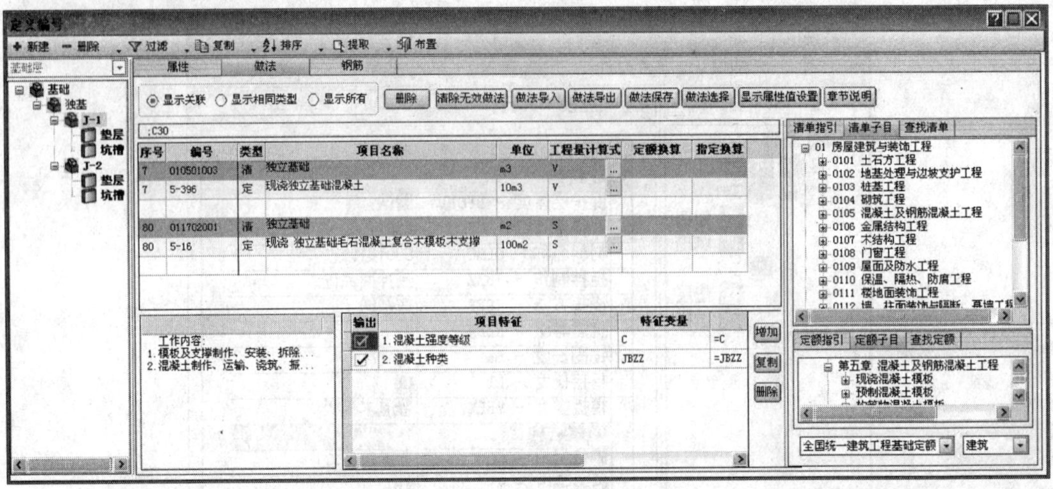

图 8-11　做法定义

行挂接。这里要给混凝土独立基础挂接清单，先找到“混凝土及钢筋混凝土工程”下的“现浇混凝土基础”节点，在清单列表中便会列出该节下的所有清单项目。在“010501003 独立基础”的项目编号上双击鼠标左键，该条清单项目就挂接到 J-1 下了，此时清单编码仍然是 9 位编码，经过工程分析后，软件会根据构件的项目特征自动给出清单编码的后 3 位编码。清单的“工程量计算式”由软件自动给出，如果需要编辑计算式，可以点击单元格中的下拉按钮，进入计算式编辑框中编辑，如图 8-12 所示；其中深色显示的变量是组合式变量，即包含了扣减关系的变量。

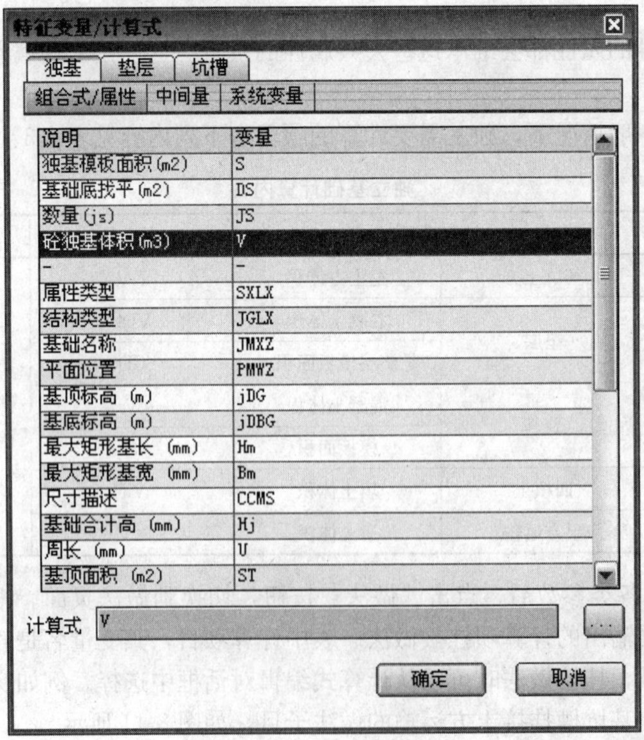

图 8-12　清单计算式编辑

软件默认的计算式即组合式里的“砼独基体积V”，这个计算式是正确的，不用修改。接着在右下方定额选择栏目中选择对应的基础定额子目，定额编号为5-396，用同样方法挂接到所选清单项目的下面。

“项目特征”栏，如图8-11所示。可以设置当前清单子目的项目特征，软件以清单项目特征为条件归并统计清单工程量。

软件已经给出了本条清单必须的项目特征。“特征变量”是指特征值，可以手动录入特征值，例如“混凝土强度等级”，也可以点击单元格中的下拉按钮，从“换算式/计算式”对话框中选择属性变量。“归并条件”是指当特征变量是从“换算式/计算式”中选择的属性变量时，清单工程量按不同属性变量值统计的统计条件。例如“混凝土强度等级”的特征变量选择了独基的属性变量“C”，表示该特征变量自动取编号定义中独基的混凝土强度等级作为项目特征，此时归并条件中不能为空，如图8-12所示，归并条件为“=C”，表示该条清单按不同混凝土强度等级统计工程量。归并条件如果为空，该项目特征值就只能取到描述“C”。

注意事项：

当特征变量是从计算式中选择的属性变量时，归并条件中必须有值，否则软件无法取到属性变量值。

而当特征变量是手输的特征描述时（非属性变量），归并条件必须为空，否则软件将认为该特征描述为某一变量，当从构件属性中取不到变量值时，该特征就无法显示了。

点击项目特征栏中的〖增加〗按钮，可以增加一条空白的项目特征项目，通过点击“项目特征”单元格中的下拉按钮，可以调出项目特征选择窗口，双击相应的项目特征条目，就可以添加到清单的项目特征中了，再录入其特征变量及归并条件即可。

在基础的换算式/计算式编辑框中有二个页面，分别是独基与垫层，是方便用清单规范2003做法挂接用的，清单规范2003的基础垫层是合在基础项目内的。选择对应的页面，可以取到基础或垫层的属性变量，如基础的体积变量是“V”，垫层体积变量“Vdc”。

再次说明：对于有子构件的构件编号，要注意将工程量表达式选择正确，否则无法得出对应的工程量！

独立基础J-1主体、垫层和坑槽的清单、定额的做法定义，如图8-13、图8-14所示。

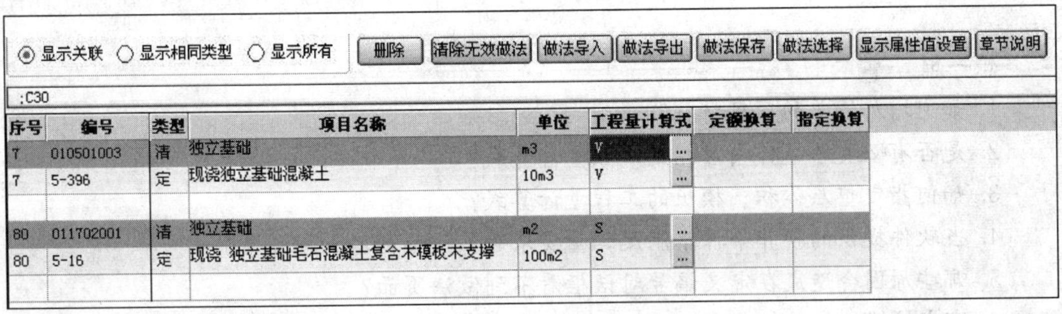

◉ 显示关联　◯ 显示相同类型　◯ 显示所有　　〖删除〗〖清除无效做法〗〖做法导入〗〖做法导出〗〖做法保存〗〖做法选择〗〖显示属性值设置〗〖章节说明〗

序号	编号	类型	项目名称	单位	工程量计算式	定额换算	指定换算	
7	010501003	清	独立基础	m3	V	...		
7	5-396	定	现浇独立基础混凝土	10m3	V	...		
80	011702001	清	独立基础	m2	S	...		
80	5-16	定	现浇 独立基础毛石混凝土复合木模板木支撑	100m2	S	...		

图8-13 基础主体做法定义

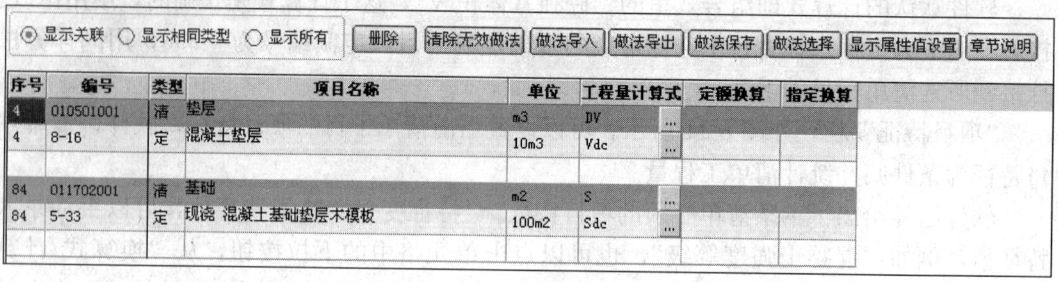

图 8-14　垫层做法定义

温馨提示：

因为模板在清单中属于措施，有些地区没有将模板作为清单条目，但在软件中可将模板定额可直接挂接在构件的分部分项清单项目下，统计时软件会自动将模板定额统计到措施项目中。

小技巧：

1. “指定换算”列用于自定义归并条件，软件可以按自定义的换算条件归并工程量。

2. 可以通过“做法指引”查询窗口，快速查询到与清单匹配的定额子目，挂接到清单项目下。

3. 挂接好的做法，可以通过〖做法保存〗功能保存成模板，再定义其他编号的基础时，便可以用〖做法选择〗功能快速挂接做法。在定义其他基础编号时，也可以通过〖做法导入〗功能，导入已经定义好的编号上的做法。

注意事项：

如果您在定义编号时看不到“做法”页面，则可能是以下原因引起：

1. 工程设置的计量模式为“构件实物量”模式。该模式下无法给构件挂接做法，必须选择“清单模式”或“定额模式”。

2. 当前的编号树节点非编号节点。即当您在浏览上一级节点，例如“独基”或“基础”节点时，只能看到属性页面。只有在浏览编号属性时，才能看到做法页面。

想一想

1. 如何增加清单的项目特征？

2. 是否有必要给工作内容指定工程量计算式？

3. 如何指定垫层体积、模板的工程量计算式？

4. 当软件提供的换算条件不满足算量要求时，该如何增加换算条件？

5. 哪些原因会造成在定义编号对话框看不到做法页面？

2. 定义坑槽

在定义完独立基础J-1的属性与做法后，下面还要定义其编号下的垫层与坑槽的属性与做法。点击编号树中的“垫层”节点，垫层的“属性”设置是“外伸长度”为100，“厚度”是指基础下第一个垫层的厚度，这里为100，与设计要求一致。“垫层一厚度”与“垫层二厚度”是指当基础下有多个垫层时，第二个垫层与第三个垫层的厚度。案例工程基础只有一个垫层，因此这两个值设为0。垫层做法挂接同基础。

关于基础挖土深度定义：基础的挖土方名称在软件内统一叫做“坑槽”。光标选中一个基础编号下的“坑槽”节点会切换到坑槽的属性定义页面，如图8-15所示。

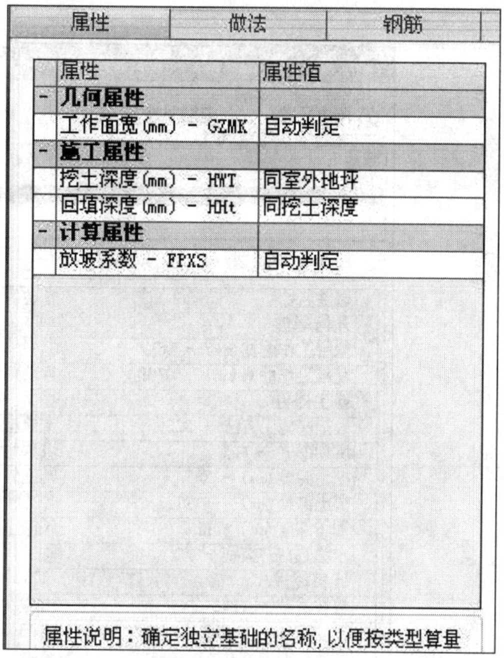

图8-15　坑槽设置内容

页面中看到有“工作面宽、挖土深度、回填深度、放坡系数”四个属性，这四项中最主要的是“挖土深度”，这里看到挖土深度的属性值是“同室外地坪”。案例工程的±0.000是首层地面，室外地坪标高低于首层地面100mm，而案例工程基础埋深（底高）是−1.4m，也就是说当挖土深度同室外地坪时，挖土深度是1.4［基础埋深］＋0.1［垫层厚］−0.1［室内外地坪高差］＝1.4m。将基础布置到界面中用“构件查询”看到基坑的挖土深度就是1.4m，如图8-16所示。

切换到“做法”页面，给坑槽挂接的做法，挂接操作方式同前。坑槽的清单“项目特征”如图8-17所示。

如果需要给清单项目挂接工作内容，可以先从〖工程内容〗中选择项目挂接到清单下，然后再从〖做法指引〗中查找相应的定额挂接到工作内容下。在给挖基础土方项目的定额指定计算式时，其计算式也是KV，与清单项目一样，但此时挖土体积是按定额计算规则计算，软件会自动区分清单规则和定额规则。

因为基础做完后还需要回填，所以还应挂接土方回填项目，取“基坑回填体积”的变量“Vt”作为工程量计算式，这个计算式能自动按计算规则扣减坑内构件的体积。

如果要运输土方，挂接方式同上述。

坑槽的做法，如图8-18所示。

至此独立基础J-1的属性与做法就都定义好了。这里独基的计算项目并非代表所有情况，如果还有其他的计算项目，只需给对应的编号和编号下的子构件挂接相应的做法即可。

其他独立基础编号均参考以上步骤定义。在定义其他基础编号的做法时，如果做法与J-1的做法相同，可以点击做法页面的〖做法导入〗按钮，会弹出当前编号树中的独基编号，选择已经挂接了做法的源编号，该编号上的做法就导入到目标编号中了。也可以在挂接了做法的编号中，用〖做法保存〗功能，将当前编号上的做法以一定的名称保存到软件中，再切换到其他编号，通过〖做法选择〗功能提取相应的做法。

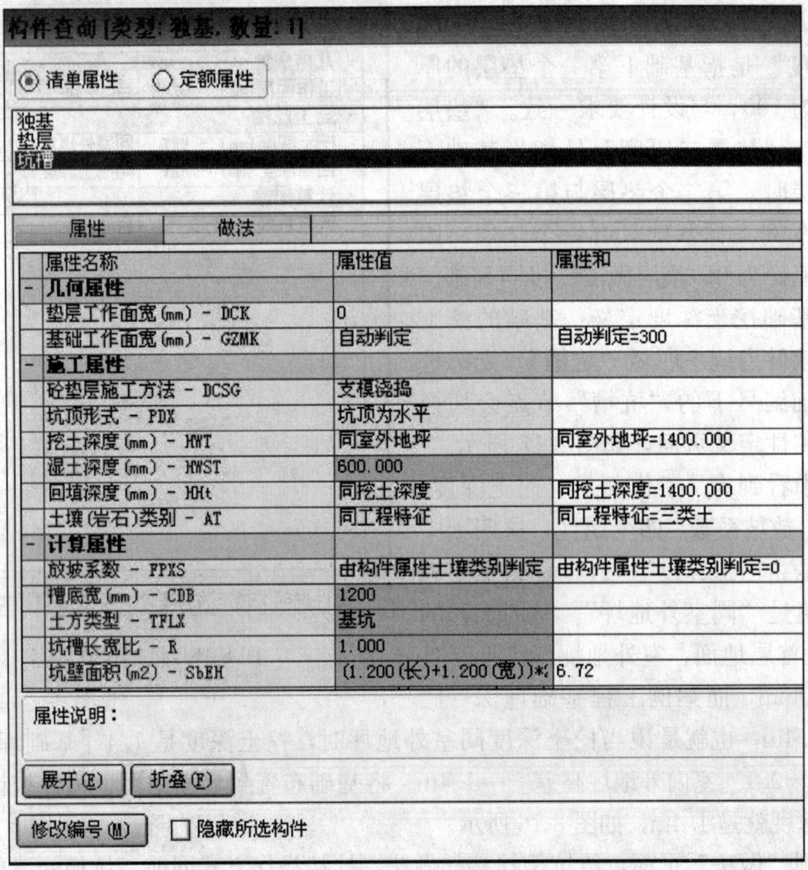

图 8-16　坑槽构件查询

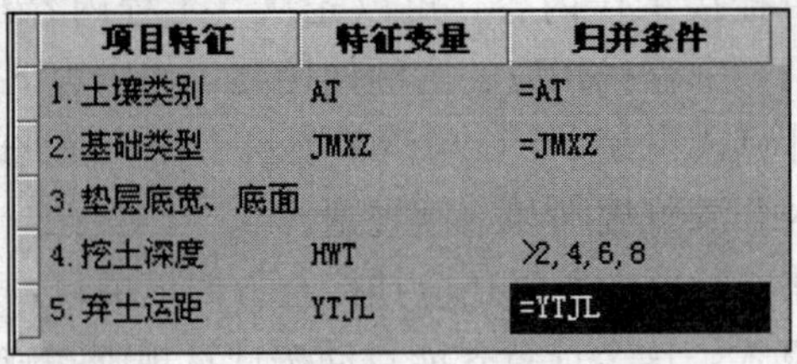

图 8-17　清单特征栏内容

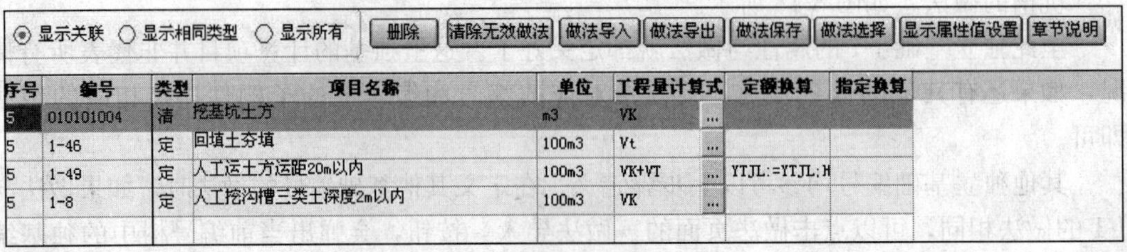

图 8-18　坑槽做法定义

小技巧：

在新建其他独基编号时，如果编号是递增的，且属性类似，则可以在 J-1 编号上点击鼠标右键，选择〖新建〗，软件会自动在编号栏增加一个新的编号 J-2，且 J-2 的属性与做法默认与 J-1 相同，此时只需修改 J-2 的尺寸参数即可。

想一想

1. 当基础下有两个垫层时，应如何设置垫层属性？
2. 如何设置土方回填清单的项目特征？
3. 如果独立基础编号之间做法相同，如何快速给编号挂接做法？

3. 布置独基

定义完所有的基础后，点击工具栏的〖布置〗按钮，回到主界面，依据基础平面布置图，将独基布置到相应的位置上，如图 8-19 所示。

案例工程的独基很少，且同编号的基础很少位置相邻，因此使用“点布置”方式即可。

8.4.2　条基

参考图纸：某学院北门建筑结构施工图。

基础中的条基、筏板的定义均同独基，只是条基是光标画线布置，筏板用的是光标描绘插入的基础平面图中的筏板轮廓布置的。布置方式见 7.4 区域构件“筏板”的布置说明。

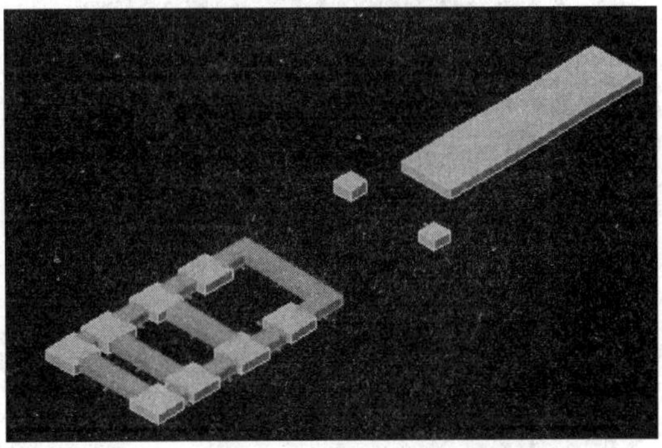

图 8-19　条基、独基、筏板布置效果图

布置到界面上的基础会默认显示垫层与坑槽，如果觉得不便观察，可以用【视图】菜单下的〖构件显示〗功能隐藏垫层与坑槽。

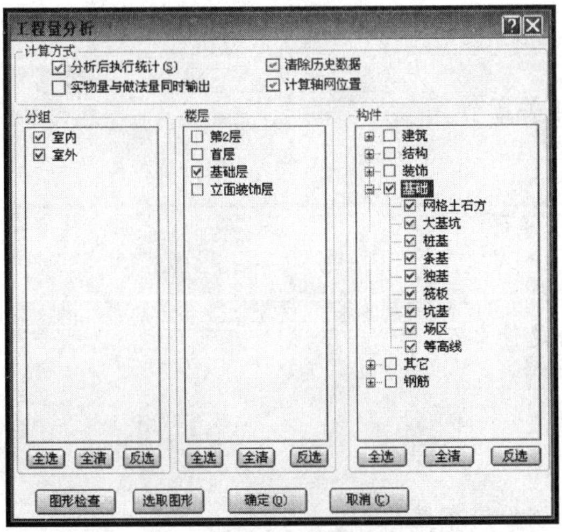

图 8-20　工程量分析对话框

温馨提示：

在布置构件之前，建议打开“对象捕捉”（OSNAP）功能，以方便精确定位构件。点击软件界面状态栏上的〖对象捕捉〗按钮（或按 F3 键），命令栏提示“对象捕捉开”即可。设置捕捉点的方法是执行【工具菜单】下的〖捕捉设置〗命令，在对象捕捉模式中选择捕捉点。

布置完基础后，点击“Σ”分析按钮，弹出对话框，如图 8-20 所示。

案例工程因为太小，在水平和垂直方面不分流水施工段，即本处不分组。在“楼层”栏内选“基础层”，在“构件”栏内选择相应的构件名称。“全选、全清、反选”按钮用于快速选择栏目中的内容。计算方式栏内的四个选项“【分析后执行统计】：分析后是否紧接着执行统计，选此项表示分析与统计一起完成。【计算轴网位置】：是否计算轴网位置，计算轴网位置，对校对构件工程量方便，但计算速度慢，报表打印量大。反之则计算快，报表量少。建议预算不要‘计算轴网位置’，结算时可计算。【清除历史数据】：是否清空以前分析统计过的数据，对于局部和个别构件做过修改而大部分的内容没有变动时，可以不需要清除历史数据（不勾选），系统会只对修改过的构件数据进行刷新，计算速度快。【实物量与做法量同时输出】：有时觉得挂了做法的内容可能不完整，可利用此功能将实物量与做法量同时输出，便于比对，“不丢项目。”

对话框中的内容设置和选好楼层和构件后，点击〖确定〗就开始进行分析统计了。

分析统计完成后会看到计算结果界面，如图 8-21 所示。

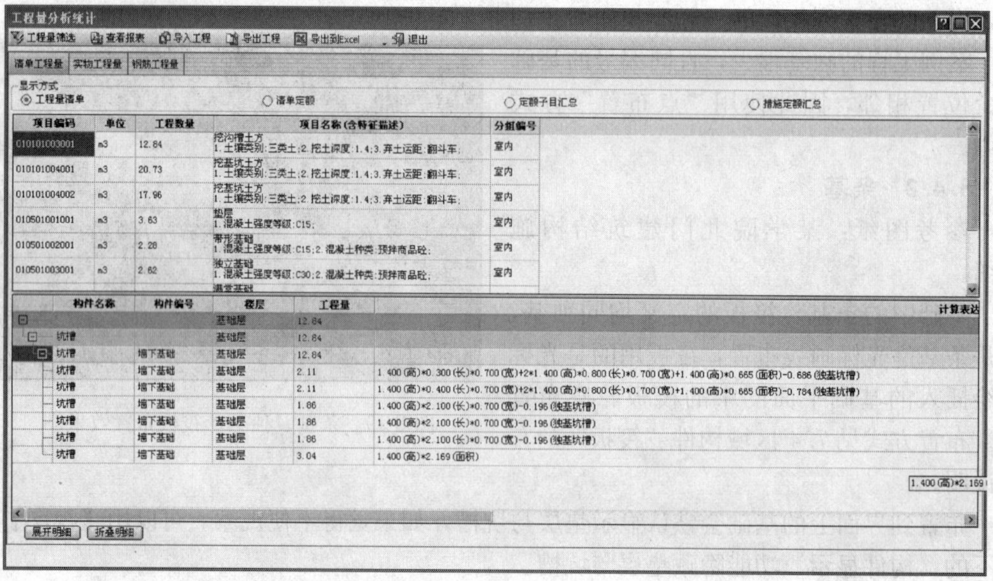

图 8-21　工程量数据浏览

对话框中内容见本教材第 10 章结果输出相关章节。

基础中的柱、墙见主体工程相关内容。

想一想

1. 基础的木模板是否需要单独定义和布置？
2. 基础的哪些属性属于公共属性？其作用是什么？
3. 怎样正确确定基础的挖土深度？
4. 案例工程中的独立基础以什么为依据定位？
5. 如何精确捕捉轴网交点来布置基础？
6. 如果独基中心点偏移轴线一定的距离，该如何布置？

8.5 主 体 工 程

8.5.1 柱

参考图纸：某学院北门建筑结构施工图。

在软件中柱分为柱、暗柱和构造柱，柱会按照结构类型分为“框架柱、框支柱、普通柱、预制柱”，暗柱和构造柱分别只有一个类型。定义柱子时，一定要将柱子的类型定义明确，因为柱子的结构类型与钢筋的自动构造判定有关，马虎不得。

案例工程中的柱子，①～②轴区域的柱子高度，按层高 3000mm 设置；③轴的柱子设计高度是 2900mm，这是要在柱顶安装支撑钢棚架的预埋件；④轴外伸缩门的结构墙的柱子，按设计是构造柱，所以这部分的柱子应该案构造柱布置。

参考图纸：某学院北门建筑结构施工图。

属性定义：同上面基础部分，略。

做法挂接：同上面基础部分，略。

构件布置：手动布置，参看独基布置，略。

识别布置：参看 8.4 识别柱体部分内容。

关于基础层的柱体：基础层定义楼层高度时，我们是按 1.4m 层高来定义的，而基础层的柱子高度就会取此高度，这样布置后，柱子的高度会穿透基础，虽然软件会自动扣件柱子与基础交接的工程量，但不利于察看，最大弊病是不能准确计算钢筋。调整的方法是将柱子按编号和所处位置先布置好，进入“构件查询”对话框，将柱子的“底高度”设为“同基础顶”，为了让柱子布置钢筋后会自动判定生成柱插筋，要将“楼层位置”设为“底层”，如果为了进一步准确判定柱子钢筋的内容，最好将柱子的“平面位置”也设置成“边柱还是角柱还是中间柱”之后通过计算分析，柱子的插筋就会按照“平法规则”准确生成。调整内容如图 8-22 所示。

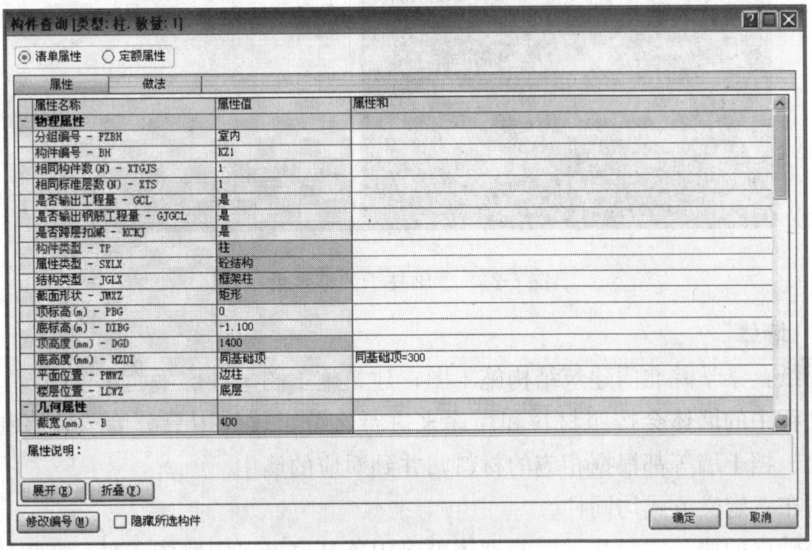

图 8-22　基础层柱子设置

基础层柱子布置的结果，如图 8-23 所示。

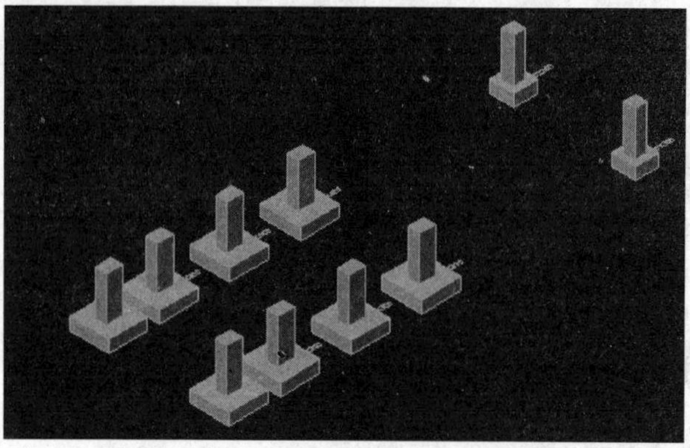

图 8-23　基础层柱子与基础的效果

首层布置柱子如前所述，①～②轴区域的柱子按层高 3000mm 设置，③轴的柱子设计高度是 2900mm。先将全部柱子按“同层高”3000mm 布置，之后选择③轴的柱子进入“构件查询”将其改为 2900mm 即可。注意！由于首层柱子钢筋是搭接在下面楼层伸上来的钢筋上的，不需要再生成插筋，故要将柱子的楼层设为“中间层”，布置结果如图 8-24 所示。

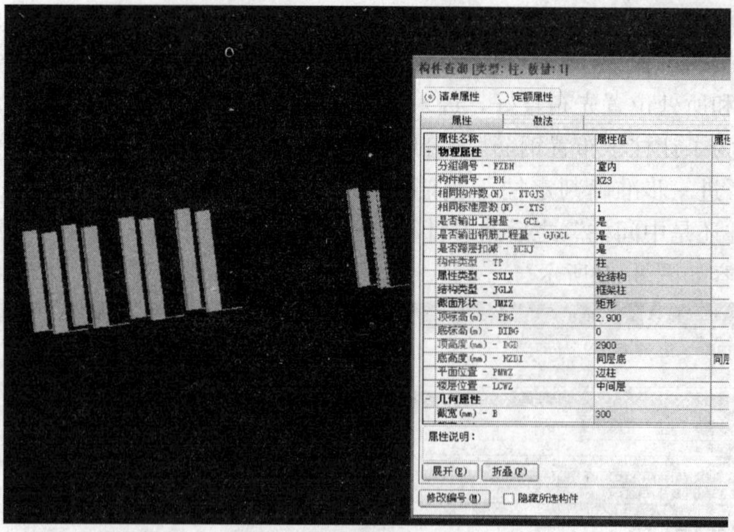

图 8-24　③轴柱子调整效果

8.5.2　墙体

参考图纸：某学院北门建筑结构施工图；建筑施工图（各层平面布置图）。

实际工程中的墙体会按照材料和用途来进行区分，软件中只分为“砼墙和砌体墙”，至于隔断墙、挡土墙等都根据相应的材料归并到对应的墙中。

墙体的布置定义方式均同柱。

关于基础层的墙：实际基础层的砌体可以用条基也可以用墙体布置，如果墙基础是有大方脚的构造，则用条基内容大放脚布置比较好，否则就直接用墙体布置即可。这里直接

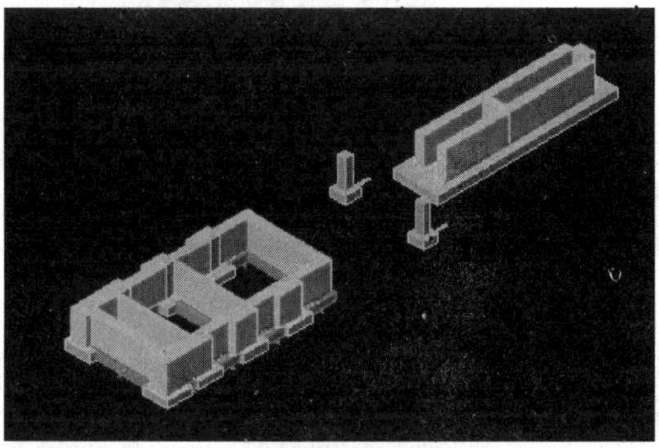

图 8-25 基础层墙体与基础的效果

用墙体。案例工程没有混凝土墙，但为了让读者知道墙体钢筋在软件中的关联性，有必要进行说明，墙体的钢筋也是在与基础连接时需要伸插筋的，故墙体的楼层位置等内容也必须与柱的设置一样。基础墙布之后的效果，如图 8-25 所示。

首层墙的布置说明：由于本案例工程是框架结构，墙体只作为填充，所以墙体布置完后，其高度应该进行调整，调整方法是进入“构件查询”中，将“高度”的属性值设定为“同梁底”或“同板底”，这时会看到墙的顶高就调整到梁或板底了。

温馨提示：

如果梁板下的砌体墙不做“同梁底、同板底”调整，软件计算时也会将重叠的部位进行扣减。但这样做会增大软件在工程量分析时的时间，且钢筋的判定也会不准确。

8.5.3 构造柱

参考图纸：某学院北门建筑结构施工图。

④ 轴外伸缩门的结构墙构造柱布置，构造柱的定义和布置以及楼层位置调整均同柱，布置后结果如图 8-26 所示。

8.5.4 梁

参考图纸：某学院北门建筑结构施工图。

定义和做法挂接均同前述。注意按照清单和定额规定，与其他板相交的板（不论是单边或是两边）其梁均按有梁板套清单和定额。由于梁还没有布置到界面中，定义时不知道梁的某跨或某条会有板相交，实际操作时则暂时不挂做法，待将梁板布置到界面中，分析计算后用过滤功能，将梁的“平板厚体积”大于“0”的梁段过滤出来，再用“构件查询”的方式挂接做法，过滤操作参见软件的用户手册。

梁布置有手工布置和识别布置两种方式，请参见前面相关说明。布置后结果如图 8-27 所示。

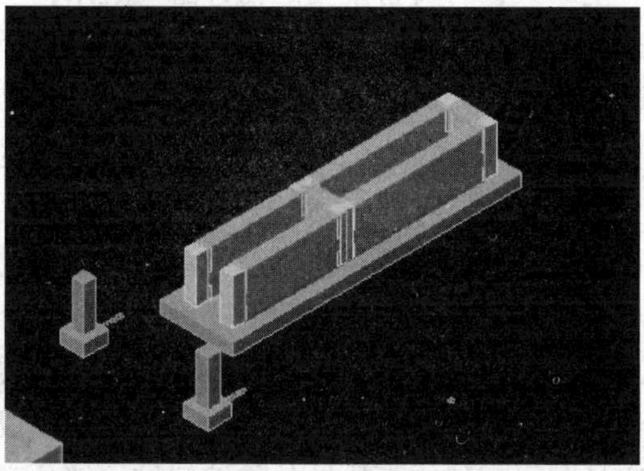

图 8-26 基础层构造柱的效果

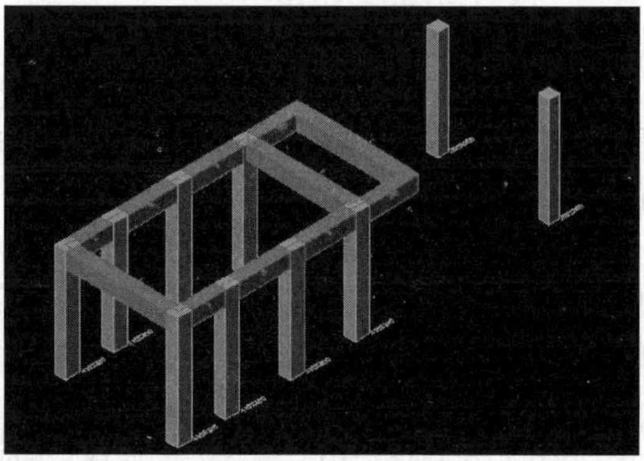

图 8-27 梁布置的效果

在本案例工程的 3.55m 层高处有一钢梁玻璃遮棚，其梁我们可以用软件中的梁来布置，算出体积后，乘以钢材的比重得到钢梁的重量工程量。在定义梁的截面形状时，选择工字梁，按设计截面尺寸定义即可，挂接做法进入做法页面，将“工程量计算式”改为“V＊7.85”，7.85 是钢材的比重，如图 8-28 所示。

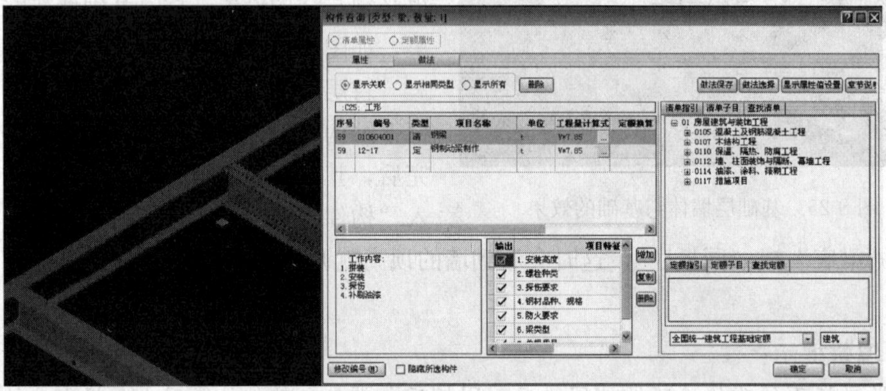

图 8-28　钢梁的布置效果和做法挂接

案例门编号 M-2、M-3 的门顶上有过梁需布置，过梁可不需先定义编号，直接执行“自动布置”的命令，在弹出的“过梁表”中定义好布置条件和过梁大小后，执行“布置过梁”即可，软件会按照设置的条件在对应的门窗洞口顶上自动布置上过梁。定义和操作方法等见 7.4“特殊构件”部分。

做法挂接操作：将界面中的构件隐藏，留下过梁，框选全部过梁，进入“构件查询”对话框，在对话框的“做法”页面挂接做法即可。

8.5.5　板

参考图纸：某学院北门建筑结构施工图。

板在软件中属于区域构件，生成板有手动和自动两种方式，当板的周边有构件且是严格封闭时，用自动方式生成板较快捷；如果周边有一面或多面没有构件时则用手动绘制。案例工程中的板周边有构件，可用“点选内部生成”的方式生成板。一般情况施工现场对于同厚度的板配置钢筋时，是按照整个厚度区配置的，所以建议在布置板时，建议同厚度的板布置成一块即可，这样做钢筋计算才准确。生成大板时要将中间的构件隐藏起来，生成板后在将板中的构件显示出来。隐藏构件操作方式是，点击〖布置辅助〗按钮，选择“隐藏构件”功能，按命令栏提示，在界面中选择有隐藏的构件（框选、点选均可），单击鼠标右键，就将选中的构件隐藏了，接着光标在范围中间点击，软件就会自动搜索边缘构件在此范围内生成板。

首层有两块板要生成，一块在屋面，一块在④轴外伸缩门的结构墙上。注意！屋面的板周边有梁、柱等混凝土构件，可以作为板的支座，也就是可以提供钢筋锚固。但④轴外伸缩门的结构墙是砌体墙，不能锚固钢筋，此部分的板要全覆盖在墙上，故板的外边缘要与墙体的外边缘平齐，这里用自动生成的方式创建板就不对，案例用手工绘制的方法生成板。此块板生成之后用三维查看，发现板的高度是同层高的，而④轴外伸缩门结构墙顶高是 1800mm，这里要调整板的高度。选中板进入“构件查询”将“板顶高”直接改为

1800mm 即可，也可以将属性值“同层高”改为“同层高-1200”，就将板的高度调整下来了。三维效果如图 8-29 所示。

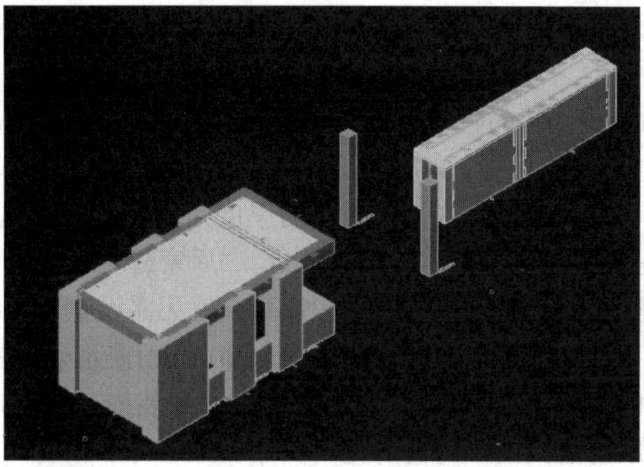

图 8-29 板布置后的效果

屋面钢架梁上的玻璃板，布置时也用板布置，玻璃板的工程量单位是“m^2”，将板做法的“工程量计算式”改为“S”即可，如图 8-30 所示。

序号	编号	类型	项目名称	单位	工程量计算式	定额换算	指定换算
63	011506003	清	玻璃雨篷	m2	S		

图 8-30 玻璃板的做法挂接

注意玻璃板在二层楼面内的高度调整。

8.6 建 筑 构 件

软件中的构件归类是按照专业内容来进行的，分为基础、主体、建筑、措施和装饰。基础含与基础相关的包括土方坑槽等内容，主体则包括柱、墙、梁、板，建筑包含除基础和主体之外的所有房屋构件，措施是脚手架等内容，装饰是楼地面、天棚、墙面等装饰内容。软件中虽然将构件这样进行了归类，但不一定这样严格，如混凝土构件的模板本来属于措施内容，但模板工程量取的是构件的相关表面积，所以建模时不需要布置模板而是直接提取构件主体表面积的相关工程量，所以软件的构件归类就不是那么严格。用软件建模计算工程量，主要是要得到构件的工程量结果，故在建模的过程中我们应该秉承构件布置的内容和数量宁少勿多的原则，只要能得到相应的工程量即可；构件之间的关系宁准勿乱，构件之间的关系应该接触的一定要接触到，要分开的就要分开，否则分析计算时扣减内容就会紊乱。构件布置的少并不是就不需要算某些构件的工程量，而是将其他构件的工程量同时在主构件上提取，如基础的垫层、土方等内容，我们称之为子构件，在布置基础主体时就同时将这些子构件的内容一次性进行定义和布置的。

8.6.1 门窗

参考图纸：某学院北门建筑施工图；门窗表、一层平面图。

布置门窗有两种方法，识别和手动布置。案例工程门窗较少，定义编号就用识别门窗表方式，布置门窗就用手工布置方式。

门窗表中：M-1、M-2、M-3 和 C-1 是单樘的，布置按正常的布置方式即可。C-2 是带窗的，布置方式用手动绘制的方式。

先将“门窗表”进行识别，“确定”后，还需进入“定义编号”对话框中进行相应内容的调整和做法挂接：

如门编号 M-1 的调整，门的材料类型是“塑钢”，名称是“有亮单开门”。“框材厚”与门扇的面积计算有关。“框材宽”的设置会影响到装饰工程量中洞口侧边的装饰量计算，框材宽度越宽装饰工程量就越窄，这是因为墙的厚度是固定的，在这里默认软件缺省值。“开启方式”的设定是为了与定额一致，便于计价。“后塞缝宽”的设置是为了满足有些地区计算门窗面积的规则需要，如果按洞口面积计算，就无需设置后塞缝宽；如果定额规定门窗工程量按外围面积计算（可以在计算规则中设置），则需正确设置后塞缝宽，因为后塞缝不能计算成门窗的面积。“立樘边离外侧距”关系到装饰工程洞口侧边的取值，案例工程没有说明，则按缺省值。由于门窗的宽高尺寸已经进行了识别，栏目中已经存在，这样门 M-1 的属性就定义好了。做法挂接同前，不赘述。M-1 可以是成品，所以做法只有安装一条清单和定额，M-2、M-3 是夹板门，会涉及制作、安装、油漆等内容，会挂接多条做法，这里 M-2 挂接的内容如图 8-31 所示。

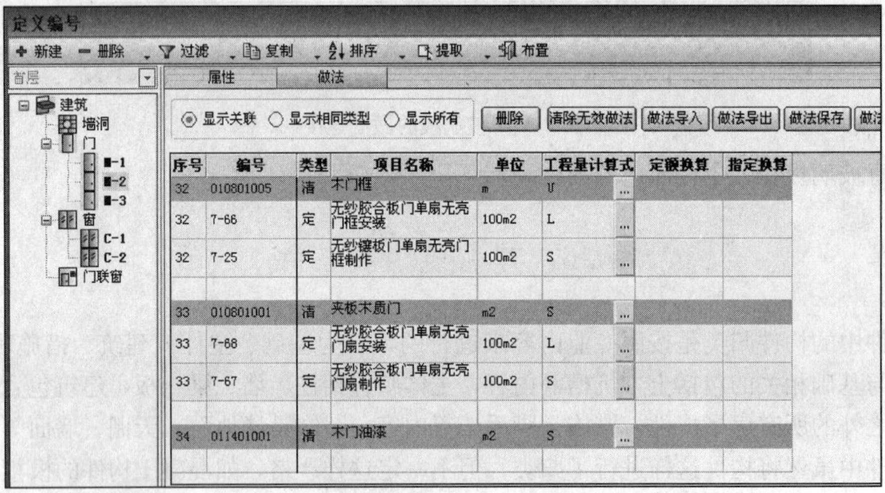

图 8-31　木夹板门做法挂接内容

C-2 由于是带窗，布置时绘制多长就是窗子的宽度，所以对话框中只有窗子高度的定义。

带形窗的布置方法，案例工程的带窗是三段的转角，分为三段绘制，在导航器中选中 C-2 编号执行“带窗布置”命令，按照命令栏提示，光标点击窗的起点之后光标移动到窗的终点点击，一段窗就布置上了，依次将三段窗全部布置完毕，最终门窗布置的效果如图 8-32 所示。

图 8-32　门窗布置效果

布置门窗要注意门窗的底高度，软件默认的门底高是“0”，窗的底高度是“900mm”，注意按设计要求调整。

8.6.2 散水、台阶

1. 散水

参考图纸：某学院北门建筑施工图；一层平面图。

案例工程的室外墙边有一圈散水，先将散水的编号定义好，注意散水宽度是1000mm，根据设计要求，垫层是三合土，散水是细石混凝土上加浆随捣随抹。定义编号同前述，做法挂接如图 8-33 所示。

属性　做法

◉ 显示关联　○ 显示相同类型　○ 显示所有　删除　做法

;C20

序号	编号	类型	项目名称	单位	工程量计算式	定额换算	指定换算
28	010904004	清	楼(地)面变形缝	m	LJ		
28	9-142	定	变形缝填缝建筑油膏	100m	LJ	PS:=PS;	
29	010507001	清	散水	m2	Sty		
29	8-43	定	混凝土散水面层一次抹光厚50mm	100m2	Sty		
29	8-16	定	混凝土垫层	10m3	VDC	CLMC:=CLMC;	

图 8-33　散水做法挂接内容

散水的编号和做法定义好后，就可以进行布置了，用手动布置的方法光标沿着首层外墙面绘制一圈即可生成散水，注意绘制散水时的起点和光标运行方向，绘制时光标的线应该靠墙，这样生成的散水坡向会朝外，否则就朝墙面了。

散水的定位点高度软件默认是楼层的“0”位置，而散水的定位点高度实际是室外地坪面，从建筑立面图上看到室外高比室内±0.000 低 100mm，故散水布置好后要将散水的定位点高度下调 100mm 才算正确。

2. 台阶

参考图纸：某学院北门建筑施工图；一层平面图。

台阶的定义和做法挂接同上，注意按设计要求设置好对应的材料，做法内容如图 8-34 所示。

◉ 显示关联　○ 显示相同类型　○ 显示所有　删除　做

;C15

序号	编号	类型	项目名称	单位	工程量计算式	定额换算	指定换算
25	010507004	清	台阶	m3	VM		
25	5-431	定	现浇混凝土台阶	10m3	VM		
26	011107004	清	水泥砂浆台阶面	m2	S		
26	8-25	定	水泥砂浆20mm台阶	100m2	Sty		

图 8-34　台阶做法挂接内容

散水、台阶布置后的效果如图 8-35 所示。

图 8-35　散水、台阶布置效果

8.6.3　其他构件

案例工程中的其他构件有两个，一个是屋顶钢架梁的预埋件，另一个是清场平基的自定面。

软件中内置有国家标准预埋件图集数据，定义时在“定义编号”对话框中选择对应的编号即可，案例选用编号为“MZC8030010A”的柱侧埋件，挂接好做法布置到相应的位置即可。因为预埋件没有扣减关系，不论怎么布置只要数量准确即可。

对于“清场平基”，我们只是要界面中的一个平面，能够提取到面积即可。楼层切换到基础层，这里用软件中的自定义构件的“自定义面”进行布置。首先定义一个“清场平基”的构件编号，挂接好做法如图 8-36 所示。

序号	编号	类型	项目名称	单位	工程量计算式	定额换算	指定换算
3	010101001	清	平整场地	m2	Sp		
3	1-48	定	平整场地	100m2	Sp		

图 8-36　清场平基做法挂接内容

光标沿着显示的外墙外侧描绘一圈，之后用 CAD 的“偏移”功能将绘制好的墙外侧轮廓向外偏移 2000mm，因为清场平基的计算规则需要按首层外墙外边向外扩展 2m 计算。注意！偏移后要将原来的轮廓线删除，如图 8-37 所示。

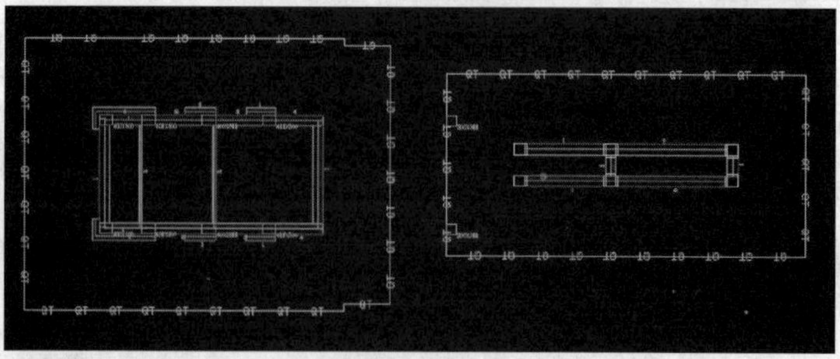

图 8-37　清场平基布置效果

8.7 措 施 构 件

建筑工程中的模板、脚手架、上料平台、安全防护等项目在工程竣工后将被拆除，在专业中一般称之为“措施”。由于软件的主要功能是算量，故会将一些能够得到的工程量而不需要布置构件的内容进行省略，这样一来其专业中的措施构件在软件中就不会按实体现。案例工程中以下两个内容进行了布置。

8.7.1 建筑面积

建筑面积在工程造价专业中，一般用于指标分析和规费的计算，如垂直运输费，超高增加费等，也用于综合脚手架的搭设计算。建筑面积有专门的计算规则，有些按全面积计算，有些按一半面积计算，如阳台就是按其面积的一半计算。定义好编号，按照建筑面积的计算规则，光标在界面中建筑图形上绘制出建筑面积轮廓，对于折半计算的部位，轮廓切半绘制即可。

8.7.2 脚手架

在软件中，脚手架工程量的计算是利用脚手架构件来计算的。案例工程中脚手架类型有三种：单排外脚手架、独立柱脚手架以及墙面脚手架和梁脚手架。单排外脚手架布置在外墙面的外侧，独立柱脚手架布置在柱的外侧，墙面脚手架用于内部砌墙和墙面的装饰。三类脚手架的工程量均为脚手架的立面面积，其属性定义和做法挂接同其他构件的定义一样，只是选择工程量计算式时，要选择脚手架的立面工程量表达式。

（1）单排外脚手架

楼层切换到首层，由于首层的脚手架的高度是支撑在室外地面上的，故应将单排外脚手架底高度设置为“同室外地坪”，之后在“构件查询”中看到的结果如图 8-38 所示。

	搭设高度(mm) - HD	同层高	同层高=3100
	边周长(mm) - U	23399(周长)=23399.209	23399
-	**计算属性**		
	底高度(mm) - HZDI	同室外地坪	同室外地坪=-100
	平面积(m2) - SP	24.419=24.42	24.42

图 8-38 单排外脚手架底高度查询

图 8-38 中看到底高度的同室外地坪显示的是“同室外地坪＝－100”，表示软件自动将高度向下延伸了 100mm。

（2）独立柱脚手架

根据定额计算脚手架的规则，柱子的施工要另外单独搭设脚手架，计算方式是将柱子的外围周长加 3600mm 乘以高度计算，可以在挂接做法时，将“工程量计算式”改为“（U＋3600） ＊HD”，式中 U＝柱周长，HD＝搭设高度，3600＝增加的 3600mm 长度，做法内容如图 8-39 所示。

在图 8-39 中看到定额挂接的是外脚手架木架 15m 以内单排的子目（条目 3-1），这是定额规定计算后按相应的外脚手架套用定额的缘故。案例工程中柱子只有 3m 高，外脚手架定额的最低步距 15m 以内，所以套用的是“3-1”条目。

（3）墙面脚手架和梁脚手架

墙面脚手架是按墙面面积计算；梁脚手架是按梁的净长计算。这两项脚手架的工程量

序号	编号	类型	项目名称	单位	工程量计算式	定额换算
2	011701003	清	里脚手架	m2	SL	
2	3-1	定	外脚手架木架15m以内单排	100m2	(U+3600)*HD	

图 8-39 独立柱脚手架做法挂接内容

可以在对应的构件中提取，故案例工程没有再进行建模，直接利用墙面面积和梁的净长套挂相应定额。操作方法是将墙面和梁按照正常的定义和布置方式进行，之后在单独选择要挂脚手架做法的墙面和梁挂接做法。墙面脚手架和梁做法内容如图 8-40、图 8-41 所示。

序号	编号	类型	项目名称	单位	工程量计算式	定额换算
40	011701003	清	里脚手架	m2	S	
40	3-13	定	里脚手架木架	100m2	S	CLM:=CLM;

图 8-40 墙面脚手架做法挂接内容

85	011701002	清	外脚手架	m2	L*HLDI
	3-7	定	外脚手架钢管架（双排）24m以内	100m2	L*HLDI

图 8-41 梁脚手架做法挂接内容

梁脚手架的工程量计算式改为“L＋HLDI”，式中 L＝梁净长，HLDI＝梁底高度。

小技巧：

综合脚手架可以分层布置，使用“立面面积”作为工程量计算式；也可以在最底层布置，然后用“边周长 U×搭设高度（实际值）”来计算整栋建筑物的综合脚手架工程量。例如建筑物高 20m，综合脚手架边周长变量为 U，则用“U＊20”做为该做法的工程量计算式即可，其他楼层就不用再布置综合脚手架了。

想一想

1. 里脚手架一定要以构件的形式布置到图上才能计算吗？
2. 综合脚手架的计算式如何指定？

8.8 装 饰 构 件

装饰，在软件中的建模被认为是区域构件，案例工程中有地面、墙面和天棚三个内容。

8.8.1 地面

参考图纸：某学院北门建筑施工图；一层平面图、室内外工程做法表。

做法表中有“地面一”和“地面二”两个做法内容。“地面一”是普通地砖地面，用于值班室；“地面二”是防滑地砖地面，用于盥洗室和卫生间，“地面一”不防水，“地面二”需要防水。定义编号和做法挂接见前述，“地面一”的做法内容如图 8-42 所示；“地面二”的做法内容如图 8-43 所示。

序号	编号	类型	项目名称	单位	工程量计算式	定额换算	指定换算
54	010904003	清	楼(地)面砂浆防水(防潮)	m2	S		
54	8-21	定	50厚C15豆石混凝土填充热水管道间	100m2	S		
54	9-112	定	20厚无机铝盐防水砂浆分两次抹,找平抹光	100m2	S		
55	011001005	清	保温隔热楼地面	m2	S		
55	10-220	定	20厚复合铝箔挤塑聚苯乙烯保温板	10m3	S		
56	011102003	清	块料楼地面	m2	S		
56	8-74	定	彩釉砖水泥砂浆楼地面(每块周长800mm以外)	100m2	S		

图 8-42 “地面一”做法挂接内容

序号	编号	类型	项目名称	单位	工程量计算式	定额换算	指定换算
55	011001005	清	保温隔热楼地面	m2	S		
55	10-220	定	20厚复合铝箔挤塑聚苯乙烯保温板	10m3	S		
56	011102003	清	块料楼地面	m2	S		
56	8-74	定	彩釉砖水泥砂浆楼地面(每块周长800mm以外)	100m2	S		
57	010904003	清	楼(地)面砂浆防水(防潮)	m2	S		
57	9-74	定	点粘350号石油沥青油毡一层	100m2	S		
57	8-16	定	80厚C15混凝土垫层	10m3	S*0.08		
57	9-112	定	20厚无机铝盐防水砂浆分两次抹,找平抹光	100m2	S		
57	8-21	定	60厚C15豆石混凝土找坡不小于0.5	100m2	S		
58	010904002	清	楼(地)面涂膜防水	m2	S		
58	9-99	定	1.8厚聚氨脂防水涂料	100m2	SC		

图 8-43 “地面二”做法挂接内容

从两个地面的做法挂接中看到，“地面二”的条目明显比“地面一”多，是有防水做法的原因。注意“地面二”“8-15”编号的计算式是根据做法表的要求有调整。

8.8.2 墙面

参考图纸：某学院北门建筑施工图；一层平面图、室内外工程做法表。

做法表中，墙面分为外墙 1、外墙 2 和内墙 1，根据设计要求，内墙面是乳胶漆墙面，外墙面有两种做法，一种是涂料墙面；另一种是干挂石材墙面。说明：建筑师设计装饰做法时，对于一种装饰的名称，只用这个装饰最后一道工序名称来表达，而实际计算和施工项目时，应该看清楚设计的每个层次的内容，否则单凭一个做法名称是不能了解装饰构造内容的。

外墙 1 涂料墙面做法内容如图 8-44 所示；外墙 2 干挂石材墙面做法内容如图 8-45 所示；内墙乳胶漆墙面做法内容如图 8-46 所示。

图 8-45 的干挂石材钢骨架，工程量计算式有调整，这是因为清单的钢骨架工程量是以“t”为重量单位计算的，这里墙面按 1000g/m^2 计算，折算为“t”就是 0.01。

序号	编号	类型	项目名称	单位	工程量计算式	定额换算	指定换算
71	010903003	清	2厚聚合物水泥防水涂料,15厚1:3水泥砂浆找平,3厚聚合物砂浆罩面,压入耐碱玻纤网格布一层	m2	S		
72	011001003	清	50厚QCB防水保温阻燃装饰一体板	m2	S		
73	011406001	清	刷灰色高级外墙防水涂料	m2	S		

图 8-44　外墙 1 涂料墙面挂接内容

序号	编号	类型	项目名称	单位	工程量计算式	定额换算	指定换算
66	011204004	清	干挂石材钢骨架	t	S*0.01		
67	011204001	清	石材墙面	m2	S		

图 8-45　外墙 2 干挂石材墙面挂接内容

序号	编号	类型	项目名称	单位	工程量计算式	定额换算	指定换算
69	011201001	清	墙面一般抹灰	m2	S		
70	011406001	清	刷乳胶漆	m2	S		
				刷乳胶漆			

图 8-46　内墙乳胶漆墙面挂接内容

8.8.3　天棚

参考图纸：某学院北门建筑施工图；一层平面图、室内外工程做法表。

做法表中，根据设计要求，天棚面是喷涂料顶棚做法内容，如图 8-47 所示。

序号	编号	类型	项目名称	单位	工程量计算式	定额换算	指定换算
74	011301001	清	天棚抹灰	m2	S		
75	011407002	清	天棚喷刷涂料	m2	S		

图 8-47　内墙乳胶漆墙面挂接内容

关于地面、天棚、墙面的布置方法：

考察装饰的部位和性质，发现一个房间中会同时有地面、天棚、墙面的内容，为了布置时减少工作量和错误，可以预先将以内房间内容装饰内容进行组合，之后直接选择房间名称进行布置即可。

(1) 房间的布置方法

首先将组成房间的地面、天棚、墙面编号定义好，进入房间“定义编号”对话框，在房间节点下新建“房间 1”或“房间 2”编号的房间名称。也可以直接将房间编号用“客厅、卧室、会议室”等形式直接定义。之后在“属性”栏中，将此房间的地面、天棚、墙面编号选入，一个房间就定义好了，如图 8-48 所示。

房间组合好后点击〖布置〗按钮，将房间布置到界面中对应的房间内。布置房间的方法同前区域构件的布置方法相同。

在布置房间时可以根据房间的实际情况还可以将组成房间的地面、天棚、墙面分解开

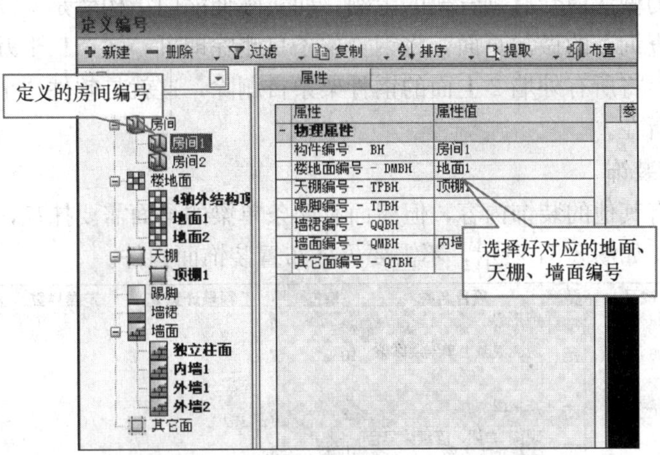

图 8-48 房间组合定义内容

来进行布置，查看“导航器”底部栏目，如图 8-49 所示。

从图 8-49 中看到“布置地面、布置天棚、布置侧壁”三项内容的后面都有打钩的选择，在布置房间时，如果该房间的某一项不需布置或另外有做法，则可以将选择栏内的钩去掉，布置到界面中的装饰就会少掉此部分内容。如果少掉的内容是另外的装饰，则采用单独地面、天棚、墙面的布置方式布置即可。

(2) 外墙面的布置

外墙面的定义和做法挂接同前面所述。案例工程外墙面有两种装饰，外墙 1 和外墙 2，且是交替布置的。故布置的时候不宜一根线拉上头，应该按照立面图中装饰墙段，一段一段地进行布置。

关于外墙 2，设计是钢骨架后干挂石板材。从建筑平面图中，看到干挂石板材的部位都是凸出墙面 200mm 的，如果直接将此部分的装饰绘制在离墙面 200mm，将计算不出工程量来，这是因为装饰面搜索不到基层构件的缘故，解决的方法是在主体墙的外面再布置一道 200mm 后的墙段，只用于计算墙面装饰用，之后将这补充的墙在“构件查询”中的“是否输出工程量”设置为“否”，如图 8-50 所示。

图 8-49 房间布置导航栏目内容

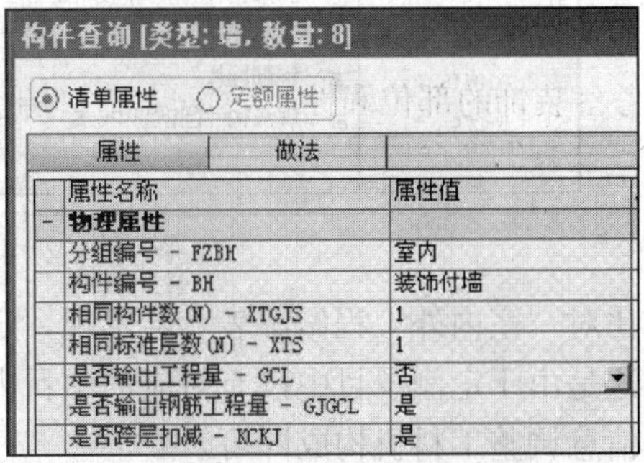

图 8-50 将补充墙输出工程量设为“否”

后面计算分析时，装饰工程量会正常输出，补充墙的工程量就不会输出了。

案例工程中④轴外的伸缩门结构墙的装饰也是石材装饰面，可以统一用外墙 2 进行布置，由于外墙 2 的做法内套有钢骨架的定额，而实际伸缩门结构墙是不需要钢骨架的，布置后进入“构件查询”的做法页面，将钢骨架条目删除即可。注意！千万不要到“定义编号”内删，否则会将所有外墙 2 上面的钢骨架条目删除，这就是软件“个体修改和群体修改”的关键区别所在。

8.8.4　其他装饰

案例工程没有其他的装饰内容，但屋面有两条单梁的梁面需要抹灰，可以直接利用梁的相关属性编辑，如图 8-51 所示，不需要另外布置装饰面构件。

序号	编号	类型	项目名称	单位	工程量计算式	定额换算	指定换算
60	010503002	清	矩形梁	m3	V ...		
60	5-406	定	现浇混凝土单梁连续梁	10m3	V ...		
61	011702006	清	矩形梁	m2	S ...		
61	5-76	定	现浇 单梁、连续梁复合木模板木支撑	100m2	S ...		
83	011205004	清	石材梁面	m2	L*(H*2) ...		

图 8-51　矩形梁包括梁面装饰的做法挂接

图 8-51 中 011205004 编号的工程量计算式有调整，这是因为只需装饰梁的两个侧面的缘故，式中：L＝梁净长，H＝梁侧高。

8.8.5　屋面

屋面由于防水和保温隔热，根据用途可分为上人和不上人。案例工程中的屋面为平屋面（不上人），但需要保温和隔热。做法挂接如图 8-52 所示。

序号	编号	类型	项目名称	单位	工程量计算式	定额换算	指定换算
50	011001006	清	保温隔热	m2	S ...		
50	10-202	定	屋面保温现浇水泥焦渣	10m3	PV ...		
50	10-199	定	50厚QCB防水保温阻燃装饰一体板	10m3	S*0.05 ...	BHCL:=BHCL;B	
50	9-42	定	屋面满涂2厚MCT喷涂速凝涂料一道	100m2	S ...		
51	010902003	清	屋面刚性层	m2	S ...		
51	10-202	定	屋面保温现浇水泥焦渣	10m3	PV ...		
51	9-17	定	干铺无纺聚酯纤维布一层	100m2	S ...		
51	8-19	定	20厚1:3水泥砂浆找平层	100m2	S ...		
52	010515003	清	钢筋网片	t	S*0.003 ...		
52	5-294	定	现浇构件圆钢筋Φ6.5	t	S*0.003 ...		

图 8-52　屋面的做法挂接

比对“室内外工程做法表”会发现，定额的项目名称有些与“做法表”上的要求不一致，这是由于定额子目中没有对应的项目内容，这里借用一条定额，在套价时根据给出的换算信息调整工料机构成即可。

图 8-52 中的 52 序号“钢筋网片”的“工程量计算式”有修改，其钢筋网片是按照 3kg/m^3 计算的，3kg 的计算方法是：1000mm（米单位）/150mm（网片间距）＊7.85（钢材比重）＊2（两个方向）/1000（折合成“t”）。

屋面的布置方法与区域构件相同，见 7.4 章节区域构件“屋面”。

9 楼层、构件组装

9.1 拷 贝 楼 层

前面讲述的内容，是按照构件类型分类进行讲解的，实际建模是按照每个楼层进行的。有很多构件在首层时就已经布置和定义了，当我们将首层楼层内的构件布置完后，可以利用软件“拷贝楼层”功能，将需要的构件拷贝到目标楼层上，从而减少建模的工作量。执行“拷贝楼层”命令，弹出“楼层复制”对话框，如图 9-1 所示。

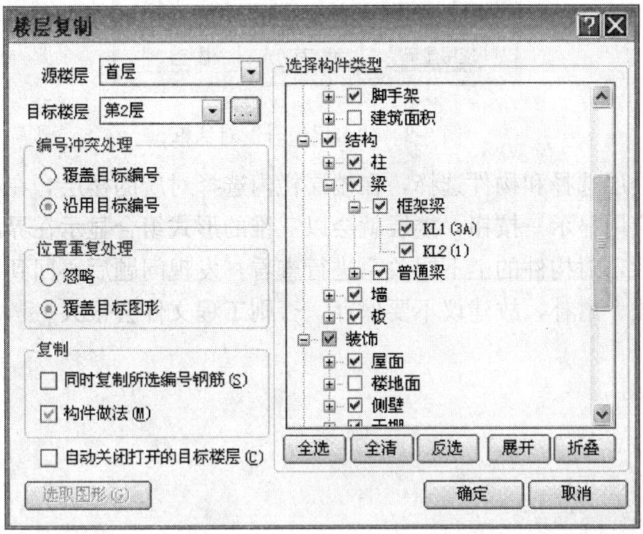

图 9-1 “楼层复制”对话框

操作如下：

将首层构件建模完毕后，执行〖拷贝楼层〗命令，在“源楼层”中选择首层，在“目标楼层”中选择“二层”，(如果所建工程是多楼层，且需将目标楼层的构件拷贝到多个楼层时，可点击目标楼层选项后的“...”按钮，弹出楼层选择对话框，在框中选择多个目标楼层将源楼层内所选构件拷贝到这些楼层)。然后在“构件类型”栏目中选择要拷贝的构件，打钩的即需要拷贝的构件。先将软件默认的选项钩全部清除，然后勾选对应的构件及对应的编号，在“复制”栏中勾选做法，将构件的做法一起拷贝过来。“编号冲突”选项用于处理跨层拷贝构件时，出现编号冲突的情况；“位置重复处理”选项用于处理目标楼层相同位置上存在相同构件的情况。

9.2 多 层 组 合

多层组合就是将整个工程项目的各个单个楼层组合起来，形成一栋完整的楼房。将每层构件组合成一个统一体后，在视图中可以对整体构件的上下层关系进行统一检查，从而发现构件的错漏，残缺。执行“多层组合”命令，弹出对话框，如图 9-2 所示。

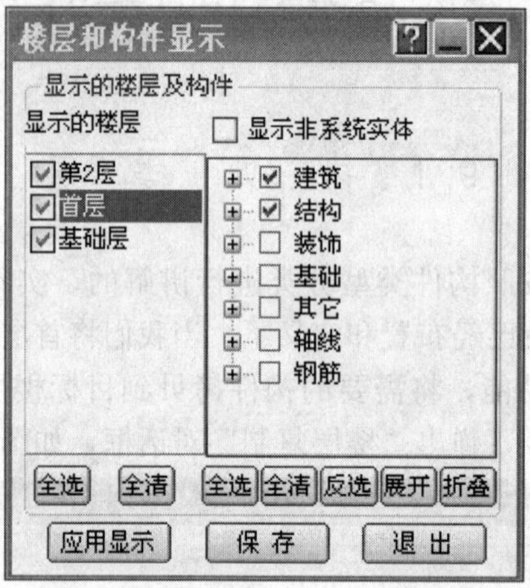

图 9-2　“多层组合”对话框

对话框中有楼层选择和构件选择，在楼层栏内选择对应的楼层，在构件栏内选择对应的构件，点击〖应用显示〗按钮，楼层就会以三维的形式组合显示在界面中。一般情况下只是将楼层组合后，对构件的上下层关系进行查看，发现问题后再回到对应的楼层中对构件进行调整、修改、增补，故建议不要保存，否则工程文件会很大。

10 结 果 输 出

10.1 构 件 核 对

构件的工程量计算得是否准确，构件周边的扣减内容是否正确等，都是我们最关注的问题。有时甲乙双方在核对工程量时，构件的核对就显得非常重要。

软件中可以随时对布置的构件进行输出核对，查看相关数据。如我们要查看Ⓑ轴右侧门边柱子的模板面积是怎样计算的，操作如下：

执行命令后，命令栏提示："选择要分析的构件"，或者直接选中构件，右键单击，在弹出的菜单中选择"核对构件"功能。

选择好构件，软件会对构件依据定义的工程量计算规则进行图形工程量分析，分析完后弹出对话框，如图 10-1 所示。

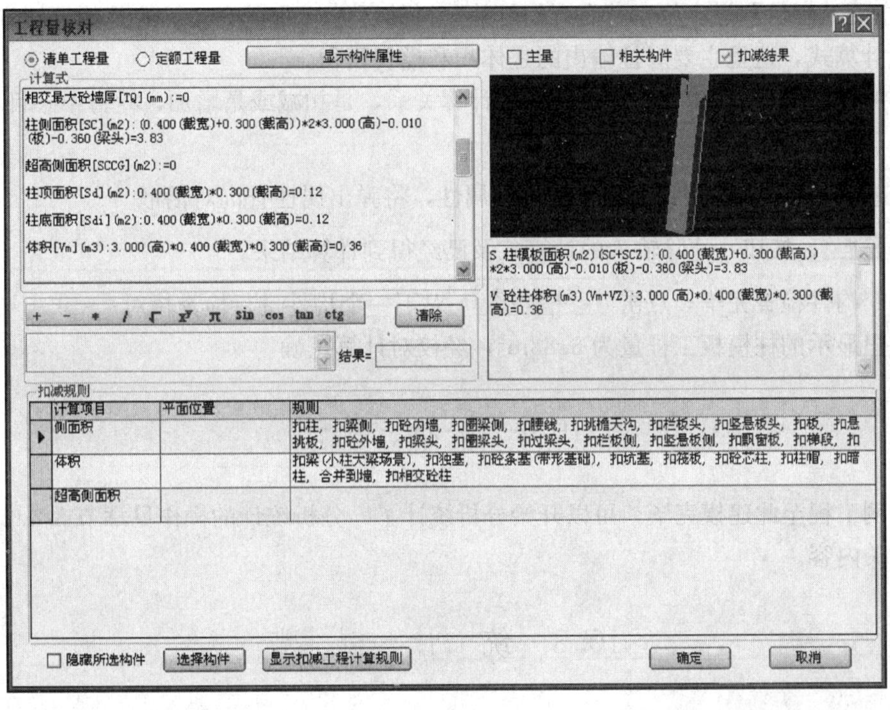

图 10-1 工程量核对对话框

对话框选项和操作解释如下。

1. 选项

【清单工程量】：切换到清单规则模式进行工程量核对，即按清单规则执行工程量分析，然后将结果显示出来。

【定额工程量】：切换到定额规则模式进行工程量核对，即按定额规则执行工程量分析，然后将结果显示出来。

【计算式】栏：列出所有的计算属性的值及计算式。文字框上前一部分是工程量组合的计算结果。

【图形核查】以下的部分是每单项工程量的分析计算式，其中按规则进行扣减计算的工程量有图形可以核对。

【主量】单选项：选择为只查看构件的主量，不显示其他内容。

【相关构件】单选项：选择可查看到与当前构件有关系的构件。

【扣减结果】单选项：看到扣减的结果。

【右方幻灯片】栏：显示当前所选构件的核查图形，将光标置于其中可以对图形进行旋转，平移及缩放，方便查看。用光标点击“计算式”栏内的扣减某个数据时，图形会随着扣减的内容减少和增加图形中的内容。

【计算】栏：位于“计算式”栏的下方：在栏目内可手工输入计算式，以核对“计算式”栏内的结果。

【结果=】栏：手工输入计算式后，在结果栏内显示计算结果。若计算式未输入完全或输入的计算式无法计算时将显示错误位置。

【主要工程量】栏：位于“右方幻灯片”栏的下方：此栏中显示的是软件缺省输出的工程量计算式，这里主要对柱输出的是体积和模板面积。

【扣减规则】栏：构件与相关构件的计算关系，是扣减或是增加，栏目中一目了然。

2. 按钮

〖显示构件属性〗按钮：显示构件的属性，将弹出属性查询对话框。

〖清除〗按钮：清除输入的计算式及已经得到计算结果。

一个构件检查完毕，点击〖选择构件〗对下一个构件进行检查核对。

这里显示的柱模板工程量为 3.83m^2，经校对计算正确。

10.2　分析、统计

案例工程至此建模完毕，可以开始分析统计了，分析统计的操作见章节 8.4.2 条基部分的相关内容。

10.3　统　计　浏　览

模型通过分析统计后，弹出“工程量分析统计”对话框，如图 10-2 所示。

清单工程量页面中有：

(1) 工程量清单：记录的是做法挂接的清单条目，当光标选中某条清单内容时，下部栏目中会显示对应的计算明细计算式。鼠标左键双击某条计算式，对话框会消失，将该条计算式的构件显示在界面中，以便检查。

(2) 清单定额、选中该项，显示清单的定额关联，如图 10-3 所示。

同样的，上部栏目中显示的是清单条目，下部栏目内显示的是该条清单关联的定额

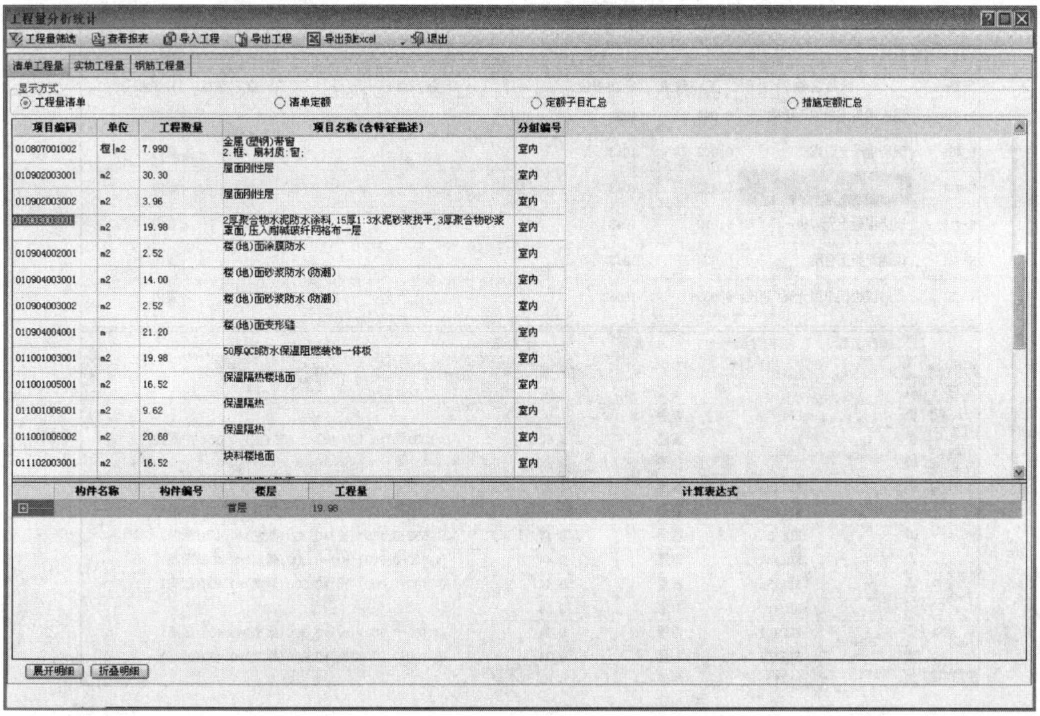

图 10-2 工程量分析统计对话框

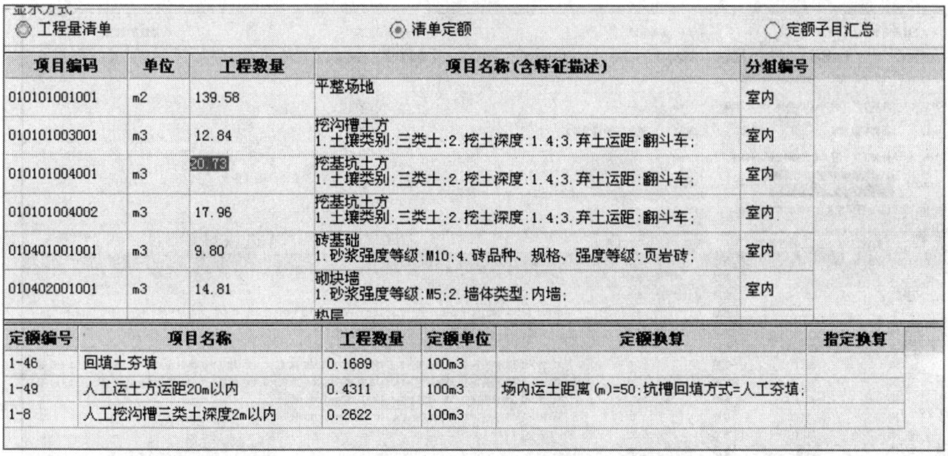

图 10-3 清单定额页面

条目。

(3) 定额子目汇总、选中该项，显示定额子目的计算内容，如图 10-4 所示。

上部栏目显示的是定额条目，光标选中某条定额内容，下部栏目中会显示对应的计算明细计算式。双击某条计算式，对话框会消失，将该条计算式的构件显示在界面中，以便检查。

(4) 措施定额汇总，如图 10-5 所示；同定额子目汇总，只是该栏目内记录的是措施部分的定额内容。

实物工程量页面，该页记录的是没有挂做法的工程量，但该部分工程量的计算规则是依据“工程设置”时所选地区定额的规则，如图 10-6 所示。

显示方式

○ 工程量清单　○ 清单定额　◉ 定额子目汇总

定额编号	项目名称	工程数量	定额单位	定额换算	指定换算	分组编号
5-406	现浇混凝土单梁连续梁	0.044	10m3			室内
5-409	现浇混凝土过梁	0.002	10m3			室内
5-417	现浇混凝土有梁板	0.482	10m3			室内
5-418	现浇混凝土无梁板	0.072	10m3			室内
5-431	现浇混凝土台阶	0.004	10m3			室内
7-25	无纱镶板门单扇无亮门框制	0.0336	100m2			室内

构件名称	构件编号	楼层	工程量	
		首层	3.86	
板		首层	1.62	
板	LB1	首层	1.62	
板	LB1	首层	1.62	0.100(厚)*6.100(长)*2.800(宽)-0.084(中间梁)
梁		首层	2.24	
梁	KL1(3A)	首层	1.22	
梁	KL1(3A)	首层	0.17	(1.550-0.150)(长)*0.300(截宽)*0.400(截高)
梁	KL1(3A)	首层	0.17	(1.550-0.150)(长)*0.300(截宽)*0.400(截高)
梁	KL1(3A)	首层	0.44	(4.600-0.900)(长)*0.300(截宽)*0.400(截高)
梁	KL1(3A)	首层	0.44	(4.700-1.000)(长)*0.300(截宽)*0.400(截高)
梁	KL2(1)	首层	0.68	
梁	KL2(1)	首层	0.34	(3.100-0.300)(长)*0.300(截宽)*0.400(截高)
梁	KL2(1)	首层	0.34	(3.100-0.300)(长)*0.300(截宽)*0.400(截高)
梁	L1(1)	首层	0.34	

图 10-4　定额子目汇总页面

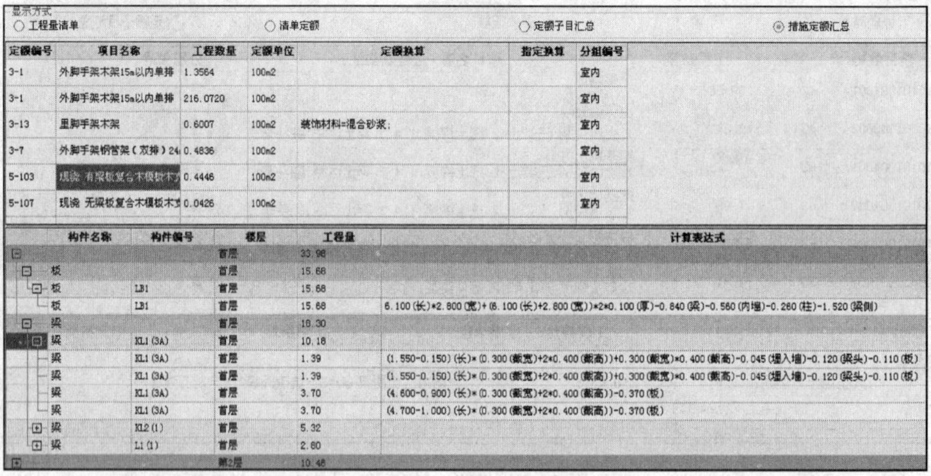

显示方式

○ 工程量清单　○ 清单定额　○ 定额子目汇总　◉ 措施定额汇总

定额编号	项目名称	工程数量	定额单位	定额换算	指定换算	分组编号
3-1	外脚手架木架15m以内单排	1.3564	100m2			室内
3-1	外脚手架木架15m以内单排	216.0720	100m2			室内
3-13	里脚手架木架	0.6007	100m2	装饰材料=混合砂浆;		室内
3-7	外脚手架钢管架(双排)24	0.4836	100m2			室内
5-103	现浇 有梁板复合木模板木支	0.4446	100m2			室内
5-107	现浇 无梁板复合木模板木支	0.0426	100m2			室内

构件名称	构件编号	楼层	工程量	计算表达式
		首层	33.98	
板		首层	15.68	
板	LB1	首层	15.68	
板	LB1	首层	15.68	6.100(长)*2.800(宽)+(6.100(长)+2.800(宽))*2*0.100(厚)-0.840(梁)-0.560(内墙)-0.260(柱)-1.520(梁侧)
梁		首层	18.30	
梁	KL1(3A)	首层	10.18	
梁	KL1(3A)	首层	1.39	(1.550-0.150)(长)*(0.300(截宽)+2*0.400(截高))+0.300(截宽)*0.400(截高)-0.045(埋入墙)-0.120(梁头)-0.110(板)
梁	KL1(3A)	首层	1.39	(1.550-0.150)(长)*(0.300(截宽)+2*0.400(截高))+0.300(截宽)*0.400(截高)-0.045(埋入墙)-0.120(梁头)-0.110(板)
梁	KL1(3A)	首层	3.70	(4.600-0.900)(长)*(0.300(截宽)+2*0.400(截高))-0.370(板)
梁	KL1(3A)	首层	3.70	(4.700-1.000)(长)*(0.300(截宽)+2*0.400(截高))-0.370(板)
梁	KL2(1)	首层	5.32	
梁	L1(1)	首层	2.80	
		第2层	10.48	

图 10-5　定额子目汇总页面

本页分为三个栏目，上部栏目内显示的是依据“输出设置”得出的内容，自动输出构件工程量。在本页面中，可以依据工程量名称和换算信息挂接清单和定额。方法如下：

第一步；选中上部栏目中的某条需要挂接清单和定额的内容，单击鼠标右键，弹出选项内容，如图 10-7 所示。

选择“添加做法”；弹出“清单/定额选择”对话框，如图 10-8 所示。

第二步；清单和定额的选择同“做法挂接”，注意套挂做法时一定要参考“换算信息”。挂接的效果如图 10-9 所示。

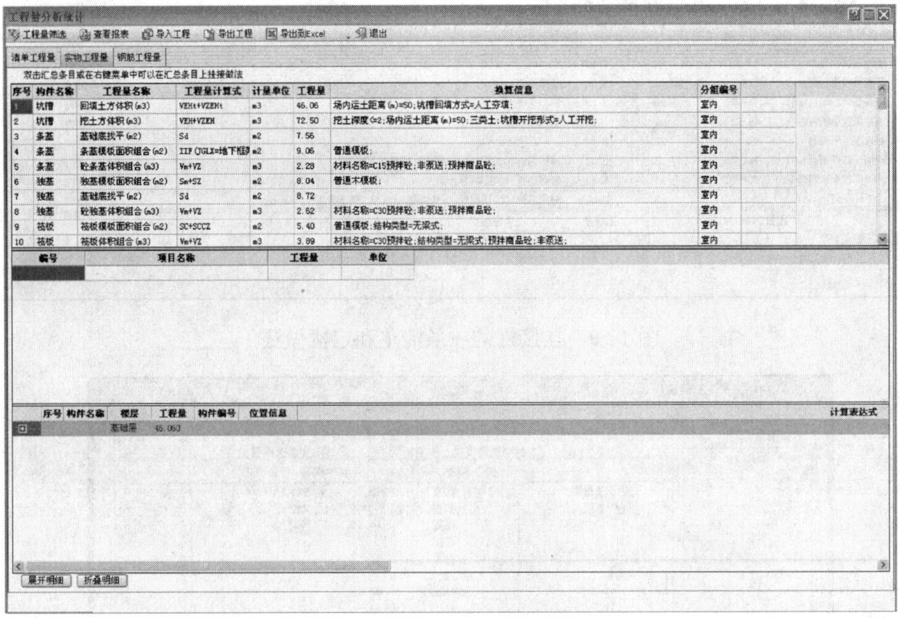

图 10-6　实物量页面

添加做法
删除做法
复制做法
粘贴做法
还原工程量

图 10-7　选项内容

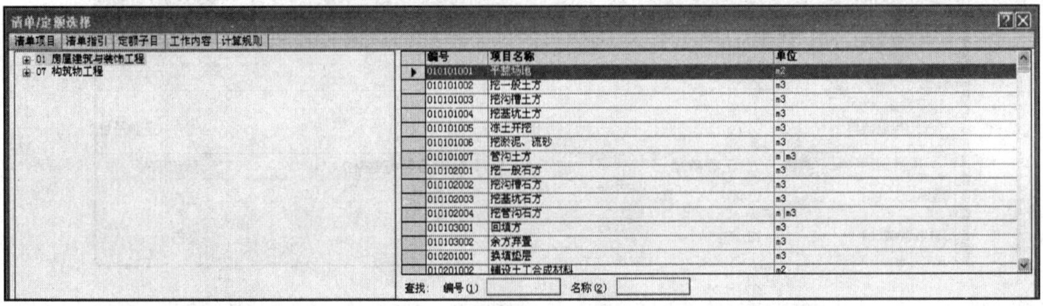

图 10-8　“清单/定额选择”对话框

【工程量筛选】功能，此项功能能将需要的构件按分组、楼层、构件名称、编号，从工程量总表内筛选出来，如要将首层楼编号为 Z-1 的柱工程量在总表中筛选出来以便对量和给工人结算工资，则可以点击“工程量筛选”，在弹出的“工程量筛选”对话框中选择对应的内容，如图 10-10 所示。

选择好内容后，点击〖确定〗，需要的构件工程量就显示出来了，如图 10-11 所示。

导入工程、导出工程，是将设置为同样清单定额的工程的“＊＊＊.jgk”文件导入到

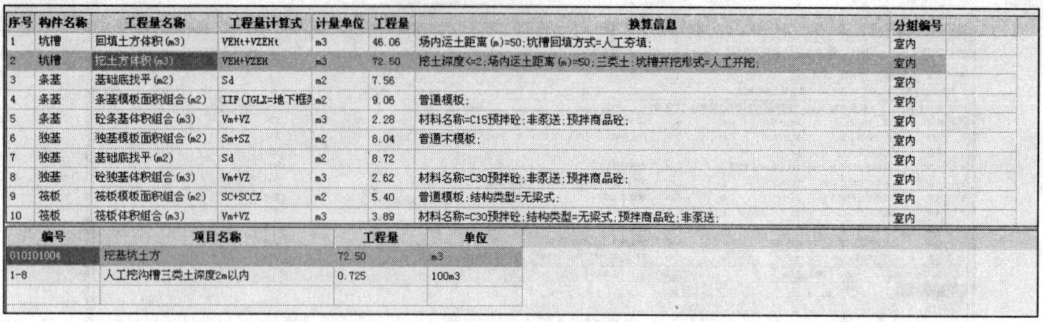

序号	构件名称	工程量名称	工程量计算式	计量单位	工程量	换算信息	分组编号
1	坑槽	回填土方体积(m3)	VEHt+VZEHt	m3	46.06	场内运土距离(m)=50;坑槽回填方式=人工夯填;	室内
2	坑槽	挖土方体积(m3)	VEH+VZEH	m3	72.50	挖土深度<=2;场内运土距离(m)=50;三类土;坑槽开挖形式=人工开挖;	室内
3	条基	基础底找平(m2)	Sd	m2	7.56		室内
4	条基	条基模板面积组合(m2)	IIF(JGLX=地下框架	m2	9.06	普通模板;	室内
5	条基	砼条基体积组合(m3)	Vm+VZ	m3	2.28	材料名称=C15预拌砼;非泵送;预拌商品砼;	室内
6	独基	独基模板面积组合(m2)	Sm+SZ	m2	8.04	普通木模板;	室内
7	独基	基础底找平(m2)	Sd	m2	8.72		室内
8	独基	砼独基体积组合(m3)	Vm+VZ	m3	2.62	材料名称=C30预拌砼;非泵送;预拌商品砼;	室内
9	筏板	筏板模板面积组合(m2)	SC+SCCZ	m2	5.40	普通模板;结构类型=无梁式;	室内
10	筏板	筏板体积组合(m3)	Vm+VZ	m3	3.89	材料名称=C30预拌砼;结构类型=无梁式;预拌商品砼;非泵送;	室内

编号	项目名称	工程量	单位
010101004	挖基坑土方	72.50	m3
1-8	人工挖沟槽三类土深度2m以内	0.725	100m3

图 10-9　挂接好的一条清单和定额做法

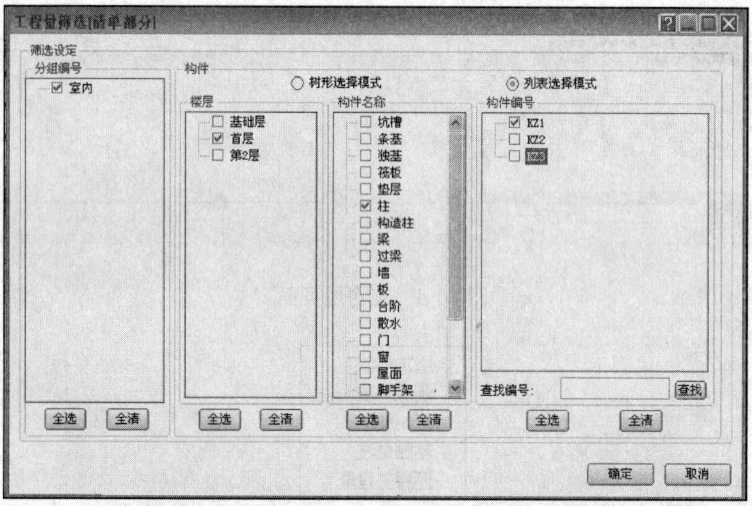

图 10-10　“工程量筛选”对话框

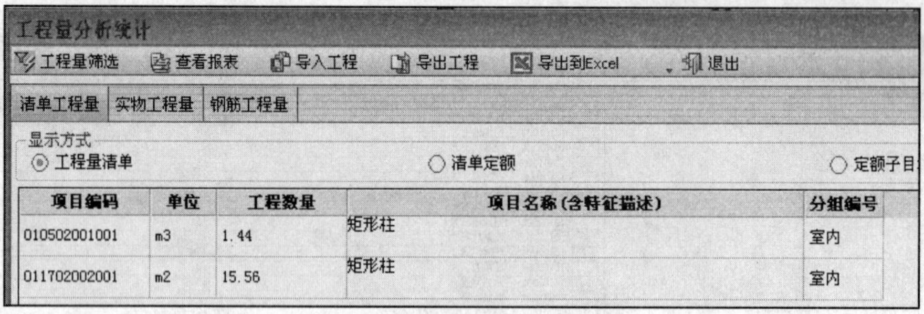

图 10-11　通过筛选显示的构件工程量

当前工程内，便于编辑，同样也将当前在做的工程的“＊＊＊.jgk”文件导出去。注意！工程的导入、导出其设置选定的清单/定额一定是一致的，才能操作。

导出到 Excel，是将工程的数据导出为电子表，以满足电脑上面没有安装本软件的人员查看数据。点击按钮后的“▾”按钮，在出现的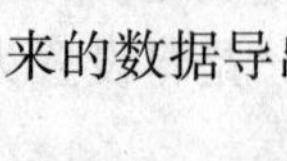

栏目中，选择是导出“汇总表”或是“明细表”，选中后就会将界面中筛选出来的数据导出到 Excel 表中，如图 10-

12 所示。

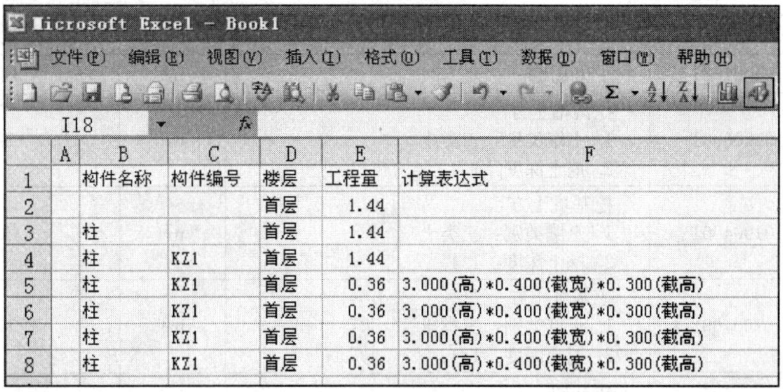

	A	B	C	D	E	F
1		构件名称	构件编号	楼层	工程量	计算表达式
2				首层	1.44	
3		柱		首层	1.44	
4		柱	KZ1	首层	1.44	
5		柱	KZ1	首层	0.36	3.000(高)*0.400(截宽)*0.300(截高)
6		柱	KZ1	首层	0.36	3.000(高)*0.400(截宽)*0.300(截高)
7		柱	KZ1	首层	0.36	3.000(高)*0.400(截宽)*0.300(截高)
8		柱	KZ1	首层	0.36	3.000(高)*0.400(截宽)*0.300(截高)

图 10-12　通过筛选后导出的首层 Z-1 的明细 Excel 表

10.4　报　　表

报表是工程完成后的最终输出，点击〖查看报表〗按钮，进入到“报表打印”对话框，如图 10-13 所示。

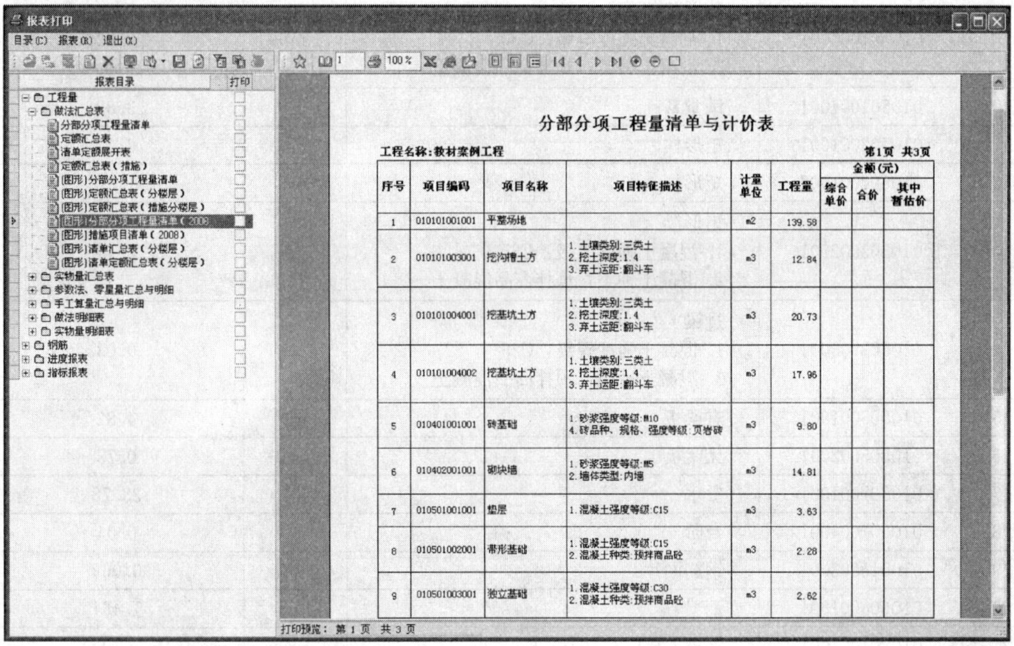

分部分项工程量清单与计价表

工程名称:教材案例工程　　第1页　共3页

序号	项目编码	项目名称	项目特征描述	计量单位	工程量	金额(元)		
						综合单价	合价	其中暂估价
1	010101001001	平整场地		m2	139.58			
2	010101003001	挖沟槽土方	1.土壤类别:三类土 2.挖土深度:1.4 3.弃土运距:翻斗车	m3	12.84			
3	010101004001	挖基坑土方	1.土壤类别:三类土 2.挖土深度:1.4 3.弃土运距:翻斗车	m3	20.73			
4	010101004002	挖基坑土方	1.土壤类别:三类土 2.挖土深度:1.4 3.弃土运距:翻斗车	m3	17.96			
5	010401001001	砖基础	1.砂浆强度等级:M10 4.砖品种、规格、强度等级:页岩砖	m3	9.80			
6	010402001001	砌块墙	1.砂浆强度等级:M5 2.墙体类型:内墙	m3	14.81			
7	010501001001	垫层	1.混凝土强度等级:C15	m3	3.63			
8	010501002001	带形基础	1.混凝土强度等级:C15 2.混凝土种类:预拌商品砼	m3	2.28			
9	010501003001	独立基础	1.混凝土强度等级:C30 2.混凝土种类:预拌商品砼	m3	2.62			

图 10-13　“报表打印”对话框

在报表目录栏内选择对应的报表，右边栏目中就会显示出对应的报表和表内的数据。在本对话框中也有工程筛选功能，可以按自己的需要筛选数据，打印报表。

图 10-14～图 10-18 是案例工程的部分报表样表。读者可通过扫描本书封面的二维码观看部分软件操作视频，相关 CAD 图纸和软件操作说明可登录本教材版权页的对应链接下载。

分部分项工程量清单

工程名称：教材案例工程　　　　第 1 页　共 2 页

序号	项目编码	项目名称	计量单位	工程量
1	010101001001	平整场地	m^2	139.58
2	010101003001	挖沟槽土方 1. 土壤类别：三类土 2. 挖土深度：1.4	m^3	12.84
3	010101004001	挖基坑土方 1. 土壤类别：三类土 2. 挖土深度：1.4	m^3	20.73
4	010101004002	挖基坑土方 1. 土壤类别：三类土 2. 挖土深度：1.4	m^3	17.96
5	010401001001	砖基础 砖品种、规格、强度等级：页岩砖	m^3	9.84
6	010402001001	砌块墙 墙体类型：内墙	m^3	14.87
7	010501001001	垫层 混凝土强度等级：C15	m^3	3.63
8	010501002001	带形基础 1. 混凝土强度等级：C15 2. 混凝土种类：预拌商品混凝土	m^3	2.28
9	010501003001	独立基础 1. 混凝土强度等级：C30 2. 混凝土种类：预拌商品混凝土	m^3	2.62
10	010501004001	满堂基础	m^3	3.89
11	010502001001	矩形柱	m^3	6.24
12	010502001002	矩形柱	m^3	1.92
13	010503002001	矩形梁 1. 混凝土强度等级：C25 2. 混凝土种类：预拌商品混凝土	m^3	0.44
14	010503005001	过梁 1. 混凝土强度等级：C25 2. 混凝土种类：预拌商品混凝土	m^3	0.03
15	010505001001	有梁板	m^3	4.82
16	010505002001	无梁板	m^3	0.73
17	010507001001	散水	m^2	23.78
18	010507004001	台阶	m^3	0.04
19	010515003001	钢筋网片	t	0.062
20	010604001001	钢梁	t	1.461
21	010801001001	夹板木质门	m^2	3.36
22	010801005001	木门框	m	9.88
23	010802001001	金属（塑钢保温）门 门框、扇材质：塑钢	樘	1
24	010807001001	金属（塑钢）带窗 框、扇材质：窗	樘/m^2	7.99

图 10-14

清单、定额展开汇总表

工程名称：教材案例

第1页 共3页

序号	项目编码	项目名称	项目特征描述	计量单位	工程量
1	010101001001	平整场地	0	m^2	139.58
	1-48	平整场地		$100m^2$	1.3958
2	010101003001	挖沟槽土方	1. 土壤类别：三类土 2. 挖土深度：1.4	m^3	12.84
	1-46	回填土夯填		$100m^3$	0.1049
	1-50	人工运土方200m以内每增加20m	HTFS=0	$100m^3$	0.2543
	1-8	人工挖沟槽三类土深度2m以内		$100m^3$	0.1494
3	010101004001	挖基坑土方	1. 土壤类别：三类土 2. 挖土深度：1.4	m^3	20.73
	1-46	回填土夯填		$100m^3$	0.1689
	1-49	人工运十方运距20m以内	HTFS=0	$100m^3$	0.431
	1-8	人工挖沟槽三类土深度2m以内		$100m^3$	0.2622
4	010101004002	挖基坑土方	1. 土壤类别：三类土 2. 挖土深度：1.4	m^3	17.96
	1-46	回填土夯填		$100m^3$	0.2065
	1-49	人工运土方运距20m以内	HTFS=0	$100m^3$	0.5201
	1-8	人工挖沟槽三类土深度2m以内		$100m^3$	0.3136
5	010401001001	砖基础	1	m^3	9.84
	4-1	砖基础		$10m^3$	0.985
6	010402001001	砌块墙	1	m^3	14.87
	4-35	砌块墙加气混凝土砌块		$10m^3$	1.4858
7	010501001001	垫层	混凝土强度等级：C15	m^3	3.63
	8-16	混凝土垫层		$10m^3$	0.3677
8	010501002001	带形基础	1. 混凝土强度等级：C15 2. 混凝土种类：预拌商品混凝土	m^3	2.28
	5-394	现浇带型基础混凝土		$10m^3$	0.2265
9	010501003001	独立基础	1. 混凝土强度等级：C30 2. 混凝土种类：预拌商品混凝土	m^3	2.62
	5-396	现浇独立基础混凝土		$10m^3$	0.2616
10	010501004001	满堂基础	0	m^3	3.89
	5-399	现浇满堂基础无梁式		$10m^3$	0.3889
11	010502001001	矩形柱	0	m^3	6.24
	5-401	现浇混凝土矩形柱		$10m^3$	0.6288
12	010502001002	矩形柱	0	m^3	1.92
	5-403	现浇混凝土构造柱		$10m^3$	0.1933

图10-15

定额工程量汇总表

工程名称：教材案例工程　　　　　　　　　　　　　　　　　　　　　　第1页　共2页

序号	定额编号	项目名称	计量单位	工程量
1	1-8	人工挖沟槽三类土深度2m以内	$100m^3$	0.7251
2	1-46	回填土夯填	$100m^3$	0.4802
3	1-48	平整场地	$100m^2$	1.3958
4	1-49	人工运土方运距20m以内 HTFS=0	$100m^3$	0.9511
5	1-50	人工运土方200m以内每增加20m HTFS=0	$100m^3$	0.2543
6	4-1	砖基础	$10m^3$	0.985
7	4-35	砌块墙加气混凝土砌块	$10m^3$	1.4858
8	5-294	现浇构件圆钢筋Φ6.5	t	0.062
9	5-394	现浇带型基础混凝土	$10m^3$	0.2265
10	5-396	现浇独立基础混凝土	$10m^3$	0.2616
11	5-399	现浇满堂基础无梁式	$10m^3$	0.3889
12	5-401	现浇混凝土矩形柱	$10m^3$	0.6288
13	5-403	现浇混凝土构造柱	$10m^3$	0.1933
14	5-406	现浇混凝土单梁连续梁	$10m^3$	0.0448
15	5-409	现浇混凝土过梁	$10m^3$	0.0029
16	5-417	现浇混凝土有梁板	$10m^3$	0.483
17	5-418	现浇混凝土无梁板	$10m^3$	0.0725
18	5-431	现浇混凝土台阶	$10m^3$	0.0042
19	7-25	无纱镶板门单扇无亮门框制作	$100m^2$	0.0336
20	7-66	无纱胶合板门单扇无亮门框安装	$100m^2$	0.0988
21	7-67	无纱胶合板门单扇无亮门扇制作	$100m^2$	0.0336
22	7-68	无纱胶合板门单扇无亮门扇安装	$100m^2$	0.0988
23	7-269	铝合金单扇平开门带上亮	$100m^2$	0.0234
24	7-305	安装塑钢窗带纱	$100m^2$	0.1411
25	8-16	80厚C15混凝土垫层	$10m^3$	0.0202
26	8-16	混凝土垫层	$10m^3$	0.7245
27	8-19	20厚1∶3水泥砂浆找平层	$100m^2$	0.3426
28	8-21	50厚C15豆石混凝土填充热水管道间	$100m^2$	0.14
29	8-21	60厚C15豆石混凝土找坡不小于0.5	$100m^2$	0.0252
30	8-25	水泥砂浆20mm台阶	$100m^2$	0.0042
31	8-43	混凝土散水面层一次抹光厚50mm	$100m^2$	0.2378
32	8-74	彩釉砖水泥砂浆楼地面（每块周长800mm以外）	$100m^2$	0.1652
33	9-17	干铺无纺聚酯纤维布一层	$100m^2$	0.303
34	9-42	屋面满涂2厚MCT喷涂速凝涂料一道	$100m^2$	0.303

图10-16

清单、定额综合工程量明细表

工程名称：教材案例工程　　　　第1页　共22页

序号	项目编号	项目名称	计量单位	工程量		构件编号	计算式	位置信息
				定额量	清单量			
楼层：基础层								
	010101001001	平整场地	m^2		139.55			
	1-48	平整场地	$100m^2$	1.3955				
1						清场平基	(84.4606)×1	A～B：1～3
2						清场平基	(10.6(宽)×5.2(高))×1	A～B：3～4
	010101003001	挖沟槽土方 1. 土壤类别：三类土 2. 挖土深度：1.4	m^3		12.84			
	1-46	回填土夯填	$100m^3$	0.1045				
1						墙下基础	(1.4(高)×2.1(长)×1.1(宽)－0.147(垫层)－0.315(基体)－0.792(独基坑槽)－0.15(墙))×2	1：A～B
2						墙下基础	(1.4(高)×2.1(长)×1.1(宽)－0.147(垫层)－0.315(基体)－0.792(独基坑槽)－0.45(墙))×1	1：A～B
3						墙下基础	(1.4(高)×3.4089(面积)－0.2169(垫层)－0.4649(基体)－0.9297(墙))×1	2：A～B
4						墙下基础	(1.4(高)×0.3(长)×1.1(宽)＋2×1.4(高)×0.8(长)×1.1(宽)＋1.4(高)×1.045(面积)－0.1995(垫层)－0.4275(基体)－2.376(独基坑槽)－0.315(墙))×1	A：2～2
5						墙下基础	(1.4(高)×0.6000(长)×1.1(宽)＋2×1.4(高)×0.8(长)×1.1(宽)＋1.4(高)×1.045(面积)－0.2065(垫层)－0.4275(基体)－2.8309(独基坑槽)－0.3153(墙))×1	B：2～2
	1-50	人工运土方 200m 以内每增加 20m	$100m^3$	0.2543			HTFS=0	
1						墙下基础	(1.4(高)×2.1(长)×1.1(宽)－0.924(独基坑槽))＋(1.4(高)×2.1(长)×1.1(宽)－0.147(垫层)－0.315(基体)－0.792(独基坑槽)－0.15(墙)))×2	1：A～B

图 10-17

实物工程量汇总表

工程名称：教材案例工程　　　　第 1 页　共 5 页

序号	构件名称	项目名称	项目特征	单位	工程量
分组编号：室内					
1	坑槽	回填土方体积		m^3	48.02
2	坑槽	挖土方体积	挖土深度≤2 三类土 坑槽开挖形式＝人工开挖	m^3	72.50
3	条基	基础底找平		m^2	7.56
4	条基	条基体积	混凝土强度等级＝C15 非泵送 预拌商品混凝土	m^3	2.28
5	条基	条基模板面积	普通模板	m^2	9.06
6	独基	基础底找平		m^2	8.72
7	独基	独基体积	混凝土强度等级＝C30 非泵送 预拌商品混凝土	m^3	2.62
8	独基	独基模板面积	普通木模板	m^2	8.04
9	筏板	基础底找平		m^2	12.96
10	筏板	筏板体积	混凝土强度等级＝C30 结构类型＝无梁式 顶拌商品混凝土 非泵送	m^3	3.89
11	筏板	筏板模板面积	普通模板 结构类型＝无梁式	m^2	5.40
12	垫层	垫层侧模板		m^2	7.58
13	垫层	基底找平面积		m^2	29.24
14	垫层	第一层垫层体积	C15 混凝土	m^3	3.63
15	柱	柱体积	混凝土强度等级＝C25 矩形 浇捣方法＝非泵送 预拌商品混凝土	m^3	6.24
16	柱	柱模板面积	支模高度＝0.54 普通木模板 矩形 超高次数＝0	m^2	9.08
17	柱	柱模板面积	支模高度＝1.4 普通木模饭 矩形 越高次数＝0	m^2	14.96
18	柱	柱模板面积	支模高度＝1.6 普通木模板 矩形 超高次数＝0	m^2	8.61
19	柱	柱模板面积	支模高度＝2.9 普通木模板 矩形 超高次数＝0	m^2	38.19
20	构造柱	构造柱体积	混凝土强度等级＝C25 非泵送 预拌商品混凝土	m^3	2.00

图 10-18

11 实 训 作 业

按照前面案例方式，将本系列教材配套教材配套的《工程造价实训用图集》中的“某学院2号教学楼工程”（多层框架结构）施工图建模，进行建筑工程量计算。其国标清单采用国标清单计价规范2013，定额由指导老师确定，所有设置均按照施工图说明。

参 考 文 献

[1] 中华人民共和国住房和城乡建设部标准与定额司. GB 50500—2013 建设工程工程量清单计价规范[S]. 北京：中国计划出版社，2013.

[2] 中华人民共和国住房和城乡建设部标准与定额司. GB 50854—2013 房屋建筑与装饰工程工程量计算规范[S]. 北京：中国计划出版社，2013.

[3] 袁建新. 建筑工程预算[M]. 北京：中国建筑工业出版社，2015.

[4] 袁建新. 建筑工程量计算[M]. 北京：中国建筑工业出版社，2010.